AF465872

VOYAGE

AUX ILES

DE LIPARI.

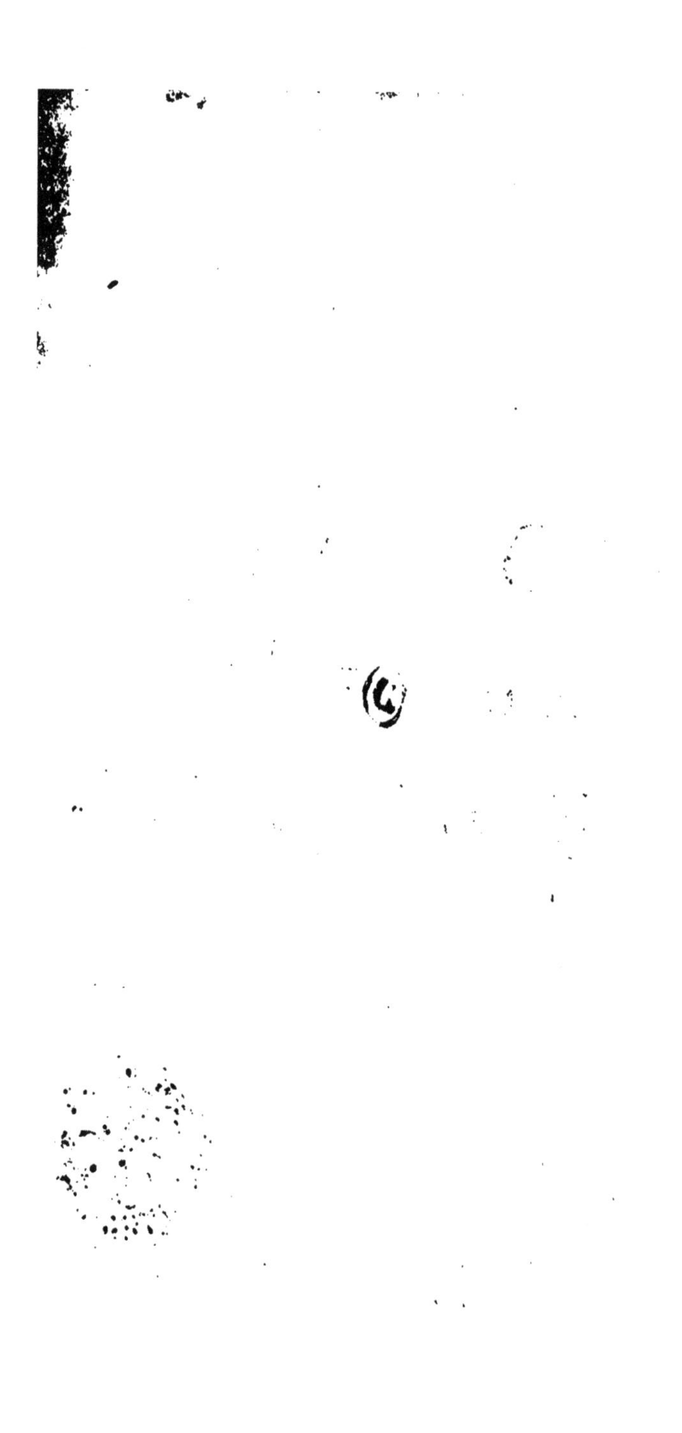

VOYAGE AUX ILES DE LIPARI,

FAIT EN 1781,

OU

NOTICES SUR LES ILES ÆOLIENNES, POUR SERVIR A L'HISTOIRE DES VOLCANS;

Suivi d'un Mémoire sur une espèce de Volcan d'air, & d'un autre sur la Température du climat de Malthe, & sur la différence de la Chaleur réelle & de la Chaleur sensible;

Par M. le Commandeur DÉODAT DE DOLOMIEU,
Correspondant de l'Académie des Sciences, &c. &c.

A PARIS,
RUE ET HÔTEL SERPENTE.

M. DCC. LXXXIII.

Sous le Privilège de l'Académie Royale des Sciences.

BIBLIOTHÈQUE NATIONALE

A SON ALTESSE ÉMINENTISSIME

MONSEIGNEUR

DE ROHAN,

Grand-Maître de l'Ordre de Saint-Jean de Jérusalem, Prince de Malthe, Goze, Tripoli, &c.

Monseigneur,

Le goût éclairé que VOTRE ALTESSE EMINENTISSIME *a pour les Sciences, la protection qu'elle leur accorde, les encouragemens qu'elle leur prodigue, m'autorisent à lui présenter cet Ouvrage. J'ose la supplier de le regarder comme un ſoible hommage que je rends à ſes vertus, & comme un tribut de ma reconnoiſſance pour les bontés dont elle m'honore. Le ſuffrage que l'Académie Royale des Sciences a accordé aux différens Mémoires que je réunis ici, la permiſſion qu'elle m'a donnée de les faire imprimer ſous ſon Privilège, m'ont fait eſpérer que* VOTRE EMINENCE *ne les jugeroit pas indignes de paroître ſous ſes auſpices.*

Je ſuis avec le plus profond reſpect,

DE VOTRE ALTESSE ÉMINENTISSIME,

Le très-humble & très-obéiſſant ſerviteur & Religieux, Frère DÉODAT DE DOLOMIEU, Commandeur de Sainte Anne.

AVANT-PROPOS.

CETTE Deſcription des îles Æoliennes eſt extraite d'un voyage fait en Sicile en 1781. Je ne la deſtinois pas à paroître ſéparément; mais des circonſtances particulières m'ayant empêché de publier mes Obſervations ſur le pays le plus intéreſſant de l'univers, & peut-être le moins connu, malgré les nombreuſes relations que nous en avons, j'ai cru que les Notices que je donne, pour ſervir à l'hiſtoire des îles de Lipari, ſeroient aſſez indépendantes du reſte de l'Ouvrage, pour pouvoir paroître ſeules. J'y ai réuni ce qui eſt relatif à deux autres îles volcaniques des mers de Sicile.

J'eſpère que les Naturaliſtes, pour qui ſeuls j'ai écrit, me pardonneront les négligences & les fautes du ſtyle en faveur de quelques faits nouveaux que je crois leur préſenter. Toutes mes Deſcriptions ont été faites ſur les lieux mêmes, & l'on ſait auſſi bien que moi que le voyageur attentif aux phénomènes de la nature, est plus occupé de ce qu'il voit que de la manière dont il doit s'exprimer ; d'ailleurs, le plus grand mérite d'un Ouvrage de cette espèce est l'exactitude, & c'est le seul auquel je prétende.

VOYAGE AUX ILES DE LIPARI.

Fragorem ignis qui ex Æoliis insulis editur ad mille usque stadia audiri, adeoque circa Tauromenium intelligi murmur tonitrui simile. Théophraste.

LE 12 Juillet 1781, me trouvant à Melazzo, ville située sur la côte septentrionale de la Sicile, je ne pus résister au desir d'aller visiter les îles de Lipari que je voyois devant moi à peu de distance; & malgré les craintes que l'on cherchoit à m'inspirer sur la petite navigation que je projetois, je pris une barque du pays avec six rameurs, & je partis de Melazzo à onze heures du soir. Mais avant d'entrer dans le détail de ce que j'ai observé, je dois dire un mot sur les îles de Lipari en général & sur leur position.

Les îles de Lipari sont peu connues, & rarement visitées par les voyageurs. Elles sont situées dans une mer orageuse, où le danger de la navigation est encore augmenté par les bâtimens Barbaresques qui croisent pendant tout l'été dans ces parages, & dont, avec raison, on redoute la rencontre. D'ailleurs, ces îles ne sont point encore entrées dans le plan de voyage des Anglois, qui, dans ce genre, donnent le ton à toute l'Europe. Cependant les îles de Lipari mériteroient l'attention & l'étude des Physiciens & des Naturalistes. Elles présentent une suite de volcans dans tous les états & dans toutes les circonstances où puissent se trouver les montagnes formées par les feux souterrains. On y voit un volcan, le seul au monde qui n'ait pas un instant de calme & de tranquillité, qui soit sans cesse en agitation, & qui après une intermittence courte & réglée, fasse ses explosions & lance au loin des pierres enflammées; un second volcan dans sa plus grande activité, & dont les éruptions, plus rares, s'annoncent par tous les phénomènes qui accompagnent celles de l'Ethna & du Vésuve; d'autres volcans presque éteints, où l'on ne reconnoît plus la présence des feux ſouterrains que par les étuves qu'ils échauffent, & par les eaux auxquelles ils donnent un degré de chaleur qui approche de celui de l'ébullition ; enfin, des volcans qui ont entièrement ceſſé, & qui n'attendent peut-être pour ſe ranimer que le concours d'une nouvelle circonſtance. Les matières que ces volcans ont traitées, & qu'ils travaillent journellement, méritent auſſi un examen particulier ; leurs éjections & leurs laves ont un caractère diſtinctif qui les fait différer de celles de l'Ethna & du Véſuve.

Les îles de Lipari ſont ſituées vers le trente-neuvième degré de longitude, & le trente-huitième de latitude. Elles ſont placées entre l'Italie & la Sicile, mais plus rapprochées de la Sicile, dont l'île Vulcano n'eſt qu'à trente milles de diſtance : elles ſont au nombre de dix, qui ont chacune leur nom particulier ; ſavoir, *Lipari*, *Vulcano*, *les Salines*, *Panaria*, *Baziluzza*, *Liſca-bianca*, *Datoli*, *Stromboli*, *Alicuda* & *Felicuda*. Il y a quelques autres rochers à fleur d'eau dont on pourroit augmenter le nombre de ces îles, mais qui ſont trop petits pour être comptés. On les nomme collectivement îles Æolhennes, & plus communément îles de Lipari, du nom de la plus étendue, de la plus fertile & de la plus peuplée. Les anciens ne comptoient que ſept îles de Lipari, ce qui feroit croire que les autres ſont de formation plus moderne.

Marcian d'Héraclée dit :

In Thirrenico mari jacent
Inſulæ ſeptem, haud procul Sicilia,
Quas vocant Æoli inſulas.

Alexandrinas Dionigius dit également :

De hinc rupes Æolidarum,
Quas ſeptem numero perhibent cognomine Plotas.

Ces ſept îles, dont font également mention Ariſtote, Diodore, Strabon, Mela, Denys, Scoliaſte d'Apollonie, Solin & Pline, ſont :

1. Liparis vulgo Lipari.

2. Vulcania, aliter Thermiſa & Hiera vulgai. Vulcano.

3. Evonimos, que l'on croit être Liſcà-bianca.

4. Dydyma, vulgairement les Salines.

5. Strongyle, maintenant Stromboli.

6. Phenicudes ſeu Phænicuſia, maintenant Felicuda.

7. Ericodes ſeu Ericuſa, maintenant Alicuda.

Les deux îles dont les auteurs très-anciens ne parlent point, & qui ſont enſuite citées par des auteurs plus modernes, ſont celles d'*Hiceſia*, vulgairement, à ce qu'on croit, Panaria, & *Heracleotes*, vulgairement Baziluzzo. Amico, dans ſon *Lexicon Siculum*, ſe fait cette queſtion qu'il n'ose résoudre : *Cur vero Hicesiam & Heracleotem quæ mediæ inter alias jacent, aliis non fuerunt accensæ, divinare non auserim.* Je traiterai cette question en parlant de l'île de Panaria & de celles qui l'entourent, & j'expliquerai un problême qui a embarrassé, avec raison, les Géographes modernes.

Fazzello met au nombre des îles de Lipari la montagne conique, dite Vulcanello, qui est unie à l'île de Vulcano, & qui en étoit séparée anciennement par un canal étroit que les éruptions ont depuis comblé.

Ces îles baignées par la mer, dite anciennement Thyrrenne (*Thyrrenno mari ablutæ*), forment entr'elles une espèce de chaîne qui va du sud-ouest au nord-est, & dont les îles Alicuda & Stromboli sont les deux extrémités. L'île Vulcano est un peu hors de cette chaîne, & elle fait un grouppe triangulaire avec les îles Lipari & Salines, qui sont fort rapprochées les unes des autres.

Les anciens ont donné différens noms à ces îles prises collectivement ; ils les ont désignées sous les noms d'*insulæ Æoliæ*, *Vulcaniæ*, *Plotæ*, *Hephestiæ*, *Liparææ*. Il ne m'appartient point de discuter l'étymologie de tous ces noms ; il n'est également point de mon ressort de faire l'histoire des premiers habitans de ces îles, & de décrire leurs révolutions politiques. Il me suffit de dire que depuis long-tems elles ſuivent le ſort de la Sicile, & qu'elles appártiennent au même Souverain. Les révolutions phyſiques qu'elles ont éprouvées ſont peu connues ; on trouve à peine dans l'hiſtoire quelques notices ſur leurs éruptions ; elles ont en général plus occupé les poëtes que les phyſiciens, & les fictions poétiques nous apprennent, autant que les hiſtoriens & les géographes, que dans tous les tems connus, la majeure partie de ces îles a jeté des flammes, la mer même qui les environne, s'eſt trouvée quelquefois bouillante & enflammée, entr'autres, ſous le conſulat de M. Emilius Lepidus, & de *L. Aurelius Oreſte*, ainſi que le rapporte Strabon, & après lui *Giulio Oſſequente*, dans ſon livre des Prodiges. L'eau, dit-il, étoit enflammée & bouillante, & pluſieurs vaiſſeaux furent brûlés ; la mer rejeta ſur le rivage une ſi grande quantité de poiſſons morts, que les habitans de ces îles qui en mangèrent beaucoup ſans précaution, eurent une maladie épidémique qui dévaſta toutes les îles Æoliennes ; la même choſe arriva, dit Poſſidonius, lorſque Titus Flaminius étoit Préteur de Sicile au ſolſtice d'été, &c.

Toutes ces îles doivent certainement leur formation aux feux ſouterrains ; elles ſe ſont élevées par accumulation au milieu de la mer qui les baigne. Mais les violentes éruptions qui les ont produites ou ensemble, ou successivement, sont sûrement antérieures aux tems de l'histoire, puisqu'aucun historien ne dit rien de leur origine. Cependant leur formation a dû être précédée de chocs violens & de tremblemens de terre qui doivent avoir ébranlé la Sicile & la partie de l'Italie qui en est voisine. Quelques auteurs prétendent que l'île Vulcano ou *Hiera* est de formation moderne. Cette île, dit Fazzello, *lib.* 1, *cap.* 1, n'a point été formée comme les autres au commencement du monde; elle naquit & parut subitement hors de l'eau par le concours du vent & du feu, sous le consulat de *Spu. Posthumius Albinus*, & de *Quintus Fabius Labeonus*, cinq cens cinquante ans après la fondation de Rome, ainsi que l'écrit Eusèbe. Pline dans son second livre affirme la même chose, ainsi qu'Isidore, livre 14, Eutrope, *lib.* 4. Mais ce que disent ces historiens ne doit pas s'entendre de l'île Vulcano, mais seulement de la petite île Vulcanello, qui vraiment s'éleva dans ce même tems; car l'île Vulcano est comptée parmi les îles de Lipari par les auteurs les plus anciens. Thucydide en parle deux cens ans avant cette époque: Aristote, qui l'a précédé de cent ans, parle de l'île Vulcano dans son second livre des Météores, & dit que cette île dans un tems déjà fort ancien eut une éruption violente dans laquelle il s'éleva une nuée fort épaisse, d'où il sortit un vent violent accompagné d'un très-grand bruit, que la terre s'éleva & se gonfla comme une montagne qui se remplit peu-à-peu & qui rejetta d'abord du feu, & ensuite une si grande quantité de cendres, que l'île de Lipari & plusieurs villes d'Italie les plus voisines, en furent couvertes.

J'ai cru ces notions préliminaires nécessaires avant d'entreprendre la description de chacune des îles que j'ai visitées.

DESCRIPTION
DE L'ILE VULCANO.

Quarum una abs re dicitur Hiera,
Ardentes quippe ex ea apparent ignes
Et cadentium in altum ejectationes massarum
Operaque & ferreus mallorum usus.

Marcianus Heracleensis.

VULCANO est la première des îles de Lipari qui se présente devant le cap de Melazzo, dont elle n'est distante que de trente milles ; ce fut aussi la première où j'abordai; le vent contraire me força de faire à la rame ce petit trajet, & nous arrivâmes le 13 à huit heures du matin sous l'île dans la partie du sud; je m'approchai de terre le plus possible pour mieux l'observer, & je la trouvai inabordable dans les quatre cinquièmes de ſon contour. Elle eſt eſcarpée, & au-deſſus des rochers qui l'entourent, elle préſente une pente roide couverte d'arbriſſeaux & de plantes odorantes qui croiſſent dans les lieux arides. Tout y porte l'empreinte du feu auquel elle doit ſa formation. On voit des laves noires, griſes, rougeâtres, blanchâtres, qui par leur entaſſement ont établi cette pente roide qui eſt ſur toute la partie extérieure de l'île; la forme de cette île eſt celle d'un cône tronqué, à baſe circulaire aſſez régulière; ſa hauteur eſt à-peu-près d'un demi-mille; ſes flancs, lorſqu'ils ſont vus à une certaine diſtance, paroiſſent avoir les côtés très-réguliers d'une portion de cône; mais lorſqu'on eſt rapproché, on voit qu'ils ſont ſillonnés par des ravins, & couverts d'aſpérités formées par des rochers de lave ſolide.

En côtoyant cette île je vis un endroit à-peu-près au niveau de la mer, d'où ſortoit avec ſifflement un jet d'eau intermittent qui s'élevoit à deux pieds, deux pieds & demi; l'intervalle entre chaque élancement étoit à-peu-près d'une minute, & la durée du jet étoit la même que celle de l'intermittence. Il me parut que ce phénomène étoit produit par la mer qui obſtruoit un trou par lequel les vapeurs ſortoient avec force, comme le vent ſort d'un éolipyle, & que trouvant cet obſtacle, elles faiſoient effort & chaſſoient avec violence l'eau qui s'oppoſoit à leur iſſue.

Après avoir fait lentement la moitié du contour de l'île, nous arrivâmes au nord-eſt, & nous découvrîmes que la montagne qui forme le cône dont nous venions de parcourir une partie de la baſe, n'eſt qu'une ſimple enceinte qui s'ouvre & laiſſe voir dans ſon intérieur un ſecond cône plus exact que le premier, dans lequel eſt maintenant placé la bouche du volcan. Nous paſsâmes au pied de cette nouvelle montagne, & nous abordâmes à une plage baſſe, eſpèce de port, ayant à notre gauche le cône intérieur, & ſur notre droite une montagne conique volcanique, que l'on m'a dit être nommée Vulcanello par oppoſition avec l'autre, qui eſt beaucoup plus conſidérable.

Malgré la chaleur exceſſive qu'il faiſoit, je débarquai avec un empreſſement qui n'eſt connu que du Naturaliſte, & je me mis à parcourir cette île, qui eſt un volcan dans ſa plus grande activité, en cela bien contraire à l'opinion qu'en a M. Hamilton, qui le ſuppoſe dans le même état que la Solfatare.

L'île Vulcano a à-peu-près douze milles de tour, elle eſt formée par une montagne circulaire qui conſtitue le cône extérieur dont j'ai parlé;

cette montagne eſt eſcarpée intérieurement, & elle a extérieurement la pente roide qui modèle un ſegment de cône ; elle eſt épaiſſe d'un mille dans la partie de l'oueſt ; elle s'amincit peu-à-peu, & ſe termine par un ſimple rang de rochers qui figure les bouts du croiſſant d'une demi-lune. L'intérieur de cette enceinte paroît avoir été occupé anciennement par une plaine qui étoit un peu plus élevée que le niveau de la mer, qui pouvoit avoir deux milles & demi de diamètre, & qui étoit l'intérieur du crater primitif. Dans cette plaine s'eſt élevée la nouvelle montagne conique qui contient le crater actuel ; ce nouveau cône n'occupe pas exactement le milieu de l'emplacement de l'ancien crater, mais il eſt placé dans la partie du nord-eſt, de manière qu'une portion de ſa baſe eſt au-dehors du cercle que décrivoit la circonférence du grand cône, à laquelle elle eſt encore adhérente par l'extrémité de la corne du ſud-eſt. Cette nouvelle montagne eſt donc enveloppée de trois côtés par la montagne ancienne, & le ſeul côté où elle ſoit exempte de cette enceinte eſt celui où ſon pied eſt immédiatement baigné par la mer. La baſe de ce cône intérieur eſt ſéparée des eſcarpemens de l'ancien crater par une vallée circulaire, eſpèce de platte-bande, qui en fait le contour, qui a environ cent pas de large & qui ſe termine d'un côté, à la réunion de l'extrémité du cône extérieur, avec la base du cône intérieur : de l'autre côté elle s'abaisse dans la mer auprès de la plage où j'étois abordé ; elle y forme un petit golfe entre le pied de la nouvelle montagne & une portion détachée de l'ancienne, dans le même emplacement où étoit anciennement un port assez sûr pour les petits bâtimens, qui a été comblé par les éruptions du volcan.

Cette vallée circulaire est couverte de cendres blanchâtres & d'autres scories légères ; on y voit aussi de grosses pierres de différentes natures, éjections des dernières éruptions du volcan. Les eaux ont creusé dans cette vallée une espèce de fossé de quelques pieds de large & de trois ou quatre de profondeur ; on voit dans les tranches de cette coupure, produite par les eaux, une succession de couches horisontales de différentes couleurs, formées par les différentes espèces de cendres qu'a vomies le crater ; on y trouve aussi des couches de pierres-ponces légères, mêlées de fragmens de lave vitreuse noire, & ensevelies dans des cendres entièrement blanches.

Le premier coup de marteau que j'ai donné sur les pierres que j'ai rencontrées dans cette vallée, fit retentir un bruit sourd, mais si considérable que j'en fus presqu'effrayé. Ce bruit, qui ſe propageoit dans les cavités ſouterraines, me fit connoître que j'étois ſur une eſpèce de voûte aſſez mince qui recouvroit un abîme immenſe, d'où ſont ſorties toutes les matières dont l'entaſſement a formé l'ancienne & la nouvelle montagne, & ſur laquelle repoſe le nouveau cône. Le choc produit un bruit ſemblable dans toutes les parties de cette platte-forme, mais plus ou moins fort, & qui, ſelon toute apparence, dépend de l'épaiſſeur de la croûte : cette voûte doit pourtant avoir une grande force & une grande ſolidité, puiſqu'elle ſupporte le poids de la nouvelle montagne; cette conſidération doit raſſurer ceux qui craindroient d'enfoncer dans la cavité qui paroît être au-deſſous d'eux, lorſqu'ils parcourent cette vallée; on n'entend aucun bruit ſouterrain lorſqu'on frappe ſur la croupe de la nouvelle montagne, ni ſur les parties de l'ancien cône.

La nouvelle montagne a une pente très-roide, & elle eſt recouverte d'une cendre mobile dans laquelle on enfonce juſqu'aux genoux, ou d'une cendre agglutinée par les ſels, qui en forment une eſpèce de croûte ſur laquelle le pied n'a point de priſe. Cette montagne eſt plus haute & plus eſcarpée que celle qui contient le crater de l'Ethna, & ſon ſommet eſt d'un accès beaucoup plus difficile; j'eus une peine incroyable à gravir jusqu'au haut; je fus même plusieurs fois rebuté par la chaleur excessive & par la fatigue que j'éprouvois, & j'eus besoin de rappeller tout mon courage pour surmonter ces difficultés, d'autant que n'ayant point de guides, je n'avois peut-être pas choisi le côté le plus commode. J'employai plus d'une heure pour arriver au sommet de cette montagne, à laquelle je ne suppose pas plus d'un demi-mille de hauteur perpendiculaire.

Cette montagne représente assez exactement le segment d'un cône dont la base peut avoir deux milles de diamètre, & qui est tronqué par un plan incliné du sud-ouest au nord-est : le crater n'occupe pas exactement le centre de ce cône, mais il est placé un peu plus dans la partie du sud qui est la plus élevée, mais en même-tems la plus mince : de manière qu'en montant ainsi que moi par le côté du nord qui est le plus bas & le plus large, on trouve avant d'arriver sur les lèvres du crater un plateau de soixante pas de large, sur lequel on voit beaucoup de trous en forme d'entonnoir, de trois & quatre pieds de profondeur, & une espèce de coupure de vingt pieds de profondeur qui s'ouvre dans le crater; toutes ces excavations sont garnies & tapissées de soufre, & il en sort continuellement & de toutes parts une fumée épaisse, blanche, ſulfureuſe & ſuffocante, qui permet à peine d'en approcher.

C'eſt par cette eſpèce de tranchée qu'a coulé, il y a peu d'années, une lave noire vitreuſe, dont le courant ſe voit encore ſur le flanc de la montagne & que j'ai toujours côtoyé en y montant; ce verre fondu eſt parvenu juſqu'au bas du cône, ſans entrer dans la vallée; il falloit, pour produire une ſemblable éruption, que toute la coupe du crater fût pleine d'une matière vitreuſe & fluide qui a débordé par la partie la plus baſſe. Mais qu'eſt devenu, peut-on demander, l'excédent de la matière qui rempliſſoit le crater? Elle a dû, lorſque la grande effervefcence a été terminée, rentrer dans les cavités d'où elle étoit ſortie, de la même manière qu'un vaſe plein d'eau ou de lait verſant au-dehors une partie de ce qu'il contient, lorſqu'il reçoit un coup de feu trop fort, n'eſt plus qu'à moitié plein lorſque le feu, qui avoit occaſionné la raréfaction du fluide, diminue d'activité. J'ai recueilli ſur les bords de cette tranchée, pluſieurs très-beaux morceaux de ſoufre jaune qui s'étoit ſublimé & attaché, de deux pouces d'épaiſſeur, ſur des pierres ou des ſcories blanchies & pénétrées elles-mêmes par les vapeurs acides ſulfureuſes. Ce ne fut pas ſans riſques & ſans brûlures, que j'acquis ces ſoufres; il me fallut les détacher des trous par où s'exhale continuellement une fumée blanche & épaisse qui, pendant la nuit, paroît une flamme très-lumineuse. Quelque desir que j'eusse d'augmenter ma collection, je n'osai pas hasarder de descendre plus avant pour prendre des morceaux de différentes couleurs, qui n'étoient pas fort éloignés, & dont je desirois vivement orner mon cabinet; mais mon premier essai avoit été trop douloureux pour en tenter un second. Je continuai ma marche, & après avoir traversé ce repos ou cette espèce de platte-forme, qui se trouve, ainsi que je l'ai dit, vers le haut de la montagne, je montai encore une centaine de pas, & j'arrivai sur les bords du plus beau, du plus vaste & du plus magnifique crater que j'eusse encore vu; c'est une excavation qui a la forme exacte d'un entonnoir, dont l'ouverture seroit un peu ovale; sa profondeur est à-peu-près égale à la hauteur de la nouvelle montagne, c'est-à-dire, qu'elle peut être d'un mille; son plus grand diamètre me parut d'un demi-mille, & son moindre diamètre de quatre cens cinquante pas; elle est terminée dans le fond par une petite plaine qui peut avoir cinquante pas de diamètre; la pente des parois intérieures est extrêmement roide, de manière qu'il seroit impossible de descendre dans le fond, quand même on on n'auroit pas le risque du feu à courir. D'ailleurs qu'y gagneroit-on & qu'y verroit-on de plus ? Cette vaste cavité est très-régulière ; elle ne dérobe rien à l'œil de ce qu'elle contient, & j'avoue qu'elle fut pour moi un des spectacles les plus grands & les plus imposans que la Nature m'eût encore présentés : ce crater fait une impression plus vive sur l'imagination, que celui de l'Ethna, qui est beaucoup plus vaste, mais qui est moins profond & moins régulier, & que j'ai vu dans un instant où le fond s'étoit presque élevé à la hauteur des bas bords du crater. Je restai très-long-temps à admirer celui-ci, & à faire rouler dans l'intérieur de grosses pierres que je trouvai sur ses lèvres, & dont la chûte accélérée par la roideur de la pente, produisoit dans le fond un très-grand bruit, & faisoit retentir & frémir la montagne ; elles entraînoient avec elles des soufres sublimés & attachés aux pierres de l'intérieur de cet entonnoir. Ces pierres en arrivant dans la petite plaine, paroissoient s'enfoncer dans un fluide, & je vis alors avec ma lunette, que ce fond contenoit deux espèces de petits lacs, que je jugeai être pleins du soufre fondu que je voyois couler sans cesse des parois contre lesquelles il s'étoit sublimé ; il s'y fond ensuite par la chaleur qu'il y éprouve pour subir de nouvelles ſublimations, car je ne puis croire qu'il y ait de l'eau dans cette plaine brûlante, elle y ſeroit dans l'inſtant réduite en vapeurs.

L'intérieur de cette vaſte bouche eſt blanc, elle eſt tapiſſée & dorée par des ſoufres de différentes couleurs. Il ſort d'une infinité d'endroits une fumée blanche ſuffocante, qui, perçant le maſſif même de la montagne, prouve qu'elle eſt formée de matières légères, perméables à la fumée : cette fumée épaiſſe eſt une véritable flamme brillante, mais tranquille, qui s'élève la nuit au-deſſus de la montagne, & qui éclaire à une certaine diſtance : je l'obſervai le ſoir même; elle eſt produite en partie par le ſoufre fondu qui brûle lentement : on a remarqué dans tous les tems, que ce qui étoit fumée pendant le jour, étoit flamme pendant la nuit. La couleur blanche des pierres de l'intérieur de tous les craters enflammés, eſt due à une véritable altération de la lave, produite par les vapeurs acido-ſulfureuſes qui les pénètrent, & qui ſe combinant avec l'argile qui leur ſert de baſe, y forment l'alun que l'on retire des matières volcaniques.

La forme de tous les craters varie à chaque éruption du volcan. M. Deluc dit dans ſa Deſcription de l'île Vulcano, que par une gorge étroite, ouverte ſur le flanc de la montagne, il eſt parvenu en 1757, dans la plaine qui étoit au fond du crater, & qui alors devoit être plus exhauſſée qu'elle ne l'eſt maintenant, puiſqu'elle étoit plus étendue, & qu'il a jugé que ſon enfoncement dans l'intérieur de la montagne, n'étoit que de cent cinquante pas. Maintenant cette gorge ne ſubſiſte plus; il n'y a plus aucun moyen de pénétrer dans l'intérieur de ce crater, qui, ainſi que je l'ai dit, a pour profondeur la hauteur de la montagne, & qui a pris la forme exacte d'un entonnoir. De tems en tems une portion des bords ou lèvres du crater s'écroule dans l'intérieur, & c'eſt un événement de cette eſpèce, qui a abaiſſé la partie du cône ſur laquelle j'étois arrivé, qui lui a donné la grande épaiſſeur qu'elle a maintenant, & qui a procuré l'eſpace plein dont j'ai parlé, au milieu duquel le feu & la fumée ſe ſont ménagé des paſſages.

Je fis la moitié du tour du crater, dont les lèvres ſont par-tout aſſez larges pour s'y promener ſans riſque, & je deſcendis la montagne par la partie oppoſée à celle par laquelle j'avois gravi; je fis en peu de minutes le chemin qui m'avoit demandé une heure en montant. Je me laiſſois aller, en courant ſur cette pente roide, & la cendre dans laquelle j'enfonçois m'empêchoit de me précipiter, ce qui me ſeroit arrivé

produit en abondance pendant le tems de la fermentation intérieure, qui précède & accompagne les éruptions.

Il ne m'a pas été possible de recueillir dans un vase, l'air qui occasionnoit les espèces de bouillonnemens que j'ai observés ; ni par conséquent d'en déterminer exactement la nature ; il est possible que cet air soit quelquefois inflammable, & que son inflammation instantanée produise sur la surface de la mer ces flammes ardentes, citées par plusieurs Auteurs : *Sæpè numero etiam in superficie maris, quod est circa insulas istas, discurrere flammas animadversum est impellique pisces mortuos.* Strab. lib. 6. L'air qui brûle sur la fontaine de Saint-Bartholomé, près de Vif, en Dauphiné, est un exemple du même fait.

Il est possible de fixer l'époque à laquelle le premier cône de l'île Vulcano s'est écroulé & ouvert en partie, & celle de la formation du nouveau cône ou montagne intérieure. Tous les événemens de cette île ne sont connus que des habitans des îles voisines qui n'en tiennent aucun registre ; lorsque les éruptions ne sont pas assez violentes pour être ressenties en Sicile & en Italie, elles restent ignorées, & comme le dit M. Bridonne, la floraison d'un aloës en Angleterre, fait plus de sensation que l'éruption la plus forte de cette île. Beaucoup de Poëtes & d'Historiens anciens parlent des feux de ce volcan, où l'on avoit supposé les forges de Vulcain. Mais ils n'entrent la plupart dans aucuns détails dont on puisse se servir pour l'histoire de cette île. Aristote indique la première éruption dont on ait connoissance; j'ai déjà rapporté les circonstances qu'il en donne, en parlant des îles de Lipari en général (*a*). On trouve dans le douzième livre d'Agathocles, tyran de Syracuse, écrit par Callia, la description d'une éruption qui est la seconde dont il soit fait mention; elle dura plusieurs jours & plusieurs nuits sans interruption, & elle jetta à une grande distance de grosses pierres enflammées qui arrivèrent jusqu'à un mille de distance; la mer qui environne l'île étoit en ébullition comme l'eau d'un vase qui seroit sur le feu. Pline, dans son

---

(*a*) Voici le texte de la traduction latine, *lib.* 2, *de Meteor. pag.* 783. « Hæc autem (insulà sacra) est una » vocatarum Æoli insularum. In hac enim intumuit aliquid » terræ, & ascendit velut collis moles cum sono. Tandem » autem rupta, exivit spiritus multus, & favillam, & cinerem » elevavit, & Liparæorum civitatem existentem non longè » omnem incineravit, & ad quasdam in Italia civitatum » venit, & nunc adhuc ubi exsufflavit. Manifestum est » etenim facti ignis in terra hanc putandum est esse causam, » cum decisus accensus fuerit, 1°. in parva dissecto aere ».

second livre, chap. 106, dit que dans le tems de la guerre sociale toutes les îles Æoliennes jettèrent du feu plusieurs jours de suite, & Eutrope ajoute, *lib. 4, de gest. Rom.* que ceux qui naviguoient autour virent beaucoup de poissons morts, & eurent beaucoup de peine à se mettre hors de danger; mais il ne dit rien en particulier de l'île Vulcano.

La troisième éruption dont on ait quelque connoissance est celle de l'année de notre ère 144. Elle fut si forte que toute la Sicile & la Calabre tremblèrent; le volcan vomit alors une quantité immense de feu.

La quatrième éruption est celle arrivée le 5 Février 1444: elle fut terrible; la Sicile fut ébranlée des secousses violentes & des tremblemens de terre qui l'accompagnèrent, & qui furent encore plus vivement ressentis par les autres îles Æoliennes. La montagne vomit avec un fracas épouvantable une gerbe mêlée de flammes & de fumée qui s'éleva à une très-grande hauteur, & ensuite elle lança des pierres énormes qui retombèrent à plus de six milles de distance (*a*). Il n'est point dit s'il sortit du crater quelques courans de laves, ni combien dura cette éruption.

(*a*) Voyez Fazzello, livre 1.

Ce volcan eut une cinquième éruption vers 1550. Les cendres & les pierres qui sortirent pour lors du crater comblèrent le canal qui séparoit Vulcanello.

Lors des tremblemens de terre qui désolèrent la Sicile en 1739, il y eut une éruption considérable dans ce volcan, dont les secousses & le bruit parvinrent jusqu'à la ville de Nasau en Sicile : ce fut peut-être cette éruption qui occasionna les tremblemens de terre qui renversèrent une partie de cette ville ; chaque secousse qu'on ressentoit étoit suivie du bruit que faisoit le volcan.

La dernière éruption enfin, dont j'ai pu recueillir quelques circonstances, est celle de 1775. Elle fut accompagnée de tremblemens de terre, qui furent vivement ressentis dans les îles voisines; on entendit pendant plusieurs mois un fracas considérable, des tonnerres souterrains, & tous les autres phénomènes qui caractérisent une grande fermentation ; le crater lança au loin de très-grosses pierres & des blocs de lave vitreuse, dont plusieurs se voient encore dans la vallée circulaire qui l'entoure ; il vomit une grande quantité de cendres blanchâtres qui couvrirent l'île de Lipari, & qui furent portées jusqu'en Sicile ; enfin, cette lave vitreuse que j'ai dit avoir coulé sur les flancs de la montagne jusqu'à sa

que l'ancien crater ou la montagne primitive existât encore, car le nouveau cône n'est pas assez grand pour renfermer trois craters, dont l'un seroit si considérable.

Solin cite cette île comme étant enflammée: *Altera insula, Hiera vocarunt, ea principuè Vulcano sacrata est, & plurima colle eminentissimo nocte ardet.* Solin. Polyhist. cap. 12.

Théophraste prétend que le bruit de ce volcan se faisoit entendre jusqu'à mille stades : *Fragorem ignis ad mille usque stadia audiri.*

Pline, livre 3, chapitre 9, parle des îles de Lipari, & dans l'énumération qu'il en fait, dit : *Inter hanc [Liparam] & Siciliam altera, antea Therasia appellata, nunc Hiera, quia sacra Vulcano est, colle in ea nocturnas evomente flammas.*

Thucydide dit que les Liparotes croyoient que Vulcain avoit établi ses forges dans l'île *Hiera*, parce qu'ils la voyoient en feu pendant la nuit & couverte de fumée pendant le jour : *Credunt Liparæi in Hiera Vulcanum exercere ærariam, quòd ea noctibus cernitur multum ignem, diebus fumum reddere.* Les autres Poëtes & les Géographes qui en font mention, la désignent comme étant constamment en feu ; le père Daniel Bartholi & Leandro Alberti disent que son crater étoit de leur tems, plus considérable que celui de l'Ethna. Fazzello enfin qui entre dans assez de détail, dit : *Hæc insula in medio maris aquis circumfusa perpetuò ardet, enim verò ex voragine, quæ in medio patet, jugiter fumi nebulam hodie eructat & promodo efflantium ventorum euri, vel africi fumum interdùm, quandoque favillas, nonnunquam etiam ignem ac pumices evomit; intùs vero per juncturas lapidum, & cancellos angustosque meatus exurens simul & pullens ignis inter ipsam fumosam caliginem emittitur.*

La montagne Vulcanello a eu ses éruptions particulières, postérieures à celles à qui elle doit sa formation. Fazzello dit que de son tems, elle jettoit quelquefois du feu. On lit dans la vie de saint Calogero, que les Diables, que l'on suppose auteurs des éruptions, furent chassés par le Saint de l'île de Lipari, qui fut ainsi délivrée des feux souterrains, & qu'ils s'établirent dans l'île Vulcanello; mais que leurs feux encore trop voisins de l'île de Lipari, étoient très-incommodes à ses habitans; qu'alors le Saint repoussa ces mêmes Diables, jusque dans l'île Vulcano, & que, depuis cette époque, il n'y a point eu d'éruptions dans cette petite montagne. Cette fable pourroit renfermer un fait vrai, relativement à l'inflammation de ce petit volcan, qui peut-être brûla avec plus d'activité lorsque les feux de Lipari s'éteignirent, & qui ensuite cessa de lui-même.

Le père Kircher dans son Monde Souterrain, liv. 2, chap. 12, dit que cette montagne, dite Vulcanello, a été produite par Vulcano, comme un fils par son père. *Tantum cinerum, saxorumque ejecisse fertur, ut juxta sese in medio mari, quem & ideo Vulcanellum, veluti filium à patre genitum vocant, produxerit, quod & ego cum & oras istas peragrarem, verum esse comperi.*

Le père Damico prétend que c'est Paulus Orosius qui a induit Fazzello à erreur, en lui faisant attribuer à l'île Vulcano, ce qui doit s'entendre de Vulcanello : *Paulus quippè Orosius, qui Fazzello imposuit, ubi lib. 4, cap. 20 ait : M. Claudio Marcello, & Q. Fabio Labeone consulibus, in Sicilia Vulcani insula, quæ ante non fuerat, repente in mari edita cum miraculo omnium usque ad nunc manet, de Vulcanello intelligit.*

Les habitans de Lipari recueilloient, il y a une trentaine d'années, beaucoup de soufre dans l'île Vulcano; ils le ramassoient dans l'intérieur du crater lorque l'accès en étoit facile, dans les fissures & les crevasses du nouveau cône, & dans quelques cavités du cône ancien; ils faisoient des fouilles dans certains endroits de la nou-

velle

velle montagne, & ils y trouvoient le ſoufre ſublimé & attaché aux pierres poreuſes que la fumée avoit traverſées. Outre le danger auquel s'expoſoient les gens qui ſe donnoient à ce genre de travail, on obſervoit que les fouilles ou ouvertures qu'ils faiſoient, produiſoient un dégagement de vapeurs, & une fumée qui étoit nuiſible aux récoltes de Lipari; la purification de ce ſoufre donnoit également une fumée dangereuſe; le gouvernement a défendu qu'on le recueillît, & l'évêque a lancé une excommunication ſur ceux qui, malgré l'ordonnance, iroient en chercher; ainſi ce petit genre de commerce n'exiſte plus, & cette île n'eſt plus viſitée que par rapport aux bois qui croiſſent ſur la partie ſud de l'ancien cône.

Productions volcaniques de l'Ile Vulcano.

Cette île, ainſi que je l'ai dit dans la deſcription, eſt formée d'une enceinte de rochers, qui renferment la montagne du nouveau crater. Les laves qui compoſent ce reſte de l'ancien crater, ſont dures, compactes, & elles ont différentes variétés dépendantes du grain & de la couleur; preſque toutes contiennent des ſchorls, mais ces laves anciennes reſſemblent trop à celles de l'Ethna, pour que je doive entrer dans des détails particuliers ſur chacune d'elles; il me ſuffira de dire qu'elles ont en général un petit degré de vitrification de plus que les laves de Sicile. Je ne parlerai point non-plus des laves noires, poreuſes & autres ſcories de l'ancien cône & de la nouvelle montagne; toutes les productions volcaniques de cette eſpèce ſont à-peu-près les mêmes dans tous les volcans.

Les laves données par la nouvelle montagne ont un caractère vitreux qui leur eſt particulier, & qui les diſtingue de toutes les laves compactes de l'Ethna. Dans le catalogue que j'en donne, je ne comprendrai pas toutes les matières qui forment le nouveau crater, mais ſeulement celles que je croirai des productions particulières à l'île Vulcano.

N°. 1. Lave vitreuſe griſe ou verre imparfait. Elle eſt dure, peſante & fait feu avec le briquet; elle a la caſſure du ſilex; on voit dans ſon intérieur, des parties plus opaques & plus blanches, qui paroiſſent avoir réſiſté à la vitrification. Telle eſt la majeure partie du courant de lave qui coula par-deſſus les bords du crater lors de la dernière éruption en 1775.

N°. 2. Verre noir, ſolide, peſant, très-dur, donnant de fortes étincelles avec le briquet. Lorſqu'il eſt en morceaux un peu épais, il eſt parfaitement opaque & reſſemble pour lors au bitume de Judée; mais lorſque ſes éclats ſont minces, ils paroiſſent gris & demi-tranſparens.

Cette vitrification eſt la plus parfaite que fourniſſe ce volcan; on la trouve ſur la croupe du nouveau cône, adhérente au courant de lave vitreuſe du N°. premier; il y en a auſſi des morceaux aſſez gros, qui ont été lancés, iſolés par le crater, & qui ſont retombés dans la plate-bande circulaire qui ſépare la nouvelle montagne de l'ancien crater.

N°. 3. Verre noir opaque qui ne diffère du précédent, que parce qu'il eſt traverſé par des veines de pierres-ponces griſes.

N°. 4. Verre de volcan griſâtre; cette pierre vitreuſe a un grain comme la porcelaine; ce qui prouve qu'elle n'a pas ſubi une parfaite vitrification; elle approche un peu de la pierre-ponce & en forme le premier degré. Cette production eſt aſſez commune dans les éjections de ce volcan.

N°. 5. Lave vitreuſe griſe; elle a le grain & l'apparence de l'émail. Dans le centre des morceaux, il y a des parties d'un verre plus parfait qui paroît noirâtre & qui annonce qu'un feu plus actif ou plus long-tems continué, auroit achevé l'entière vitrification de cette lave. On voit dans cette matière volcanique, des lignes parallèles blanchâtres, on y retrouve quelques particules micacées, & le ſouffle y développe encore une odeur d'argile, caractères qui indiquent que la matière primitive étoit un ſchiſte argileux micacé qui n'a point été entièrement altéré par le feu.

N°. 6. Lave vitreuſe, compoſée de grains noirs & blancs qui repréſentent un granit. La partie noire eſt une vitrification du volcan ; la partie blanche eſt une matière qui n'a éprouvé d'autre altération que la gerçure. Je crois donc que la matière première étoit un porphyre dont la pâte argilo-ferrugineuſe s'eſt fondue & a formé le verre noir, & dont le feld-ſpath a réſiſté à l'action du feu.

N°. 7. Lave griſe, traverſée par des veines blanches preſque parallèles, & contenant quelques points noirs vitreux. Cette lave ſolide, mais caverneuſe, renferme dans ſes cavités des filets capillaires de verre noir en flocons, d'une extrême délicateſſe, & que le ſouffle diſſipe. J'en ai trouvé beaucoup de morceaux ſemblables, & cependant je n'ai pu conſerver que bien peu de ces filamens de verre, qui ſont infiniment plus légers & plus fins que ceux du volcan de l'île de Bourbon.

N°. 8. Lave griſe, variété de la précédente, qui en diffère en ce que les cavités, outre les filets capillaires de verre noir, contiennent encore de petits cryſtaux tranſparens, priſmatiques, &

terminés par deux pyramides. Ils ressemblent au cryſtal de roche. S'ils ſont une production volcanique, ainſi que les circonſtances ſemblent le faire croire, ils prouvent que les produits du feu ont une grande reſſemblance avec ceux de l'eau : ces cryſtaux ne ſont point zéolitiques, ainſi que je l'ai éprouvé, & s'ils étoient antérieurs à la lave & renfermés dans la matière qui lui a ſervi de baſe, le feu les eût altérés.

N°. 9. Différentes laves noires, jaunes, griſes, poreuſes ou ſolides, encroûtées d'un verre noir dont la ſurface eſt toute gercée. Ce ſont d'anciennes laves qui ſe ſont trouvées dans le nouveau crater & qui en ont été rejetées après avoir ſurnagé le verre en fuſion.

N°. 10. Différentes pierres-ponces blanches qui ont plus ou moins de denſité ; elles ſont abſolument ſemblables à celles de Lipari ; elles ſont aſſez communes dans les dernières éruptions de ce volcan.

N°. 11. Lave tigrée, dont le fond eſt gris avec une infinité de petites taches noires. Elle ſe trouve dans pluſieurs endroits de l'île Vulcano, & doit avoir été produite par une pierre compoſée.

N°. 12. Cendres volcaniques de différentes couleurs, depuis le noir juſqu'au blanc, ſelon les matières qui ont été triturées dans le volcan

Celles produites par les pierres-ponces, sont extrêmement blanches. Il faut que l'activité du feu ait augmenté dans l'île Vulcano, ou que les matières que travaille ce volcan, soient différentes de ce qu'elles étoient primitivement, puisque les productions anciennes & les modernes sont si dissemblables; ces dernières ont un degré de vitrification que n'ont pas les premières. Il faut, ou que le feu soit plus vif, ou que les matières soient plus fusibles; mais je suis porté à croire que le foyer du volcan a changé de place & qu'en s'approfondissant, il a trouvé des roches différentes & moins ferrugineuses que les premières, car les pierres-ponces que ce volcan donne maintenant, ont un caractère qui les distingue de toutes les autres productions volcaniques, & qui annonce une base particulière.

Je donnerai mes conjectures sur les roches qui ont été la matière première des laves de toutes les îles de Lipari, lorsque j'en aurai terminé la description.

On pourroit décrire une beaucoup plus grande variété d'échantillons dans les productions & laves vitreuses de l'île Vulcano, mais ils n'apprendroient rien de plus sur l'activité des feux de ce volcan, ni sur les matières qu'ils ont travaillées.

N°. 13. Soufre ſublimé ; il tapiſſe l'intérieur du nouveau crater, & il remplit toutes les cavités & les intervalles qui exiſtent entre les pierres & les cendres qui ſe ſont accumulées pour former la montagne conique, dans le centre de laquelle eſt le nouveau crater. Toutes ces matières entaſſées laiſſent un libre paſſage aux fumées ſulfureuſes, qui y dépoſent le ſoufre qu'elles subliment, & qui ſortent enſuite avec autant de facilité qu'elles ſortiroient d'un amas conique de bois, auquel on auroit mis le feu pour former du charbon.

Ce ſoufre eſt d'une belle couleur jaune, il eſt demi-tranſparent, & il paroît très-pur. Il forme une croûte de deux ou trois pouces d'épaiſſeur ſur les pierres auxquelles il s'attache, ſon intérieur eſt cryſtalliſé en filamens ſtriés, & ſa ſurface porte de petits cryſtaux luiſans pyramidaux, dont il n'eſt pas facile de déterminer le nombre de faces ; ils ſont couverts d'une fleur de ſoufre fine & pulvérulente.

N°. 14. Sel alumineux ſoyeux, en filets capillaires & divergens, de couleur jaunâtre, détaché des parois de la grotte dans laquelle eſt la ſource d'eau bouillante. Il tapiſſe tout l'intérieur de ladite grotte, & il s'y forme par l'union & la combinaiſon des vapeurs humides & ſulfureuſes qui s'élèvent à travers l'eau, avec la base argileuse des laves qui couvrent cette grotte. Ce sel est mêlé avec un peu de soufre qui est mou & qui paroît dans un état presque savonneux; il y a aussi quelques parties de vitriol verd, fourni par le fer qui colore les laves.

La formation de ce sel alumineux semble indiquer que l'acide sulfureux a besoin du véhicule de l'eau pour s'unir à l'argile des laves, puisque dans les circonstances où les vapeurs sont sèches, on ne voit dans la décomposition qu'elles opèrent sur ces laves, que la formation de la sélénite & point d'alun. Peut-être aussi les pluies de l'hiver emportent-elles des pierres qu'elles lavent, le sel alumineux qu'elles renfermoient, & qui se dissout facilement.

N°. 15. Sel que j'ai recueilli sur les lèvres du crater brûlant de Vulcano; il s'effleurit sur le sable qu'il agglutine, & avec lequel il forme une croûte. Il attire l'humidité de l'air, il précipite en jaune le mercure dissous par l'acide nitreux, il ne produit aucune précipitation ni mouvement avec l'alkali fixe, il donne une fumée d'acide marin avec l'acide nitreux, sans faire d'effervescence. Je n'ai pas eu le tems de faire une plus exacte analyse de ce sel, qui me paroît un sel marin un peu altéré par le feu & la sublimation.

N°. 16. Lave poreuse, légère, qui a changé de

couleur & de consistance, étant exposée au contact des vapeurs sulfureuses qui s'exhalent par différens trous dans plusieurs endroits de l'ancien & du nouveau crater. Cette lave y est devenue blanche & friable; elle ne fait point effervescence avec les acides, mais elle donne de l'alun avec l'acide vitriolique. Il s'y est formé de la sélénite qui prouve qu'une des parties constituantes de cette lave étoit calcaire, & qu'elle a offert une base absorbante à l'acide vitriolique sulfureux.

N°. 17. Lave plus compacte & dont les pores sont plus petits que ceux du N°. précédent; elle est également altérée & blanchie par les vapeurs sulfureuses. Elle contient une majeure quantité de sélénite.

N°. 18. Lave compacte altérée, ramollie & blanchie par les vapeurs sulfureuses qui l'ont pénétrée; elle contient une terre argileuse propre à faire l'alun, de la sélénite, & des lames blanches, luisantes & spathiques, qui ressemblent à celles du spath pesant. Seroit-ce une nouvelle formation de cette substance pierreuse opérée par l'union de l'acide vitriolique avec la terre pesante qui existoit antérieurement dans les granits, matière première de cette lave?

Cette altération des laves par les vapeurs acido-sulfureuses, est une espèce d'analyse que la Nature fait elle-même des matières volcaniques,

Il y a des laves sur lesquelles les vapeurs n'ont pas encore eu assez le tems d'agir pour les dénaturer entièrement, & alors on les voit dans différens états de décomposition que l'on reconnoît par la couleur.

DESCRIPTION
DE L'ILE DE LIPARI
PROPREMENT DITE.

Hinc deindè ad Ciclopas transiit; eosque reperit in Insula Lipara, (Lipara nunc, sed tum erat nomen ei Meligunis) .... Calimachus, hymn. in Dian.

APRÈS avoir employé toute la journée du 13 Juillet à observer & parcourir les différentes parties de l'île Vulcano, & y avoir fait ma collection de produits volcaniques, je m'embarquai, & j'arrivai pendant la nuit du 13 au 14 sous la ville de Lipari, capitale de l'île du même nom, qui est séparée de l'île Vulcano par un canal d'un mille de large, mais d'une très-grande profondeur.

Pendant les quatre jours que je restai à Lipari, les chaleurs furent excessives, & les courses que je fis dans les différentes parties de l'île, m'accablèrent d'une lassitude que je n'avois jamais ressentie.

L'île de Lipari, proprement dite, est la plus grande de toutes les îles Æoliennes; elle a dix-huit milles de contour; elle est située à trente-six milles de distance de Melazzo, au nord-est de l'île Vulcano, & l'est de l'île des Salines; sa latitude est de trente-huit degrés quarante minutes, & sa longitude de trente-huit degrés quarante-cinq minutes.

Elle est fort irrégulière dans sa forme & sur sa surface; elle contient plusieurs montagnes, les unes réunies par leurs bases & divisées par leurs sommets, les autres entièrement distinctes & séparées. Elle est déchirée par des ravins profonds que les eaux y ont creusés; & elle a été bouleversée par des éruptions qui ont ouvert des craters de toutes parts. Elle a de très-grands escarpemens sur le bord de la mer du côté de l'ouest, & des pentes plus douces dans les autres parties; la teinte variée de ses montagnes feroit croire au premier coup-d'œil qu'elles n'ont pas toutes la même origine. Les unes sont noires, & ont l'aspect des montagnes volcaniques; les autres sont d'une blancheur éblouissante semblable à celle de la craie. La disposition des couches qui sont dans l'intérieur de ces montagnes, peut aussi donner des doutes sur la manière dont elles ont été déposées, & sur l'agent qui a contribué à leur formation. Dans certains escarpemens & dans plusieurs coupes de montagnes, les couches sont exactement horizontales, & parallèles entr'elles, avec des alternatives régulières dans le grain & la consistance des bancs, ainsi qu'elles le seroient si elles étoient les dépôts de l'eau. Dans les autres, ces couches ont différentes courbures & différentes inclinaisons. Les pierres & les terres de ces montagnes ont aussi des caractères extérieurs qui le feroient méconnoître; les unes ont l'apparence du silex, & d'autres ressemblent aux pierres & terres calcaires. Tout, en un mot, dans cette île, doit tenir en suspens l'esprit & l'imagination du Naturaliste qui y débarque. Ce n'est qu'après deux jours de courses & d'observations que je me suis convaincu qu'elle étoit entièrement volcanique, & que je suis parvenu à me faire une idée exacte de sa forme actuelle & de la forme qu'elle pouvoit avoir dans ses premiers tems. Une observation qui m'a fort aidé à y reconnoître une montagne primitive, est celle de l'inclinaison des couches que les ravins me montroient à découvert. Toutes les montagnes formées par l'accumulation des matières lancées de leur propre centre, & par un crater unique, acquièrent une forme conique; chaque éruption qui élève la montagne, l'enveloppe d'une nouvelle couche qui ſe modèle ſur les anciennes ; cette couche prend ainſi la courbure du cône, & elle eſt d'autant plus épaiſſe qu'elle ſe rapproche davantage du foyer ou du centre d'exploſion. Lorſqu'une montagne de cette eſpèce vient à s'ouvrir, à ſe dégrader ou à ſe morceler, l'inclinaiſon des couches de chaque portion de ce cône doit toujours indiquer le côté où étoit le centre de l'éruption, & elles doivent toutes ſe diriger par leur prolongement vers l'ancien ſommet. C'eſt par cette obſervation ſimple que j'ai reconnu l'emplacement d'une infinité de craters, dont ſans elle je n'aurois peut-être pas pu trouver les traces. Ce fut par ce même moyen que je reconnus dans l'intérieur de l'île de Lipari une groſſe montagne antérieure à toutes les autres, ſur la croupe & au pied de laquelle les autres ſe ſont élevées.

Les premières courſes que je fis dans les environs de la ville & du port, ne purent me donner aucune idée de la manière dont cette île s'étoit formée, elles ne me préſentèrent que des irrégularités, dont je ne pouvois me rendre raiſon ; je montai donc à cheval pour pénétrer dans l'întérieur de l'île, qui eſt occupée par des montagnes fort élevées. Les chemins qui y conduiſent, ſont ces mêmes ravins ou coupures étroites & profondes faites par les eaux, dont j'ai déjà parlé. En obſervant les couches que ces excavations mettent à découvert, en ſuivant leur prolongement, & en me dirigeant vers la partie, où en s'élevant, elles paroiſſent vouloir ſe réunir, j'arrivai au point le plus haut de l'île, mais qui n'eſt pas placé dans le centre. Là je vis une montagne, dont le ſommet eſt diſtinct de tous les autres, dont la vaſte baſe, primitivement conique, ſe perd ſous pluſieurs montagnes qui l'entourent; elle ſe nomme *Monte-Saint-Angelo ;* ſa hauteur me parut double de celle de Vulcano, c'eſt-à-dire, je lui crois un mille d'élévation; elle domine toute l'île, & de ſon ſommet on découvre parfaitement les deux îles voiſines, & l'on juge plus exactement de leur forme que lorſque l'on y eſt; cette montagne porte encore les veſtiges d'un crater, ſitué au-deſſous d'une petite égliſe, bâtie ſur ſes bords. La forme de ce crater eſt un baſſin, eſpèce de plaine circulaire entourée de collines ou enceintes, dont l'eſcarpement regarde l'intérieur; le tems a preſque rempli cette ancienne bouche, la première peut-être qui ait contribué à la formation de l'île, & il ne lui a laiſſé de profondeur que ce qui étoit néceſſaire pour la faire reconnoître; ſon diamètre eſt à-peu-près de deux cens pas; la montagne eſt formée de pierres-ponces, de cendres de différentes couleurs, la majeure partie blanches ou grises blanchâtres, de fragmens de laves rougeâtres, & de morceaux de verre noir; je n'y ai point rencontré ces grandes coulées de laves qui font souvent la partie solide & comme la charpente des montagnes volcaniques, peut-être sont-elles recouvertes par les matières dont j'ai fait l'énumération. Le concours d'une infinité de circonstances m'autorise à regarder cette montagne *Saint-Angelo*, comme la principale & la première de l'île, celle qui s'est formée avant toutes les autres, qui a été le premier soupirail de ce volcan, & qui a servi de base & de point d'appui à toutes celles qui se sont élevées postérieurement.

Au nord de Saint-Angelo est une seconde montagne conique un peu moins élevée que la première, & qui lui est réunie par la base; celle-ci est d'une blancheur éblouissante. Je me transportai sur son sommet qui est terminé par un plateau un peu concave, qui m'indiquoit un crater assez caractérisé pour être reconnu. Elle est formée de pierres-ponces, & de cendres fort blanches, qui lui donnent l'apparence d'une montagne de craie. J'avoue même que la finesse & la douceur du tact de cette cendre, qui est ou pulvérulente ou foiblement agglutinée, me fit recourir plusieurs fois à l'épreuve de l'acide nitreux, pour m'aſſurer qu'elle n'étoit pas effervescente & calcaire; elle doit être le produit d'une grande trituration de la pierre-ponce, ou d'une grande raréfaction de cette même pierre opérée par le feu, car ces deux matières ne diffèrent que par leur conſiſtance; leur identité eſt preſque prouvée par le mêſange des unes avec les autres, par la reſſemblance exacte de la pierre-ponce broyée avec cette cendre, & par la bourſoufflure, la légèreté & le peu de conſiſtance de certaines pierres-ponces à qui un degré de feu de plus auroit ôté la liaiſon qui exiſte encore entre leurs parties, & qui auroient été ainſi preſque volatiliſées. L'apparence extérieure me fit croire un inſtant que cette cendre blanche agglutinée étoit tout ſimplement une craie altérée par le feu & miſe dans l'état de la chaux ſurbrûlée, qui perd alors ſes propriétés abſorbantes. Je penſois encore que le verre noir qui y eſt mêlé, étoit le produit du ſilex qui leur reſſemble, & que l'on trouve dans la craie. Mais des recherches & des obſervations plus attentives, m'ont éloigné de cette idée, & m'ont prouvé que la baſe commune de la pierre-ponce & de la cendre blanche eſt une roche nullement calcaire.

Je fus voir une troiſième montagne, dite aux *Pierres-noires*, qui eſt au nord de l'île, & qui eſt

est distincte par sa base, du grouppe des montagnes du centre ; elle est formée de laves noires, vitreuses, compactes ou poreuses, de scories noires & de cendres grises ; elle est moins élevée que les deux premières, mais il est beaucoup plus difficile de parvenir à son sommet ; elle porte un crater le mieux caractérisé de tous ceux de l'île ; il est de forme ovale, profond & en entonnoir, il est rabaissé & un peu ouvert du côté de la mer, & il s'y présente de manière à faire croire qu'il jettoit dans la mer les matières de ses explosions : cette montagne me paroît la dernière qui ait eu des éruptions, & il falloit que son foyer fût distinct & éloigné de celui des montagnes du centre, & qu'il fût placé dans des matières bien différentes, puisque leurs produits se ressemblent aussi peu.

En parcourant cette île, on reconnoît dans une infinité d'endroits, soit de l'intérieur, soit sur ses bords, des vestiges de craters plus ou moins grands, de forme variée, & placés à différentes hauteurs. Leurs éruptions ont ouvert les flancs des montagnes, elles ont formé des escarpemens sur les bords de la mer en y renversant des portions de l'île, & elles ont bouleversé toutes les matières qui les environnoient ; leurs effets ont produit la majeure partie des irrégularités du contour, & toutes les altérations qu'on obſerve dans les cônes primitifs : les montagnes qui ſe ſont élevées à une certaine diſtance du premier grouppe, & la mer qui a creuſé & emporté les matières peu réſiſtantes qu'elle a rencontrées, ont également contribué à la forme irrégulière de Lipari.

Au ſud de la ville & à peu de diſtance, il y a une montagne ſéparée des autres par une vallée aſſez large, elle eſt fort élevée quoiqu'elle n'arrive pas à la hauteur de celle de Saint-Angelo. Elle eſt nommée montée *della Guardiaz*, parce qu'il y a toujours une ſentinelle ſur ſon ſommet qui y fait la découverte pour reconnoître les bâtimens Barbareſques qui peuvent être dans ſes parages, & en donner avis au Gouverneur & aux pêcheurs. Les matières de cette montagne ſont plus dures & plus peſantes que dans les autres ; on y voit des laves ſolides qui ont formé des courans & qui ſont deſcendues dans la vallée, d'autres qui ont coulé ſur ſes flancs juſque dans la mer ; elles y ont une couleur rouge & noire, elles contiennent des ſchorls, & elles ont un caractère vitreux qui les fait différer de celles de l'Ethna. On y trouve auſſi beaucoup de morceaux de beau verre noir ou pierres obſidiennes. L'extrême fatigue & la grande chaleur m'empêchèrent de monter ſur cette montagne & de reconnoître ſi ſon crater préſentoit quelques particularités intéreſſantes.

Les étuves de Lipari sont une des singularités les plus remarquables de cette île; elles sont situées à l'ouest dans la portion des escarpemens qui regardent l'île des Salines. Cette partie de l'île a été extrêmement déchirée par les torrens & par les ouvertures que le feu y a faites. Les étuves me furent annoncées de loin par une forte odeur de soufre. Elles sont très-élevées au-dessus de la mer, dont elles sont peu éloignées. Elles sont placées sur un monticule à côté d'un grand escarpement, au-dessus d'un ravin fort ouvert & profondément excavé qui descend jusqu'à la mer, & entre deux montagnes, dont l'une est la vaste montagne du centre, & l'autre une petite montagne à sommet pointu qui domine sur la mer en lui présentant un escarpement à pic. Tout le terrein sur lequel sont placées les étuves est pénétré par des vapeurs brûlantes, les unes sèches & les autres humides; elles sortent par de petites ouvertures naturelles d'un ou deux pouces de diamètre sous la forme d'une fumée épaisse. Il en est quelques-unes qui attachent par sublimation aux pierres qui sont immédiatement sur leur passage, du sel ammoniac, du sel alumineux & du soufre. Les étuves consistent en cinq excavations en forme de grottes, de quatre ou cinq pieds de haut & autant de large, faites sur le sommet d'un monticule; trois de ces cavités se communiquent

& ſont différemment approfondies ; il y a des ſoupiraux naturels qui leur fourniſſent une vapeur humide, d'autant plus chaude que l'excavation eſt profonde. On a été obligé d'abandonner deux de ces étuves, parce que la chaleur étoit trop forte, & qu'elles pouvoient étouffer ceux qui s'y expoſoient. Il faut même du courage pour reſter dans la plus chaude de celles dont on ſe ſert maintenant ; j'aurois été ſuffoqué, ſi je ne m'étois jeté le viſage contre terre ; je fus cependant étonné de voir que le thermomètre n'y montoit qu'à quarante-cinq & quarante-ſix degrés, chaleur fort inférieure à celle que peut ſupporter le corps humain : il faut donc que la denſité de cette atmoſphère chargée de parties humides, contribue à la ſuffocation qu'on y éprouve. On a ménagé au-deſſus de chaque étuve, un trou pour donner iſſue aux vapeurs ; & les pierres dont ces eſpèces de cheminées ſont recouvertes, ſont brûlantes au point de ne pouvoir être touchées ; de noires qu'elles ſont naturellement, elles y deviennent blanches après un certain tems. La chaleur de ces étuves varie & éprouve toutes les viciſſitudes des volcans ; il eſt des tems où aucune d'elles n'eſt praticable. Les vapeurs qui échauffent ces grottes ſont d'une nature différente de celles qui ſortent par d'autres trous voiſins. Les unes, celles des étuves, ſont humides, & ne me paroiſſent que la vapeur de l'eau en ébullition ; lorſqu'elles ſont condenſées, elles n'ont point de ſaveur, & ne contiennent aucun ſel ; les autres ſont sèches & ſulfureuſes. Elles ſont entr'elles comme les vapeurs qui s'élèvent d'une cucurbite pleine d'eau & celles qui par la cheminée ou l'évent du fourneau ſortent du foyer qui entretient l'ébullition.

Un peu au-deſſous des étuves, je vis un trou large de quatre pieds qui communique à une galerie inclinée & profonde dans laquelle je ne pus point deſcendre ; on la nomme Foſſe du Diable, parce qu'on ſait par tradition qu'il en eſt ſorti des flammes ; il s'en élève encore quelquefois une fumée fort épaiſſe & brûlante. Je crois que cette galerie communique au foyer du volcan qui a formé le monticule des étuves & la petite montagne de l'oueſt, & qu'elle ſert encore de ſoupirail au feu qui entretient la chaleur des étuves & de l'eau bouillante, dont je parlerai bientôt.

Les étuves de Lipari ſont ſalutaires dans beaucoup de maladies ; elles ne ſont cependant fréquentées que par quelques Calabrois & par les Siciliens de la côte voiſine : il n'y a d'ailleurs aucune facilité pour s'y procurer les choſes les plus néceſſaires à la vie ; les logemens y ſont infâmes & en très-petit nombre.

Le monticule des étuves & ses entours démontrent combien sont variées les altérations qu'éprouvent les laves, par la pénétration & le passage continuel des vapeurs acido-sulfureuses. Toutes les pierres y ont perdu leurs couleurs obcures primitives, pour y prendre une teinte blanche avec des couleurs superficielles & intérieures, jaunes, rouges, violettes & toutes les autres nuances que peuvent produire les chaux de fer. Ces pierres sont tendres, légères, & semblables à l'œil à certaines crayes calcaires; elles se travaillent facilement au couteau, & les paysans du pays les emploient pour faire de mauvaises petites statues de Saint, dont ils ornent leurs églises. J'aurois hésité à attribuer la couleur & la légèreté de ces pierres aux seules vapeurs qui s'exhalent continuellement de la montagne, & je les aurois prises pour une nature particulière de pierres volcaniques rapprochées des pierres-ponces & des cendres blanches, si je n'avois pas constamment trouvé de ces mêmes pierres partout où les vapeurs se sont ménagé des passages, quoique les matières d'alentour fussent des véritables laves noires & rougeâtres. Leur blancheur & les autres caractères de l'altération qu'elles éprouvent est toujours relatif à leurs voisinages des conduits évaporatoires, & au tems qu'elles y sont exposées. M. Hamilton a fait long-tems avant moi les mêmes obſervations à la Solfatare de Pouzzole. Cette couleur blanche, lorſqu'elle n'eſt pas la teinte générale de la montagne volcanique, m'a toujours indiqué, ainſi que je l'ai déjà dit, les lieux où les vapeurs ſulfureuſes prennent iſſue.

Preſque toutes ces pierres altérées ont une croûte aſſez épaiſſe & hériſſée de petites pointes, formée par du gypſe ou ſélénite. Elles contiennent encore intérieurement de la même ſélénite. Quelques-unes ont une croûte de chaux de fer brune ſolide ou mine de fer limoneuſe. D'après ces faits il eſt aiſé d'imaginer la manière dont les vapeurs acido-ſulfureuſes opèrent ſur ces pierres; l'acide vitriolique pénétrant les laves, s'empare ſucceſſivement de toutes les matières avec leſquelles il peut ſe combiner. La partie argileuſe lui fournit une baſe avec laquelle il fait l'alun; mais ce ſel très-ſoluble eſt emporté par les pluies, & la pierre qui le contenoit devient légère & prend un tiſſu lâche. La partie calcaire fournit le gypſe qui par la loi d'attraction entre molécules ſemblables, ſe raſſemble, ſoit à la ſurface, ſoit dans l'intérieur. Le fer lui-même, partie colorante des laves noires & rouges, s'unit à l'acide, qui enſuite l'abandonne dans l'état de chaux ſur la ſurface des pierres, pour ſe combiner par affinité avec les ſubſtances qui ont ſur lui plus d'action; il produit ainsi toutes les nuances dont il colore ces pierres. Il faut que l'acide vitriolique réduit en vapeurs sulfureuses ait une aptitude à la combinaison, qu'il n'a pas lorsqu'il est en liqueur, puisque dans ce dernier état il n'a presque point d'action sur les laves, & que par son simple secours on n'y peut point reconnoître la partie calcaire que presque toutes contiennent, mais qui est enveloppée dans les autres matières, au point de ne pouvoir plus se manifester par l'effervescence.

A trois cens pieds à-peu-près au-dessous des étuves, il sort du corps de la haute montagne une source considérable d'eau presque bouillante, qui fait mouvoir trois moulins, qu'on a placés à quelque distance au-dessous de sa chûte. La chaleur de cette eau est encore très-forte lorsqu'elle a été battue par les roues qu'elle met en mouvement, & elle jette une fumée épaisse. Elle va à la mer par un ravin profond, & elle sert, lorsqu'elle est refroidie, à la boisson de tous les habitans de cette partie de l'île, qui n'en ont point d'autre. Elle contient un peu de sel ammoniac & du sel alumineux. Son goût est fade, & elle me parut pesante & désagréable; elle n'a point l'odeur du soufre. Je crois que les eaux de cette source abondante fournissent les vapeurs humides des étuves, & que le réservoir où elles sont contenues & échauffées communiquent par des canaux avec l'intérieur du monticule dont j'ai parlé.

L'escarpement de la montagne d'où sort l'eau bouillante, présente une singularité remarquable qui excita mon étonnement. Cette montagne est composée de couches exactement horizontales & parallèles entr'elles, qui sont formées alternativement de cendres grises foiblement agglutinées & de pierres grises rougeâtres qui ressemblent au jaspe & autres pierres silicées. Elles ont un grain fin & serré, une cassure vitreuse, une couleur grise avec des veines rouges, & elles me parurent, tant par leur disposition, que par leur nature, parfaitement semblables aux couches d'agathe & de jaspe de la montagne de Torcisi en Sicile. Je fus long-tems avant de pouvoir me persuader qu'elles fussent un produit volcanique; je ne concevois pas comment une lave avoit pu couler d'une manière si uniforme avec une épaisseur par-tout si égale. Je ne voyois rien dans cette pierre qui portât les caractères du feu; elle est si différente de toutes les matières que les volcans m'avoient données jusqu'alors, que je ne pouvois croire qu'elle leur appartînt. Cependant elle se trouve au milieu de cendres bien certainement volcaniques; je vis à leur surface quelques boursoufflures & quelques petits pores arrondis, je remarquai que les cendres s'étoient incorporées fur ces mêmes furfaces; je reconnus dans leur intérieur quelques fragmens de végétaux, & enfin, après en avoir caffé une grande quantité, je trouvai dans le centre d'une d'elles, une feuille d'algue qui n'avoit point été altérée; ces circonftances qui paroiffoient contradictoires, m'éclairèrent fur la formation de cette pierre fingulière. J'y vis une éruption boueufe & argileufe qui doit s'être étendue fucceffivement fur les couches de cendres que le volcan vomiffoit en même tems. Je ne pouvois plus avoir de doute fur le genre de fluidité que cette matière avoit eue; fi le feu l'avoit opéré, il auroit détruit toutes les parties végétales que j'y ai retrouvées, & lui auroit donné un caractère différent. Il faut néceffairement que cette pierre ait été prefque liquide pour s'être étendue auffi uniformément, & pour avoir empâté & s'être incorporé la cendre qu'elle recouvroit; le defféchement y a produit des gerçures qui ont divifé fes bancs en cubes, dont les côtés liffes & unis font colorés par un gurh ferrugineux qui a coulé entre deux. Je comptai dans l'efcarpement de cette montagne plus de cinquante couches alternatives de cendres & de pierres; celles de cendres ont deux ou trois pieds d'épaiffeur; celles de pierres, quatre ou cinq pouces.

Des étuves je fus aux bains chauds, qui en ſont éloignés d'un mille, un peu plus au ſud, mais toujours ſur la même côte. Ils ſont beaucoup moins élevés & ſitués dans une eſpèce de vallon peu éloigné de la mer. Les eaux ſortent du pied de la montagne & ſont reçues dans des baſſins couverts, d'où on les fait paſſer dans les bains qui ſont garnis de gradins pour s'aſſeoir. Elles ſont preſque bouillantes, & on eſt forcé de les laiſſer refroidir du jour au lendemain, ſans quoi elles ne ſeroient pas ſupportables; il s'exhale des mêmes ouvertures par où elles ſortent, une forte odeur de ſoufre & des vapeurs ſulfureuſes, dont ces eaux cependant ne contractent ni l'odeur, ni le goût. Ces eaux contiennent en diſſolution quelques ſels vitrioliques & du ſel ammoniac, les uns & les autres en très-petite quantité; lorſqu'elles ſont refroidies, elles ſervent à la boiſſon, mais elles ſont peſantes à l'eſtomac & paſſeroient difficilement ſans les ſels qui y ſont diſſous. Je crois ces eaux échauffées par le même foyer que celles des moulins; elles ſont de même nature & peut-être ſont-elles contenues dans le même récipient. Elles ſortent toutes les deux de la même montagne, & leurs ſources ne ſont ſéparées que par le corps de cette grande montagne dans laquelle je ſuppoſe la fournaiſe; on a éprouvé que ces bains produiſoient les meilleurs effets dans les maladies de la peau, les rhumatiſmes & les maladies vénériennes; ils peuvent ſervir auſſi d'étuves pour y recevoir les ſeules vapeurs humides; mais ils ſont peu fréquentés, parce qu'on y eſt très-mal logé, & qu'on y manque de tout. Le Gouvernement n'a point encore imaginé d'y faire bâtir un pavillon, quoique les ſoldats en garniſon en Sicile y ſoient ſouvent envoyés.

Les pierres qui avoiſinent les bains ont auſſi reçu, dans quelques endroits, une altération dans leur couleur & leur peſanteur.

Les bains de Lipari étoient connus des anciens & même renommés; Diodore dit : *Hæc inſula thermis celebribus exornata eſt : balneæ iſtæ non modo ad bonam valetudinem ægrotantibus multùm conferunt, ſed pro ſingulari aquarum genio non mediocrem voluptatis fructum præſtant.* Fazzello en parlant de l'île de Lipari, dit également : *Balneæ ſunt in ea tum humidæ, tum ſudatoriæ, ad valetudinem ſimul & voluptatem accommodatiſſimæ.* Ces eaux ſont maintenant beaucoup moins fameuſes qu'elles l'étoient autrefois, & on ne va plus s'y baigner par pure volupté.

L'île de Lipari eſt l'immenſe magaſin qui fournit les pierres-ponces à toute l'Europe.

Cette production volcanique est un objet d'exportation nécessaire à plusieurs arts, & quelque quantité qu'on en ait enlevée, elles ne paroissent pas diminuées. Plusieurs montagnes en sont entièrement formées. On les trouve en morceaux isolés au milieu des cendres blanches, farineuses dont j'ai parlé plus haut; on en a ouvert des carrières d'une vaste étendue en fouillant au pied des montagnes & dans les vallées qui les séparent, & l'île entière paroît avoir pour base cette substance singulière.

Quoique les pierres-ponces soient répandues dans toute l'Europe, & qu'on en fasse par-tout un grand usage, il n'est peut-être point de substances moins connues des Naturalistes. Aucun d'eux n'a rien dit de satisfaisant ni sur sa nature ni sur sa formation; on lui a attribué pour caractère essentiel, la légèreté & la faculté de nager sur l'eau, quoique cette propriété n'indique qu'une variété dans l'espèce. On a cru qu'elle devoit son origine aux asbestes & aux amiantes altérées par le feu, parce que celle dont on se sert dans différens arts, a un tissu filamenteux & un coup d'œil soyeux. On l'a confondue avec les scories noires, légères & spongieuses des volcans à qui on a donné souvent & improprement le même nom; en un mot, tous ceux qui ont parlé de cette pierre ne pouvoient la connoître, parce qu'ils n'ont jamais vu que la ſeule eſpèce des ponces légères qui ne pouvoit leur donner que des notions imparfaites ſur cette matière.

Le caractère eſſentiel des pierres-ponces eſt d'être blanches ou griſes blanchâtres, d'avoir le grain rude, le tiſſu fibreux, les pores prolongés, une apparence luiſante, vitreuſe ou ſoyeuſe, d'être en général plus légères que les laves ſolides ordinaires & beaucoup moins dures, d'être exemptes de fer; & c'eſt à l'abſence de ce métal que l'on doit attribuer une partie de leurs qualités; d'ailleurs les pierres-ponces diffèrent entr'elles par la denſité, par la ſolidité & par la peſanteur; & elles ſont d'autant plus blanches qu'elles ſont plus légères. On peut les diviſer en quatre eſpèces. Les unes ſont griſes, ont un grain ſerré, des pores & des fibres peu apparens, une peſanteur conſidérable, une grande ſolidité, & un œil un peu vitreux dans la caſſure. On emploie ces pierres, qui ſe taillent facilement, dans les angles des bâtimens & dans la maçonnerie des murs; la ville de Lipari en eſt preſque entièrement bâtie. Les ſecondes ſont également griſes, mais plus légères, plus poreuſes, & elles ont la fibre plus marquée que dans l'eſpèce précédente; cependant elles ne ſurnagent pas l'eau. On s'en ſert dans la conſtruction des voûtes, & on en exporte une grande quantité, pour les employer à ce même objet, dans les villes maritimes du royaume de Naples & de Sicile. Les troisièmes, sont les pierres-ponces légères, poreuses, fibreuses, qui ont une apparence soyeuse dans leurs fractures, qui surnagent l'eau, & qui joignent à une certaine consistance, un grain rude qui les rend recommandables pour polir les marbres & les métaux; celles-ci seules sont connues dans les pays étrangers. La quatrième espèce est une pierre très-blanche, extrêmement légère, d'un tissu très-lâche, avec peu de consistance; elle paroît être arrivée au dernier point de raréfaction où puisse parvenir une substance, en conservant un peu d'union dans ses parties. Celle-ci n'est d'aucun usage. Lorsqu'elle tombe dans la mer, elle y surnage & est portée à de très-grandes distances; on les trouve très-communément sur les rivages de la Sicile, de la Calabre & du royaume de Naples. On pourroit faire une cinquième espèce des ponces pour y placer les cendres blanches de Lipari, qui se sont formées de ces pierres mêmes qui ont été raréfiées par le feu, au point que la liaison ou l'aggrégation des parties s'est rompue, & qu'elles se sont pulvérisées en recevant une espèce de volatilisation.

Les pierres-ponces paroiſſent avoir coulé à la manière des laves & avoir formé comme elles, de grands courans que l'on retrouve à différente profondeur les uns au-deſſus des autres, autour du grouppe des montagnes du centre de Lipari ; elles ſe ſont ainſi entaſſées en grands maſſifs homogènes, ſur leſquels on cherche toujours à ouvrir les carrières, pour l'exploitation des pierres bonnes pour bâtir; les pierres-ponces peſantes, occupent la partie inférieure des courans ou des maſſifs ; les pierres-ponces légères ſont au-deſſus ; arrangement qui leur donne une nouvelle conformité avec les courans des laves ordinaires, dont les laves poreuſes occupent toujours la partie ſupérieure; cette diſpoſition prouve encore l'identité de nature entre les pierres-ponces peſantes & ſolides, & celles qui ſont légères & peu conſiſtantes, & elle démontre que cette grande raréfaction ou cette légèreté n'eſt point un caractère eſſentiel à ce genre de pierres ; les pierres-ponces qui ſont au milieu des cendres, repréſentent les morceaux de laves ou compactes ou poreuſes, que les volcans vomiſſent & rejettent en pierres iſolées.

La fibre prolongée de la pierre-ponce eſt toujours dans la direction des courans ; elle eſt dépendante de la demi-fluidité de cette lave, qui file comme le verre. M. d'Aubenton eſt le premier qui ait obſervé que les filets ſoyeux des pierres-ponces légères étoient un verre preſque parfait. Lorſqu'on trouve des morceaux de pierres-ponces qui ont la fibre contournée dans tous les ſens, ils ont ſûrement été lancés iſolés, & ils ne dépendent d'aucuns courans.

Il eſt bien ſingulier que l'île de Lipari & celle de Vulcano ſoient les ſeuls volcans de l'Europe qui produiſent en grande quantité la pierre-ponce; l'Ethna n'en donne point, le Véſuve très-peu, & en morceaux iſolés. On n'en trouve point dans les volcans éteints de la Sicile, de l'Italie, de la France, de l'Eſpagne & du Portugal; j'avoue cependant que je ne connois pas aſſez les productions du Mont-Hécla en Iſlande, pour ſavoir ſi notre pierre s'y trouve en abondance. La production de cette ſubſtance doit être attribuée à une matière particulière, que les volcans traitent rarement, & au milieu de laquelle doivent s'être trouvés les foyers de ces îles; il faut chercher cette baſe parmi les rochers qui ne contiennent point de fer, & par conſéquent en exclure les ſchiſtes argileux, les roches de corne, les porphyres, &c. &c. Les craies & les pierres calcaires blanches pourroient être ſoupçonnées de les avoir fournies en paſſant à l'état de chaux ſur-brûlée, mais le feu ne peut jamais leur faire acquérir la contexture filandreuſe de la pierre-ponce; & d'ailleurs il n'eſt pas probable que ces ſubſtances abſorbantes ſe trouvent au milieu des montagnes primitives dans leſquelles doit être placé le foyer de ces volcans.

Sachant qu'en hiſtoire naturelle & en phyſique les raiſonnemens & les conjectures n'équivalent jamais aux expériences & aux obſervations, & y ſuppléent rarement, j'étudiai les pierres-ponces ſur les lieux mêmes avec la plus grande attention; je m'attachai principalement à celles qui ſont peſantes & qui me paroiſſant moins altérées par le feu, peuvent conſerver quelques caractères de leur baſe primitive. Je reconnus dans pluſieurs le grain, les écailles luiſantes & l'apparence fiſſile de ſchiſtes micacés blanchâtres, qui ſe trouvent interpoſé en immenſe quantité au milieu des bancs de granit des montagnes du Val-Demona. Je vis dans quelques autres des reſtes de granit, dans leſquels je reconnoiſſois encore les trois parties conſtituantes, quartz, feld-ſpath & mica, & je remarquai que ces trois ſubſtances qui ſe ſervent mutuellement de fondant, acquièrent, par l'action du feu, une eſpèce de vitrification qui tient le milieu entre l'émail & la porcelaine, & qui peut être comparée à une frite un peu bourſoufflée; je leur vis acquérir par degrés le tissu lâche & fibreux, la consistance de la ponce, & je ne pus plus douter que la roche feuilletée graniteuse & micacée & le granit lui-même ne fussent les matières premières à l'altération desquelles on doit attribuer la formation des pierres-ponces (*a*).

Les matières que je suppose avoir servi de base aux pierres-ponces ne sont pas particulières aux montagnes du Val-Demona, elles se trouvent en abondance dans l'espèce de montagnes que l'on nomme primitives. M. d'Arcet, dans ses Mémoires sur l'action d'un feu continu, nous dit que les talcs & les micas entrent assez facilement en fusion ; il a essayé un granit de Bourgogne qui a coulé en se gonflant beaucoup dans le creuset : cette fusion, dit-il, est au-delà de l'état de frite. Il a reconnu qu'un grand nombre de spaths pesans couloit avec facilité, & hâtoit la fusion des autres matières. Le kaolin dont on se sert à Alençon pour la poterie est une espèce de granit à trois parties, dont la frite se rapproche de l'état des ponces pesantes. Les granits des Pyrénées, &

(*a*) J'ai présenté à MM. les Commissaires de l'Académie, une suite d'échantillons qui concourent à prouver mon opinion sur l'origine des pierres-ponces ; ces échantillons ont été ensuite déposés chez MM. le Duc de la Rochefoucauld, de Fougeroux de Bondaroi & Faujas de Saint-Fond.

celui du fameux piédeſtal de la ſtatue de Pierre premier, éprouvent une demi-fuſion, & forment un corps gris, opaque & quelquefois bourſoufflé, ſelon l'activité du feu. Les granits du Limoſin & de la Marche ſont très-fuſibles, & reſſemblent plus ou moins au petunzé de Saint-Irié, que l'on emploie à la manufacture de Sève, dans lequel le feld-ſpath qui ſert de fondant, contient une portion d'argile ſurabondante à ſa nature. Les frites de tous ces granits ſont blanches, parce que le fer n'y exiſte point, ou ne s'y développe pas; & s'ils étoient tous traités en grand par un feu comparable à ceux des volcans, ils produiroient des pierres-ponces de différentes eſpèces.

On peut me faire une objection que je dois prévenir. Les matières propres à former les pierres-ponces étant ſi communes dans la nature, pourquoi les îles de Lipari renferment-elles les ſeuls volcans qui fourniſſent en immenſe quantité cette pierre ſingulière? On peut me dire encore qu'il y a contradiction lorſque j'avance que les pierres-ponces n'exiſtent preſque que dans un ſeul volcan, & que cependant la majeure partie des anciennes montagnes contient les ſubſtances qui peuvent acquérir cet état particulier de frite poreuſe & bourſoufflée qui les conſtitue; je répondrai qu'il eſt bien rare que le foyer d'un volcan ſoit placé au milieu des granits, qu'il eſt preſque toujours ſitué dans les roches ſchiſteuſes argileuſes qui renferment les porphyres, les petro-ſilex, les ardoiſes, les ſchorls, &c. matières qui travaillées par le feu, & beaucoup moins dénaturées qu'on ne le ſuppoſe, ſervent de baſe aux laves ferrugineuſes noires & rouges que l'on rencontre dans tous les volcans. Il ſemble que ces roches argileuſes contiennent en abondance & peut-être excluſivement les matières combuſtibles qui entretiennent l'inflammation des feux ſouterrains; l'acide vitriolique & le principe inflammable qu'elles renferment en abondance, ſont peut-être les moyens que la Nature met en action pour produire ces feux, dont l'exiſtence n'eſt pas le phénomène de la Nature le plus aiſé à expliquer. Je crois que ce n'eſt que par une circonſtance particulière que les volcans de Lipari ont trouvé dans leurs foyers quelques bancs ou couches conſidérables de granit placés au milieu des roches qui fourniſſoient à leur inflammation, de la même manière que pluſieurs bancs des granits des Pyrénées ſont renfermés dans les ſchiſtes & les petro-ſilex. Il eſt certain que le foyer des volcans de Lipari doit s'être trouvé dans le lieu même du contact des matières différentes, entre les ſchiſtes & les granits, puiſque leurs productions ſont ſi diſſemblables, que les unes contiennent du fer & que les autres en sont exemptes. Pour qu'il y ait production de pierres-ponces, il faut que le granit se trouve d'une nature très-fusible, & que le feu du volcan soit plus vif & plus actif qu'il ne l'est communément. La lave qui est sortie des flancs de l'Ethna en 1669, & qui a traversé Catagne, a pour base un granit qui n'a point été dénaturé, dont aucune des parties constituantes n'a été altérée. Cette lave, placée de nouveau dans un feu de fusion, se vitrifie & se met dans l'état d'une frite opaque un peu poreuse, qui ressemble aux pierres-ponces, preuve certaine qu'un feu plus actif dans le volcan auroit changé cette immense coulée de lave en pierres semblables à celles de Lipari. Le caractère vitreux des laves noires de Lipari, la quantité de pierres obsidiennes qui s'y rencontrent, montrent évidemment que son inflammation est plus active que celle du volcan de la Sicile.

Il est impossible de fixer exactement l'époque où les feux de Lipari se sont éteints, ou plutôt où ils ont cessé de produire des éruptions; car ils subsistent encore sous les bains & les étuves, & il ne faudroit peut-être qu'une légère circonstance pour ranimer leur activité. Je crois que les dernières éruptions de cette île sont anciennes, & qu'elles remontent vers le sixième siècle de notre ère. Les chroniques religieuſes prétendent que ſaint Calogero, protecteur de l'île, chaſſa les Diables qui habitoient dans la Montagne aux Pierres-Noires, & que pour lors ſon inflammation ceſſa, qu'ils ſe refugièrent aux étuves & y occaſionnèrent des exploſions; mais le Saint les y pourſuivit, & les força de repaſſer dans Vulcanello & enſuite dans Vulcano, où ils n'ont ceſſé de jetter feu & flamme; & les Liparottes aſſurent que depuis cette époque, Lipari a été tranquille. L'hiſtoire naturelle pourroit tirer de cette tradition ſuperſtitieuſe, une induction ſur l'inflammation ſucceſſive des montagnes de cette île, & ſur ſa ceſſation. Je ne ſerois point étonné que les éruptions volcaniques euſſent tenu réellement la même marche que l'on ſuppoſe être celle des Diables. J'ai déja annoncé que la montagne aux Pierres-Noires me paroiſſoit être la dernière formée, que ſon crater étoit le plus intact, & que la végétation n'y étoit encore que bien foiblement établie. La chûte de l'ancien crater de l'île Vulcano avoit peut-être fait ceſſer pour un tems l'inflammation de ce volcan, & alors l'île de Lipari pouvoit être plus qu'à l'ordinaire tourmentée par ſes feux ſouterrains; mais depuis que le nouveau crater de Vulcano s'eſt formé, il eſt poſſible que les feux de Lipari ſe ſoient appaiſés, ayant trouvé un autre débouché. Il n'eſt nullement douteux que ces deux îles très-rapprochées l'une de l'autre, n'aient communication ensemble, & peut-être même un foyer commun.

Saint Calogero vivoit, dit-on, vers, 530 du tems de Théodoric, roi d'Italie; & si les chroniques qui parlent de ce Saint sont appuyées sur quelques faits vrais, on peut en conclure que vers le sixième siècle Lipari a été délivré des éruptions de ses volcans. Je puis appuyer cette conjecture & donner une nouvelle vraisemblance à la fixation de cette époque, en réunissant & comparant les auteurs anciens qui parlent de cette île avec les auteurs plus modernes. Ceux qui sont antérieurs au quatrième siècle de notre ère, disent que ses volcans sont enflammés; ceux qui depuis le treizième siècle font mention de Lipari, assurent que ses feux sont éteints depuis long-tems.

Aristote, dans son Livre *de Admiran. audit.* dit : *In Lipara conspicuum ignem, aiunt, atque lucentem, non interdiu, sed noctu tantùm ardere.*

Diodore & Strabon disent à-peu-près la même chose. Théocrite, dans sa seconde Idylle, compare l'amour aux flammes de Lipari :

Sed quos amor excitat ignes
Vulcani flammis Liparensibus acrius ardent.

Silius Ital. *lib.* 14, dit :

Nam Lipare, vastis subter depasta caminis,
Sulphureum vomit exeso de vertice fumum, *&c.*

Parmi les Historiens des derniers siècles, je n'en citerai que trois. Fazzello dit : *Insula hæc ignem ex pluribus crateribus olim evomebat, cujus ora & vestigia adhuc cernuntur.*

Bottone, livre 3 *de Pyrologia*, observe en parlant de Lipari, que : *Superiori sæculo extincti prorsus fuêre ignes, sive absumpta omni sulphurea materia, sive alia de causa : eorum tamen vestigia adhuc cernuntur.*

Damico, dans le *Lexicon Siculum*, art. *Lipari*, remarque que : *Ignis porro expirationes quoque in ea quondam fuisse Plinius, Strabo, Aristoteles Siliusque testantur, cujus vestigia adhuc præstant etsi hodie eruptio nulla ; à multis imo abhinc sæculis nil tale visum sciamus.*

Si dans toutes ces autorités on ne peut pas trouver une époque fixe, on peut au moins en conclure que l'île de Lipari n'est plus sujette depuis très-long-tems à des éruptions, & que les feux qui subsistent encore, n'y brûlent plus que pour procurer aux habitans des soulagemens dans leurs maladies, & non pour y produire ces commotions violentes & ces grandes explosions qui autrefois y ont été si communes.

Toutes les montagnes de l'île de Lipari formées de matières peu consistantes & qui n'ont aucune liaison entr'elles, sont aisément creusées par les eaux. Les pluies de l'hiver y occafionnent fans ceffe de nouvelles dégradations; elles y ouvrent des ravins qui les pénètrent de plus de cent pieds de profondeur, & elles entraînent toutes les terres qu'elles rencontrent fur leur paffage. Les ravages des eaux font un des fléaux de Lipari. Le feul moyen de les empêcher feroit de laiffer incultes tous les fommets des montagnes; car c'eft toujours par les hauteurs que commencent les éboulemens. Les herbes & les brouffailles dont ils fe couvriroient, donneroient par l'entrelacement de leurs racines, une forte de liaifon au fol, & s'oppoferoient ainfi à l'effort des eaux raffemblées en torrens. Les habitans favent par expérience que cette méthode eft l'unique pour arrêter les dévaftations qu'ils craignent & qu'ils éprouvent continuellement; le Gouvernement a fait des réglemens & des ordonnances qui défendent de cultiver les hauteurs; ordonnances qui font communes à toutes les îles Æoliennes qui toutes éprouvent le même inconvénient. Mais elles ne font point obfervées; l'augmentation de la population demande de nouvelles fubfiftances, & l'accroiffement du commerce dans ces îles excite l'induftrie; les habitans, malgré la loi & le danger, étendent journellement leur culture fur toutes les parties qui en font fufceptibles.

L'île de Lipari eſt très-fertile, elle produit ſur-tout des fruits délicieux & en grande quantité, quoi qu'en diſe Diodore, qui en remarquant l'excellence de ſes fruits, prétend qu'elle eſt peu fertile : *Frugum mediocriter ferax, eoſque arborum fructus qui jucundiſſimam fruentibus oblectationem afferunt, ſubminiſtrat.* Il ſe peut que de ſon tems la vive fermentation des volcans & les feux qu'ils lançoient, s'oppoſaſſent à la culture; le ſol peut être devenu plus fertile, & la végétation avoir acquis une nouvelle activité par une combinaiſon plus intime des ſels qui, répandus trop abondamment, pouvoient nuire aux plantes. Il eſt certain que l'abondance de cette île ne fut pas connue des anciens; Cicéron la dépeint comme ſtérile & inculte. On voit, liv. 3 in Verr. *Agri Liparenſis miſeri atque jejuni decimas ;* il l'appelle : *Inſula inculta.* Les modernes rendent plus de juſtice à ce ſol; Fazzello en parle en ces termes : *Soli natura ferax & fructuum domeſticorum ſuavitate celebris.* L'abbé Pirri dit de Lipari : *In Sicilia ſacra, ſuaviſſimi ex ejus fœcundiſſimo agro proveniunt fructus.* Bottone, *in Pyrologia,* en fait auſſi mention; *Soli natura ferax fructuum domeſticorum copia clara ;* il ajoute enſuite : *Uvæ proveniunt quæ paſſæ & unicæ, & in orcis conditæ, uberrimè hinc aſportantur.* Pour moi, j'y ai mangé des figues excellentes. Elles y sont en grande quantité; & on les fait sécher pour les transporter dans les pays étrangers. Les autres fruits y ont ce même degré de bonté. On y recueille peu de bled, parce que presque tous les terreins qui y seroient propres, sont consacrés à la culture de la vigne, qui est pour Lipari, l'objet principal de l'économie rurale; cet emploi du sol procure plus d'avantage & plus de profit; aussi les vignes attirent tous les soins des cultivateurs, elles sont très-bien travaillées; les ceps sont soutenus par des bois arrangés de manière à former des espèces de toits plats, élevés de trois pieds, sur lesquels on replie & attache les branches; l'air qui circule au-dessous de cette charpente en échafaudage, empêche le raisin de se pourrir, dissipe l'humidité & procure une maturité plus parfaite; on y fait du vin de plusieurs espèces, tous très-bons. Le plus renommé & le meilleur est celui de Malvoisie; on en exporte beaucoup dans les pays étrangers, mais il a le défaut de ne pas se conserver dans les climats plus chauds. La majeure partie des vignes sont destinées à faire des raisins secs, dits passolis. La façon consiste à cueillir le raisin lorsqu'il est bien mûr, à le plonger dans une lessive de cendres, plus ou moins chargée de sel, selon la maturité du raisin, & à le mettre ensuite sécher au soleil. L'objet de cette lessive chaude & alkaline est d'absorber l'acide du raisin, afin que la partie sucrée du moût puisse mieux se cristalliser, & attire moins l'humidité de l'air. Les raisins que l'on emploie pour les passolis, sont de deux sortes; les uns sont petits, noirs & sans pepins; ils sont les plus délicats & les plus recherchés; les autres sont jaunes, longs & ont des pepins; ils sont les passolis ordinaires. L'une & l'autre espèce sont l'objet d'un commerce considérable, qui procure en retour aux habitans les choses nécessaires à la vie, sur-tout le bled, dont ils ne recueillent que pour trois mois.

Quelque fertile que m'ait paru l'île de Lipari, je n'y ai point trouvé cette vivacité, cette force, cette vigueur de végétation qui étonnent & que l'on admire sur la croupe & à la base de l'Ethna. Il est vrai que la nature du sol est différente; il n'y a point ici de cette argile noire, tenace, qui provient de la décomposition des laves ferrugineuses, & à qui l'on doit attribuer la grande fertilité de tous les terreins volcaniques.

Les habitans de Lipari faisoient anciennement une grande quantité d'alun, ils le tiroient probablement par la lixiviation des terres exposées aux vapeurs acido-sulfureuses du volcan. Diodore dit que les Romains levoient sur ce sel un gros tribut, & que les Liparottes en tiroient un grand profit : *Aluminis famigeratum habet metallum, unde magnum Romani vectigal & Liparæi incredibiles quæstus faciunt.* Ce genre d'industrie & de commerce a totalement disparu, il n'y a plus de manufacture d'alun dans toute l'île. Peut-être les terres y sont-elles moins propres depuis l'extinction des volcans; peut-être aussi les habitans occupés d'objets plus essentiels dans la culture de leurs terres, ont-ils négligé cette petite branche de commerce.

La ville de Lipari, capitale de toutes les îles, siège d'un évêque, demeure d'un gouverneur, est petite, vilaine & mal bâtie; elle est située au bord de la mer, sur un terrein bas, au-dessous d'une montagne escarpée de tous côtés, qui forme un cap en s'avançant dans la mer, & sur laquelle est bâti un château fort par sa position, peu fortifié par l'art, mais suffisant pour en imposer aux Barbaresques. Ce château renfermoit autrefois tous les habitans de l'île; mais l'augmentation de population & la commodité les ont invités à venir s'établir au pied de ce rocher, & à y bâtir la ville actuelle. Il y a deux espèces de ports aux deux côtés de la montagne du château, l'un & l'autre en face de la ville. Le plus petit n'eſt couvert que par le corps de l'île, & ne peut être regardé que comme une plage battue par la moitié des vents & qui ne convient qu'aux barques qui peuvent ſe tirer à terre. L'autre eſt une eſpèce de rade aſſez grande, formée par les montagnes du nord, qui ſe courbent en arc ou demi-cercle, & qui ſe terminent par la pointe dite del Capitello. Les bâtimens y ſont expoſés à tous les vents, depuis le nord-eſt juſqu'au ſud-eſt; les petits bâtimens ſeulement, peuvent alors trouver un abri ſous le château.

La population de l'île eſt à-peu-près de quatorze mille ames, dont les trois quarts habitent la ville, & les autres ſont répandus dans la campagne.

Le caractère national des Liparottes eſt très-marqué; ils ſont braves, actifs, affectionnés à leur pays, prompts, vindicatifs & ſuperſtitieux. Les femmes y ſont très-fécondes, & leur tempérament eſt ſi prématuré, que les mariages du peuple ſe font ordinairement à l'âge de douze ans; la meilleure troupe que le roi de Naples ait à ſon ſervice, eſt ſon corps de Liparottes.

Les tremblemens de terre ſont aſſez fréquens dans l'île de Lipari, mais ils ceſſent ordinairement lorſque les éruptions de Vulcano commencent. On y reſſentit vivement le tremblement de terre qui, le 9 Janvier 1693, renverſa preſque toutes les villes de la Sicile, & qui enſevelit ſous leurs ruines plus de cent mille perſonnes : cependant la ville de Lipari n'éprouva pas le malheureux ſort des villes du Val *di notto ;* il y eut peu de maiſons renverſées, & les habitans attribuèrent la conſervation des autres, à la protection de Saint Bartholomé, leur patron, en qui ils ont la plus grande confiance.

Le 11 Octobre 1692 il y eut une tempête affreuſe, qui pouvoit détruire Lipari, ſi ſes efforts ſe fuſſent tous portés ſur la ville; la mer étoit dans une agitation effrayante, & il tomboit en même-tems une grêle abondante, dont les grains peſoient juſqu'à cinq livres ; ils étoient de forme irrégulière, avec des angles aigus, & ils avoient dans le centre, une groſſe bulle d'air, reſſemblante à un œil, ainſi que le dit la relation faite dans le tems. Tout ce qui ſe trouva en raſe campagne au-deſſous de la nuée fut haché, les beſtiaux furent tués ; heureuſement le vent chaſſa la nuée, qui acheva de ſe décharger en pleine mer.

Dans l'hiſtoire & les chroniques de Lipari, & dans tous les auteurs anciens & modernes, je n'ai trouvé que ces ſeuls faits qui puiſſent intéreſſer

intéresser l'histoire naturelle. Je n'entrerai dans aucun détail sur son histoire civile & politique, parce que cette partie n'est pas de mon ressort.

Matières volcaniques particulières à l'Ile de Lipari proprement dite.

L'île de Lipari contient une grande variété de matières volcaniques. Il y a des laves de toute espèce, de noires, de rougeâtres, de compactes, de poreuses, toutes productions qui lui sont communes avec les autres volcans. Mais en général les matières du centre de l'île ont une légéreté, une teinte & un caractère qui leur sont particuliers. Les montagnes de l'intérieur ont, ainsi que je l'ai déjà dit, une couleur blanche qui les fait ressembler à des amas de craies calcaires. Les cendres y sont d'une blancheur éblouissante, elles renferment toutes les variétés des pierres-ponces qui ne diffèrent entr'elles que par leur densité & par une fibre & des pores plus ou moins apparens. On y trouve :

N°. 1. Pierre-ponce grise, pesante & dure; elle a un caractère & une cassure un peu vitreuse; ses pores sont peu apparens, & elle ressemble un peu à la frite de la porcelaine. On la trouve en immense quantité dans presque toute l'île de Lipari. Elle y forme des montagnes entières, &

elle y eſt enſevelie ſous les ponces plus légères, & ſous les cendres blanches & farineuſes du N°. 5. Elle ſe laiſſe tailler facilement, & ſa ſolidité permet qu'on l'emploie dans les angles des bâtimens & dans la maçonnerie des murs.

N°. 2. Pierre-ponce griſe plus légère & moins dure que la précédente, dont les pores & les fibres ſont un peu plus prononcés, mais qui cependant ne ſurnage pas dans l'eau; elle ſe trouve placée ordinairement au-deſſus du N°. 1. On s'en ſert dans la conſtruction des voûtes, & on en exporte une grande quantité pour les employer à cet uſage dans différentes villes maritimes de la Sicile & du royaume de Naples.

N°. 3. Pierre-ponce légère, poreuſe, fibreuſe, & ſoyeuſe; elle ſurnage l'eau, elle a un grain rude, & aſſez de conſiſtance pour être employée dans les arts, elle ſert à polir différentes matières. Pluſieurs bâtimens viennent s'en charger toutes les années pour la tranſporter dans les différentes parties de l'Europe.

N°. 4. Pierre-ponce très-légère, preſque friable, qui ſe trouve en très-grande quantité au milieu des cendres du N°. 5; elles ne ſont d'aucun uſage, parce qu'elles n'ont point de conſiſtance.

N°. 5. Cendre blanche, farineuſe; elle a l'apparence d'une terre crétacée, & elle peut tromper l'obſervateur qui la voit pour la première ſois, mais il reconnoît enſuite qu'elle n'eſt point efferveſcente avec les acides, & qu'elle n'eſt que la pierre-ponce elle-même réduite en poudre, ſoit par l'effet du frottement ou d'une eſpèce de trituration, ſoit par celui de l'action violente du feu qui, en bourſoufflant exceſſivement cette pierre, en aura raréfié les parties au point de les diviſer, & en quelque ſorte les volatiliſer.

N°. 6. Pierre-ponce ſolide, dans laquelle on reconnoît le grain & l'apparence fiſſile de certaines roches ſchiſteuſes, micacées, très-communes dans les montagnes du Val-Demona.

N°. 7. Granit à trois parties, quartz, feld-ſpath, & mica noir en lames exagones; le quartz & le feld-ſpath ont un commencement d'altération qui les rapproche de l'état de la pierre-ponce; il ſe trouve incorporé, & faiſant même partie des pierres-ponces peſantes.

N°. 8. Roche compoſée avec l'apparence fiſſile qui dans une pâte grenue argilo-quartzeuſe renferme des grains de quartz & de mica; elle ſe trouve dans les montagnes qui renferment les pierres-ponces.

N°. 9. Roche compoſée de quartz & de feld-ſpath blanc, ou eſpèce de granit ſemblable au mélange de quartz & de feld-ſpath de Saint-Irié en Limoſin, que l'on nomme petunſé. Une partie de cette roche a pris un tiſſu filamenteux,

& a éprouvé une demi-fusion qui la met dans l'état de pierre-ponce; elle se trouve incorporée dans les pierres-ponces pesantes.

N°. 10. Espèce de granit semblable au précédent, dont une partie est passée à l'état de pierre-ponce, & l'autre a formé un verre grisâtre & opaque. Elle se trouve dans les montagnes qui renferment les ponces.

Il y a un grand nombre de variétés qui unissent les dix espèces ci-dessus, & qui forment insensiblement le passage de l'une à l'autre. Elles ne paroissent différer que par le degré ou l'action du feu qui a plus agi & plus altéré les unes que les autres : le granit & la roche feuilletée, lorsqu'ils sont peu altérés, & la pierre-ponce la plus légère, sont les deux extrêmes d'un genre de vitrification & d'une raréfaction opérée par les volcans.

N°. 11. Pierre volcanique grise & compacte; son grain est fin & serré, sa cassure est nette & vitreuse comme celle des silex opaques; elle a des veines parallèles rougeâtres.

Les volcans n'ont jamais eu de produits qui eussent moins que cette pierre le caractère qu'ils impriment aux matières qu'ils traitent; son apparence, son grain, ses couches exactement horizontales, sa position, sont des circonstances qui paroissent plus convenir aux agathes de Torcisi en Sicile qu'aux laves ordinaires. Lorsque je fus convaincu par une obſervation réfléchie que cette pierre appartenoit bien réellement aux produits volcaniques, j'ai cru y reconnoître une éruption boueuſe & argileuſe qui par une fluidité aqueuſe peut avoir coulé à la manière des laves; elle eſt diſpoſée en bancs de trois ou quatre pouces d'épaiſſeur, interpoſés au milieu de cendres volcaniques noirâtres, foiblement agglutinées. Les bancs ſont diviſés par des fentes ſemblables à celles opérées par le retrait, qui produiſent des eſpèces de cubes.

Cette pierre extraordinaire ſe trouve dans l'eſcarpement à pic au-deſſous des étuves de Lipari, dans lequel on peut compter cinquante bancs alternatifs de cendres & de pierres.

N°. 12. Pierre volcanique ſemblable à la précédente, mais adhérente à la couche de cendres agglutinées qui la recouvre; on reconnoît dans celle-ci qu'elle étoit primitivement dans un état de fluidité, puiſque la cendre qui eſt tombée deſſus y eſt reſtée empâtée.

N°. 13. Pierre ſemblable à la précédente, dans l'intérieur de laquelle il y a des parties noirâtres qui reſſemblent à des fragmens de feuilles d'algues.

N°. 14. Variété dans laquelle une feuille d'algue paroît toute entière.

N°. 15. Sable volcanique formé de grains

noirâtres, durs, agglutinés par une cendre plus fine de couleur grise; il forme des bancs horizontaux entre-mêlés avec les pierres des Numéros précédens.

N°. 16. Pierre volcanique blanche, compacte & pesante; elle a la cassure nette & le grain semblable à la pierre calcaire; mais elle ne fait aucun mouvement d'effervescence avec les acides, & elle happe à la langue comme les argiles. Est-elle une espèce particulière de lave? ou une lave altérée par les vapeurs acides? c'est ce que je n'ose décider, quoique je penche pour la dernière opinion. Elle se trouve en très-grande quantité dans la partie des étuves.

N°. 17. Lave poreuse primitivement noire, & qui exposée aux vapeurs acido-sulfureuses des étuves, est devenue jaunâtre. La surface y est plus altérée que le centre, où il y a des points luisans spathiques, qui paroissent du spath pesant regénéré, ou du feld-spath préexistant.

N°. 18. Lave poreuse entièrement blanche, dont les cavités contiennent des grains de sélénite qui s'y sont formés par l'union de l'acide sulfureux avec les parties calcaires qu'elle renfermoit.

N°. 19. Pierre blanche, compacte, d'un tissu lâche, traversée par des veines violettes; cette pierre est une lave altérée par les vapeurs; le fer qui étoit divisé entre toutes les parties de cette pierre pour lui donner une teinte uniforme, s'eſt raſſemblé, & y a formé les veines dont elle eſt traverſée.

N°. 20. Pierre blanche d'un tiſſu lâche & d'une dureté ſemblable à celle de la craie de Champagne dont elle a l'apparence; elle happe à la langue comme les argiles: je la crois encore une lave altérée & blanchie par les vapeurs acides, puiſqu'elle ſe trouve uniquement au-deſſus des bouches par où prennent iſſue les vapeurs qui échauffent les étuves; la ſouſtraction de ſon principe colorant peut lui avoir ôté ſa conſiſtance & ſa peſanteur. Les habitans en font des ſtatues groſſières qu'ils travaillent au couteau, & dont ils décorent leurs égliſes; la grande blancheur de cette pierre dénote qu'elle ne contient plus de fer.

N°. 21. Variété de la précédente, tachée d'une infinité de petits points rouges: elle ſe trouve dans la même circonſtance.

N°. 22. Pierres qui expoſées aux vapeurs acido-ſulfureuſes ſe bourſoufflent & ſe gercent, parce que la ſélénite qui s'y forme en grande quantité occupe plus d'eſpace que la partie calcaire dont l'acide ſe ſature. La ſurface de ces pierres ſe couvre auſſi d'une croûte raboteuſe de ſélénite blanche ou colorée en rouge, ſelon le fer que la pierre contient. Ces laves altérées ont une variété de couleurs & de teintes, qui ſur les lieux fait un effet intéreſſant.

N°. 23. Sélénite en petits grouppes informes, détachés de la ſurface des pierres volcaniques, qui ſont expoſées aux vapeurs des étuves.

N°. 24. Sel ammoniac & ſoufre qui ſe ſubliment enſemble, & s'attachent à l'extrémité des canaux qui donnent paſſage aux vapeurs humides, près des étuves.

N°. 25. Verre volcanique noir, dur & compacte, ſemblable en apparence au bitume de Judée; il ſe trouve en grande quantité & en très-gros morceaux au milieu des pierres-ponces, des cendres & des autres laves de Lipari.

N°. 26. Verre volcanique gris, eſpèce d'émail, qui reſſemble exactement à un ſilex de même couleur.

N°. 27. Autres verres volcaniques de différentes teintes, dureté & denſité; ils ſont communs dans l'île de Lipari, & ils reſſemblent à ceux que fournit l'île Vulcano.

N°. 28. Verre volcanique noir qui contient des morceaux de laves poreuſes, qui s'y ſont empâtés lorſqu'il étoit fluide & coulant, ou qui ſont un reſte des laves dont une ſeconde fuſion plus parfaite a produit le verre.

N°. 29. Verre volcanique noir avec des cryſtaux vitreux blancs, que je crois être une eſpèce de feld-ſpath. Cette vitrification eſt encore commune à Lipari.

N°. 30. Pierre volcanique à fond violet avec des taches blanches; le grain de cette pierre eſt ſemblable à celui de l'émail.

N°. 31. Différentes laves de l'île de Lipari; elles n'ont rien de particulier, ni qui les diſtingue de celles des autres volcans, ſi ce n'eſt un caractère un peu plus vitreux.

DESCRIPTION
DE L'ILE DES SALINES.

Incendiorum porro monumenta in ea exhibent quoque fauces, ſive crateræ quæ adhuc extant.

Lexicon Siculum.

JE partis de Lipari le 17 Juillet après le coucher du ſoleil, pour continuer ma viſite des îles Æoliennes, & pour aller parcourir celle des Salines, qui n'eſt ſéparée de Lipari que par un canal de deux milles de large. Cependant j'employai une partie de la nuit à naviguer, avant d'y arriver, parce qu'elle eſt ſituée à l'oueſt de Lipari dans la partie oppoſée à celle où eſt bâtie la ville. Je débarquai le 18 de très-grand matin au village de *Santa-Marina*, & j'y pris dans l'inſtant un guide pour m'indiquer les chemins.

L'île des Salines a quinze milles de tour. Elle eſt à-peu-près ronde ; elle contient trois montagnes placées de manière à former entr'elles un triangle. Deux ſont réunies par leur baſe & diviſées par leurs ſommets : la troiſième eſt abſolument diſtincte & iſolée ; elle eſt ſéparée des autres par une vallée qui traverſe l'île, de manière que lorſqu'on eſt en mer dans la partie du ſud, & qu'on voit de loin cette île, la courbure des eaux fait diſparoître le ſol de la vallée, & il ſemble qu'il y ait deux îles très-voiſines l'une de l'autre. C'eſt à cette apparence qu'elle doit ſon ancien nom *Didyma*, ainſi que le dit Strabon : *A formâ Didymam, id eſt Gemellam vocarunt.*

La montagne iſolée eſt ſituée à l'oueſt des deux autres : on la nomme *Malaſpina*. Sa forme eſt le cône le plus parfait que j'aie encore vu ; ſa hauteur perpendiculaire eſt de plus d'un mille : ſon ſommet eſt preſque pointu ; à peine s'apperçoit-on qu'il ſoit tronqué : il porte cependant, m'a-t-on dit, une foſſe ou crater peu apparent. Sa pente eſt extraordinairement roide, & on eſt étonné que les matières dont elle eſt formée, puiſſent ſe ſoutenir ſur auſſi peu de talus. Son pied même eſt trop eſcarpé pour être ſuſceptible de culture ; elle eſt couverte de brouſſailles & de genêts, dont les habitans ſe ſervent pour ſoutenir leurs vignes. Je ne fus pas tenté de la gravir, parce que je n'y voyois qu'une fatigue extrême, peut-être même l'impoſſibilité de parvenir juſqu'au haut, & d'ailleurs rien qui pût me dédommager de mes peines, & ſatisfaire ma curioſité. Je m'en approchai ſeulement pour connoître les matières dont elle eſt composée, & je vis qu'elle eſt formée de ſcories noires & de cendres griſes. Elle ne porte ſur ſes flancs aucun courant de lave, aucune matière ſolide, & il ne me parut pas qu'elle ait jamais été ouverte par aucune bouche latérale, ni par aucune percée de lave; elle doit ſa formation à une ſuite d'exploſions les plus perpendiculaires poſſibles, puiſque l'entaſſement s'eſt fait auſſi régulièrement, & ſur une baſe infiniment petite relativement à la hauteur. Toute la partie extérieure de cette baſe eſt baignée par la mer. La partie qui regarde l'intérieur de l'île préſente de grands courans de laves qui ſe ſont fait jour au pied même de la montagne, & qui ont coulé des deux côtés dans la vallée.

Les deux autres montagnes réunies par leur pied, ſont entr'elles du nord au ſud; elles ſe diviſent à-peu-près à moitié de leur hauteur, & chacune d'elles prend alors une forme conique: celle du nord eſt la plus baſſe, on la nomme *Monte del Capo*; l'autre que je gravis, ſe nomme *Monte della Foſſa felice*, La baſe évaſée de ces deux montagnes eſt couverte de vignes, qui les entourent juſqu'au tiers de la hauteur, où la pente devient trop roide pour en permettre la culture ; la partie ſupérieure eſt garnie de brouſſailles & de grands genêts de différentes eſpèces.

Lorſque j'entrepris de gravir la montagne *della Foſſa felice*, je ne la jugeai pas auſſi haute que le centre de Lipari ; elle ne me parut pas fort rapide, & je ne crus pas l'accès de ſon ſommet difficile ; mais lorſque j'eus traverſé les vignes qui enveloppent ſon pied, & que je fus arrivé au milieu des genêts, la difficulté de la marche & le tems que j'employai m'apprirent que je m'étois trompé. Je crois que cette montagne eſt la plus haute de toutes les îles Æoliennes, & qu'elle s'élève de près d'un tiers, au-deſſus du plus haut ſommet de Lipari ; j'eus une peine inouie pour arriver juſqu'à ſon ſommet, &, ſans les genêts & les brouſſailles dont je m'aidai, je n'y ſerois pas parvenu. Je pouvois employer alors dans ſa vraie ſignification, le proverbe, *ſe raccrocher aux branches*. Je trouvai ſur la ſommité les veſtiges d'un ancien crater, c'eſt-à-dire, un baſſin rond & plat, enfoncé de trente pieds, qui peut avoir trois cens pas de circonférence, & qui eſt entouré d'une petite colline circulaire. Il eſt rempli de fougères, qui ont donné à la montagne le nom de *Fossa felice*, ou crater aux fougères.

Du sommet de cette montagne, je dominois sur les deux autres & j'apperçus sur celle *del Capo*, un crater assez bien caractérisé; j'y découvrois aussi très-distinctement les deux îles *Alicuda* & *Felicuda*.

J'étois monté par la partie de l'est, je descendis du côté opposé. J'y trouvai des escarpemens formés par des laves dures & compactes, noires & grises, & je vis des courans des mêmes laves, qui ont coulé jusqu'au pied de la montagne, & qui doivent être sorties de son crater, puisque je n'apperçus sur les flancs aucune bouche particulière qui ait pu leur donner issue; en suivant la direction que j'avois prise, j'arrivai auprès d'une église qui est au centre de l'île & dans le milieu de la vallée qui la traverse du nord au sud.

C'est dans cette vallée, qui peut avoir en quelques endroits cinq cens pas de large, que se sont portés tous les efforts de la culture; aussi cette vallée est de la plus grande fertilité, elle est couverte de vignes, contenues par des bois, comme celles de Lipari, & le petit espace qui divise chaque possession, est semé de légumes. Il y a quelques habitations répandues ſur ce payſage délicieux, comparable à ceux de la baſe de l'Ethna.

Le ſol de cette vallée eſt fort exhauſſé au milieu de l'île, par le concours des laves qui y ont coulé des trois différentes montagnes, qui ont pris la direction que leur indiquoit la pente, & qui ſe ſont arrêtées à différentes diſtances; de manière que les deux extrémités de cette vallée, qui donnent dans la mer, ſont fort ſurbaiſſées, & preſqu'au niveau de l'eau. En la prolongeant vers le nord pour aller au village d'Amalfa, ſitué au bord de la mer, je deſcendis ſucceſſivement ces courans de laves qui ſe terminent comme autant de grandes marches d'eſcaliers; il y en a de fort épais, leurs laves ſont extrêmement dures; elles ont un grain ſerré, fin, ſans aucuns pores; leur couleur eſt noire ou rougeâtre, avec des points blancs & ronds; elles ſont en tout parfaitement ſemblables au porphyre, auquel elles paroiſſent devoir leur origine. On y reconnoît la même pâte, les mêmes taches de feld-ſpath; ces laves ſont une nouvelle preuve que les feux volcaniques n'altèrent pas toujours eſſentiellement les matières ſoumiſes à leur action, qu'ils leur donnent un genre de fluidité qui ne change pas abſolument leur contexture naturelle, & que la fuſion des laves n'eſt pas la même que celle que nous opérons dans nos fourneaux, où par la vitrification, nous dénaturons réellement toutes les ſubſtances que nous traitons; j'ai déjà fait cette obſervation ſur les laves de l'Ethna (*a*).

(*a*) J'ai dit, en parlant de la lave qui ſortit des flancs de l'Ethna en 1669, qui traverſa la ville de Catagne pour ſe précipiter dans la mer, & dans laquelle on reconnoît les parties conſtituantes du granit :

« Le long & prompt trajet que fit cette lave prouve » qu'elle étoit dans un état de grande fluidité, cependant » le ſchorl, qui eſt regardé comme une ſubſtance très- » fuſible par elle-même, n'y a point ſouffert d'altération; » le feld-ſpath n'y a point perdu ſa contexture écailleuſe. » L'action du feu qui agit en grande maſſe, eſt donc très- » différente de celle que peut produire le feu de nos four- » neaux. Nous ne pouvons rendre molles & fluides les » matières terreuſes & pierreuſes que par une vitrification » plus ou moins parfaite, & conſéquemment par une altération » dans l'arrangement de leurs parties. Il paroît que le feu » agit ſeulement dans les volcans comme diſſolvant. Il » dilate les corps, s'introduit entre leurs molécules, de » manière à les laiſſer gliſſer les unes ſur les autres, & » lorſqu'il ſe diſſipe, il laiſſe les différentes ſubſtances à- » peu-près dans le même état où il les a trouvées; il n'avoit » fait que rompre la force d'aggrégation qui forme les » corps ſolides. On peut comparer ce phénomène avec celui » de l'eau dans la ſolution des ſels, qui participent alors à » la fluidité du menſtrue, & qui redeviennent concrets par » ſon évaporation ».

Cette obſervation eſt eſſentielle pour étudier & comparer les produits des volcans.

La pierre volcanique eſt ici en maſſes ſi conſidérables & ſi ſolides, qu'on pourroit la ſubſtituer au vrai porphyre, lui faire prendre le même poli, le même luſtre, & l'employer comme lui dans les ornemens d'architecture & dans les meubles de luxe.

Quoique les montagnes dont je viens de parler, contiennent des laves ſolides, elles ſont cependant principalement compoſées de cendres & de fragmens de ſcories, matières peu conſiſtantes & nullement liées entr'elles; de manière que les eaux pourroient y cauſer les mêmes dégradations qu'à Lipari, & y faire de profondes excavations, qui emporteroient les vignes, ſi les ſommets & tous les lieux dont la pente rapide exclut la culture, n'étoient pas couverts de brouſſailles. Les habitans trouvent dans les arbuſtes qui y pouſſent, le double avantage de ſe garantir des ravins & des éboulemens, & de ſe pourvoir des bois dont ils ont beſoin pour ſoutenir les ceps de leurs vignes; auſſi veillent-ils avec ſollicitude à leur conſervation. Le feu y prit par haſard en 1780, & pouvoit s'étendre ſur les deux montagnes *del Capo* & *del Foſſa felice*; les habitans furent dans les plus grandes alarmes, ils employèrent tous leurs efforts & toute leur activité, pour arrêter & éteindre l'incendie, & ils y réuſſirent.

L'île

L'île des Salines doit son nom actuel à une petite plage basse, dans la partie du sud-est, où l'on fait du sel pour la consommation des îles Æoliennes ; ses habitans sont à-peu-près au nombre de quatre mille, divisés en quatre villages ; ils ne recueillent point de bled, mais ils s'en procurent en échange de leurs passolis ou raisins secs. Ils ont en général l'air aisé & heureux, & ils aiment beaucoup leur pays ; ils n'ont point de port, mais l'île est abordable pour les barques dans plusieurs endroits de son contour, & cela leur suffit pour leur petit commerce ; ils vivent en sécurité sur ce sol, qu'ils savent bien avoir été autrefois la proie des feux souterrains, mais ils ont sur les Liparottes l'avantage de ne pas craindre de nouvelles éruptions, & d'être rassurés contre ces événemens, par l'exemple que leur fournit un très-grand nombre de siècles.

Je ne connois aucun Historien, Poëte ni Géographe, qui fassent mention de l'inflammation de cette île. La tradition même n'en a conservé aucune mémoire, il faut donc que l'époque en soit fort éloig[illegible]; on n'y trouve point ces laves poreuses, ces pierres caverneuses & légères, qui annoncent les volcans récens ; les siens ont sûrement brûlé dans un tems fort ancien, mais ils doivent avoir eu une grande

BIBLIOTH G.

violence, pour enfanter des montagnes aussi considérables : ces montagnes sont remarquables en ce qu'elles portent tous leurs craters sur leur sommet, & qu'elles ne paroissent point avoir eu de bouches latérales.

Les Auteurs anciens prétendent que cette île produisoit beaucoup d'alun, mais ce genre de manufacture ne subsiste plus.

Je ne donnerai point le catalogue des laves de cette île; excepté les deux espèces noires & rouges dont j'ai parlé, & qui ressemblent parfaitement au porphyre, les autres n'ont rien qui les distingue des autres volcans.

NOTICE

SUR LES ILES

ALICUDA ET FELICUDA.

IL n'entroit point dans mon projet de voyage, de visiter ces deux îles, elles étoient trop hors de ma route, & rien n'y intéressoit assez ma curiosité pour en faire le trajet; je me bornai donc à les examiner du sommet de la haute montagne des Salines, autant que me le permettoit l'éloignement, elles me restoient à dix

& vingt milles de diſtance, dans la partie du ſud-oueſt, & elles me parurent l'une & l'autre formées d'une ſeule montagne conique ouverte d'un côté. *Alicuda*, *Ericuſa* ou *Alicurim*, eſt la plus éloignée, elle eſt à-peu-près à vingt milles de Lipari, & à cinq milles de Felicuda; elle eſt fort rapprochée des côtes de la Sicile, & elle n'eſt qu'à vingt milles de Cephalu. Elle eſt couverte d'arbres, & quoiqu'habitée, elle eſt peu cultivée. Il y a des pâturages aſſez bons : on m'a dit que ſa population n'étoit pas de plus de deux cens perſonnes. Strabon prétend qu'elle doit ſon nom à un arbuſte qui y eſt très-commun. *Ericuſam ab arbuſtis vocavêre.* Cluvier dit également : *Ab ericis dicta etiam nunc ericarum arborum ſilva conferta manet.*

La ſeconde de ces îles nommée *Felicuda*, *Phenicuſia* ou *Filicurim*, eſt la plus près des Salines, dont elle n'eſt éloignée que de dix milles, elle a auſſi près de deux cens habitans, elle eſt abondante en pâturages, on y cultive du bled & des vignes. Pline, dans l'énumération qu'il donne des îles Æoliennes, dit, liv. 3, chap. 9: *Sexta Phœlicuſa, pabulo proximarum relicta.*

Ces deux îles ont à-peu-près la même étendue, c'eſt-à-dire, dix milles de contour. Elles ſont en quelque ſorte, ſéparées de celle de Lipari; auſſi y a-t-il quelques Auteurs qui ne les comptent point parmi elles. On ne ſait rien du tems de leur inflammation, mais elles ſont sûrement éteintes depuis un grand nombre de ſiècles. Je n'ai pas pu me procurer de leurs laves, ni ſavoir ſi elles ont quelque choſe de particulier.

DESCRIPTION
DE L'ILE PANARIE
ET DES ILES VOISINES.

Cur vero Hiceſia & Heracleotes quæ mediæ inter alias jacent, aliis non fuerint accenſæ, divinare non auſerim. Damico in Lexico Siculo.

UN jour me ſuffit dans l'île des Salines, pour ſatisfaire à tous les objets de ma curioſité. Je me rembarquai le ſoir du 18 Juillet, au village d'Amalfa, où ma barque étoit venue m'attendre, & je fis voile pour l'île de Panarie qui me reſtoit à-peu-près au nord, à la diſtance de quinze milles. J'y arrivai pendant la nuit, & j'y débarquai le 19 à la pointe du jour.

L'île de Panarie n'a que huit milles de tour; elle eſt beaucoup plus baſſe que toutes celles que j'avois vues juſqu'alors, & je ne tardai pas à reconnoître qu'elle n'eſt qu'une portion d'un vaſte crater. Elle eſt formée au ſud-eſt, par une montagne *ſemi-circulaire*, qui a une pente extérieure qui ſe termine dans la mer, & qui eſt eſcarpée intérieurement. Cet arc de cercle renferme ou plutôt embraſſe une petite plaine cultivée, où ſont les habitations de l'île. Une échancrure qui eſt dans ſon centre, y forme une eſpèce de port ou de rade, où les bâtimens ne ſont pas fort en sûreté. Cette portion d'enceinte repréſente à-peu-près une partie de la montagne extérieure de Vulcano; celle de Panarie eſt ſeulement beaucoup plus baſſe. J'examinai avec attention ce reſte de volcan, qui m'annonçoit par ſes proportions, contenir anciennement un crater immenſe; & en obſervant nombre d'îles, qui ſont au nord de celle-ci, je crus m'appercevoir qu'elles formoient enſemble une eſpèce de cercle, qui coïncidoit avec la portion d'arc de Panarie, & un examen plus réfléchi me convainquit qu'elles étoient toutes à-peu-près ſur la circonférence dont la montagne de cette île auroit fait partie. Je crus pouvoir regarder toutes ces îles, comme les portions détachées d'un vaſte crater dont la mer s'eſt emparée. Mais ce point de vue général ne portant pas encore chez moi le degré de la certitude, je voulus viſiter chaque île en particulier, examiner leur forme & comparer les matières dont elles ſont com-

BIBLIOTHÈQUE ROYALE

posées, avant de décider si chacune d'elles étoit un volcan particulier, ou si elles ne faisoient primitivement à elles toutes, qu'un seul volcan.

L'île Panarie est composée de cendres, de scories & de laves. Les laves solides y ont presquè toutes pour base le granit, qui y est plus ou moins altéré par le feu, mais par-tout reconnoissable. Dans les unes, le quartz & le feld-spath sont entrés en fusion & ont fait une espèce de verre grenu; le mica y est resté intact: dans quelques autres, le mica lui-même est altéré, & la vitrification plus parfaite représente la pâte de la porcelaine. D'autres laves enfin présentent le granit presque dans son état naturel, le quartz & le feld-spath, distincts l'un de l'autre, & le mica de couleur grise argentine, tels qu'ils sont dans les montagnes du Val-Demona. J'ai même trouvé dans les éjections volcaniques de cette île, des morceaux de granit absolument intacts; je pèse sur ces circonstances pour prouver que voilà bien décidément un volcan dont le foyer étoit établi au milieu du granit, que les feux souterrains travaillent indistinctement toute espèce de pierres, que les laves qui ont été fluides & qui ont formé des courans, ne se ressemblent pas toutes, mais qu'elles ont chacune des caractères relatifs aux matières premières, que l'on peut presque toujours y reconnoître; il y a aussi quelques laves grises, rouges & noirâtres, contenant des schorls noirs & des feld-spaths blancs. J'ai trouvé près du rivage des laves altérées par des vapeurs acides, sans avoir pu rencontrer les issues de ces vapeurs, & d'autres laves recouvertes d'une croûte d'hématite ou mine de fer limoneuse, d'un ou deux pouces d'épaisseur. Les matières qui forment la montagne, sont placées alternativement les unes au-dessus des autres, & disposées par couches, qui ont l'inclinaison & la courbure de l'extérieur de la montagne, & qui se dirigent, comme pour se réunir à un centre intérieur.

Les îles situées au nord de Panaria, sont en grand nombre. Plusieurs qui ne sont que des rochers à fleur d'eau rangés à côté les uns des autres, sont nommés *Formiculi*, *Fourmis*, nom qui désigne leur multitude; les autres sont plus élevées, savoir: *Datolo*, *Lisca-Nera*, *Lisca-Bianca & Bazeluzzo*. Tous ces rochers & toutes ces îles sont essentiellement volcaniques, ils portent tous les caractères du feu qui les a produits, mais aucun d'eux n'a pu se former tel qu'il se voit aujourd'hui. Une montagne volcanique (j'entends une montagne formée de couches & d'un mêlange de différentes matières) ne peut s'élever qu'autant qu'elle a dans son centre, ou plutôt dans son intérieur, un crater par où ſortent & à l'entour duquel s'accumulent les matières que lance le foyer. Toute montagne qui ne contient pas cette eſpèce de ſoupirail, ou de cheminée, ne peut être qu'une portion d'une montagne plus conſidérable, dans laquelle étoit le crater. Aucune des îles que je viens de nommer, ne montre l'emplacement de ce crater. Les unes ſont trop petites pour avoir fait à elles ſeules un volcan; les autres un peu plus étendues, ne ſont évidemment que les fragmens d'une grande montagne ; elles ont une pente vers le nord & le nord-eſt, qui eſt la partie extérieure; elles ont un eſcarpement vers le ſud, côté où elles regardent l'île de Panaria. Elles ſont formées de couches inclinées du ſud au nord, ſelon la pente extérieure; par conſéquent ces couches ſe relèvent du côté intérieur; ces circonſtances ne pourroient exiſter ſi ces îles s'étoient formées chacune en particulier; leurs couches enfin ſe dirigent toutes ſur un point central, qui devoit être placé entr'elles & l'île de Panaria, & qui eſt le même vers lequel tendent les couches de la montagne de Panaria. Les laves de toutes ces îles & de tous ces rochers ſont à-peu-près les mêmes, on trouve dans toutes le granit, ſoit parmi les éjections, ſoit parmi les matières qui ont coulé. La réunion de tous ces faits prouve évidemment que toutes ces îles appartenoient au même crater, qu'elles étoient réunies pour former une enceinte circulaire, qu'elles ont été produites par les éjections sorties d'un centre commun, & que les matières qu'elles contiennent, ont été préparées dans le même foyer. *Baziluzzo sive Heracleotes*, est la plus grande de ces îles, elle a deux milles de tour, elle est cultivée sur sa pente extérieure, mais elle n'est point habitée. J'y ai trouvé absolument les mêmes matières qu'à Panaria. *Datolo* est un rocher de laves au pied duquel est une source d'eau bouillante : c'est l'unique partie de l'ancien crater, qui conserve un reste d'inflammation. *Lisca-Bianca*, est une petite île qui doit son nom à la couleur de ses laves qui sont granitiques, elle a un mille de circuit, elle n'est point cultivée. On y voit quelques vestiges d'habitation ancienne. *Lisca-Neira* est un rocher noirâtre, placé près de *Lisca-Bianca*, mais plus petit.

Après avoir visité toutes ces îles, & avoir comparé tous ces faits, il ne me fut plus permis de douter de l'existence d'un ancien crater, qui les réunissoit toutes. Il devoit avoir une étendue immense, son diamètre pouvoit être de six milles, sa vaste étendue est peut-être la cause de sa destruction ; son enceinte ne s'est pas trouvée assez forte pour résister au choc de la mer agitée, qui l'aura rompue dans sa partie la plus foible, qui se sera emparée de ses cavités, & qui aura morcelé la montagne circulaire qu'il renfermoit (*a*).

Cette observation me donna l'explication d'une énigme qui a embarrassé les Géographes & les Historiens. Les Auteurs anciens les plus exacts ne comptent que sept îles Æoliennes, ils donnent la dénomination de chacune en particulier: ces noms, ainsi que je l'ai déjà dit, appartiennent sans contestation aux six îles suivantes; savoir, *Liparis*, à l'île dite actuellement *Lipari*, *Vulcania*, *Thermisa & Hiera à Vulcano*, *Didyma aux Salines*, *Strongyle à Stromboli*, *Phenicudes & Ericodes* aux deux îles d'*Alicuda & Phelicuda*. *Evonimos* étoit la septième de ces îles, on ne sait à laquelle des quatre îles restantes ce nom peut s'appliquer. Il y a eu, relativement à cette discussion, des opinions très-variées parmi les Auteurs mo-

---

(*a*) La mer qui occupe l'emplacement de l'ancien crater, & qui sépare les îles qui en faisoient partie, éprouve souvent à sa surface des bouillonnemens produits par un dégagement d'air, preuve qu'il y a encore un peu de fermentation dans le fond; il est des tems où les bouillonnemens sont plus considérables, & d'autres où quelques bulles viennent seulement éclater à la surface de l'eau, ainsi que je les ai remarquées.

dernes; ils étoient loin de prévoir que toutes ces îles, auxquelles ils tâchoient de faire convenir le nom d'*Evonimos*, en faisoient anciennement partie, & que l'île ancienne s'étoit divisée; on supposoit bien qu'il y en avoit parmi elles de formation moderne, mais on les croyoit sorties de la mer, de la même manière que l'île *Vulcanello* dont j'ai parlé. Cependant les éruptions capables de les produire, auroient fait sensation en Italie & en Sicile, & les détails en auroient été recueillis par les Historiens Romains. La division de l'île ancienne a pu se faire au contraire par une tempête, & cet événement uniquement relatif à une île inhabitée & point fréquentée, n'a été connu que de ceux qui naviguoient dans ces mers; il n'étoit pas de nature à faire une impression vive & étendue, & on a compté un plus grand nombre d'îles, sans réfléchir à ce qui pouvoit les avoir produites.

Il est par conséquent impossible de fixer l'époque où la mer s'est emparée du crater d'Evonimos, & où elle a morcelé son enceinte. *Eusthatius* & Ptolomée sont les premiers qui parlent des deux îles d'*Hichesia* & d'Héracleotes, & qui portent le nombre des îles Æoliennes au-delà de sept; l'événement est donc antérieur à l'année 138 de notre ère; il eſt peut-être du premier ſiècle. Il eſt fait mention d'Héracleotes dans l'itinéraire ancien, ainſi que le dit Damico dans ſon *Lexicum Siculum. Primæ Euſthatius & Ptolomeus meminêre ; Heracleotem in inſulari itinerario deſcriptam nihilominùs videmus, uti Pluvierus advertit.*

Panaria eſt habitée par environ trois cens perſonnes qui cultivent des vignes, quelques légumes & du coton.

Matières volcaniques particulières à l'Ile Panaria & aux Iles voiſines.

Toutes les laves & productions volcaniques de l'île Panaria prouvent que le foyer de ſon volcan a pénétré les granits & qu'il y étoit placé dans les derniers tems de ſes éruptions. Les laves plus anciennes paroiſſent avoir eu pour baſe le porphyre & la roche de corne, contenant des ſchorls ; ce n'eſt donc que par l'effet de l'approfondiſſement que le foyer des volcans peut ſe trouver au milieu des matières qui ne peuvent rien fournir pour entretenir ſon inflammation. Les ſubſtances que j'ai recueillies dans cette île, & qui lui ſont communes avec les îles voiſines, ſont :

N°. 1. Lave blanchâtre qui a coulé en courans aſſez conſidérables. On y reconnoît le grain & la composition d'un granit à trois parties ; savoir, le feld-spath, le quartz & le mica écailleux, noir, formant des portions de prismes tronqués exagones. Le feld-spath & le quartz se sont presqu'entièrement vitrifiés, se servant mutuellement de fondant, le mica est resté sans altération. Il y a dans ces laves des parties où la vitrification est beaucoup plus avancée que dans les autres ; l'on reconnoît que la fusion a toujours commencé par le feld-spath, & que le premier effet du feu sur le quartz a été de le gercer & de le rendre presque pulvérent.

Je puis placer ici une remarque sur la différente fusibilité de plusieurs substances que l'on croit les mêmes ; le mica noir n'est presque jamais altéré, lorsqu'il se rencontre dans les matières soumises à l'action des volcans ; le mica blanc au contraire entre très-facilement en fusion & disparoît dans la pâte des pierres ponces solides, qui ont pour base le granit micacé & les pierres fissiles micacées. Le feld-spath des granits, qui constitue en quelque sorte leur base, est une des matières les plus fusibles de la nature, & c'est elle qui détermine la fusion du quartz ; le feld-spath des porphyres paroît au contraire très-réfractaire, le petro-silex & la roche de corne qui le renferment passent souvent à l'état de verre parfait sans qu'il ait été dénaturé.

Si donc la manière de se comporter au feu est un caractère distinctif des pierres, c'est improprement que nous réunissons sous le même nom des substances qui donnent des produits si différens.

N°. 2. Matière volcanique où on reconnoît un granit fissile, dans la composition duquel il entroit du mica noir, du quartz blanc renfermé dans une roche sablonneuse un peu argileuse. Cette pierre est si peu altérée que je crois qu'elle a été seulement chauffée & rejetée par le volcan sans avoir coulé; elle ressemble aux roches graniteuses feuilletées des monts Neptuniens en Sicile.

N°. 3. Pierre volcanique ou laves granitiques, dans laquelle le schorl noir n'a point été altéré, pendant que le quartz & le feld-spath ont éprouvé l'action du feu; cette lave forme des courans & des rochers considérables.

N°. 4. Matière vitreuse grise, compacte, peu pesante, qui tient le milieu entre les pierres-ponces solides & l'émail; on reconnoît que la base de cette pierre est encore un granit, dont quelques portions ont déjà passé à l'état de verre noirâtre; elle a coulé à la manière des laves.

N°. 5. Matière volcanique grise, pesante & dure. Elle a le luisant, le grain & l'opacité de l'émail. Je la crois encore un produit d'un granit, dans lequel dominoit le feld-ſpath; on la trouve abondamment dans Panaria & dans toutes les îles voiſines.

N°. 6. Différentes pierres volcaniques, qui contiennent en différentes proportions les matières qui forment le granit. Dans les unes, c'eſt le ſchorl noir qui domine; dans les autres, &c.

N°. 7. Granit rejeté par le volcan ſans avoir ſouffert aucune altération. On en rencontre des morceaux de différentes groſſeurs dans pluſieurs parties de ces îles.

N°. 8. Pierre volcanique, compoſée à la manière des poudingues; elle contient des morceaux arrondis de verre noir opaque, des parties griſes, blanches, jaunâtres, toutes réunies enſemble & formant une maſſe ſolide. Cette pierre paroît être un produit du poudingue qui recouvre les granits dans les monts Neptuniens; les matières qui les compoſoient ont ſubi différemment l'action du feu. J'ai trouvé dans ces îles des morceaux de ce poudingue à pâte calcaire, mais je n'oſe pas le ranger parmi les éjections volcaniques, parce qu'il n'a point ſouffert la moindre altération & qu'il ne porte point l'empreinte du feu.

N°. 9. Pierres volcaniques, griſâtres, recou-

qui les avoit lancées, les autres rouloient jusque dans la mer. Chaque explosion étoit accompagnée d'une bouffée de flammes rouges, semblables à celles que l'on produit dans nos spectacles par le moyen du camphre & de l'esprit-de-vin; cette flamme duroit quelquefois quatre ou cinq minutes & s'éteignoit tout d'un coup. Un bruit sourd, semblable à celui d'une mine qui éprouve peu de résistance, se faisoit entendre, mais il n'arrivoit à l'oreille que quelque tems après l'explosion, & quoiqu'il en fût l'effet, il en paroissoit indépendant. Les pierres lancées ont une couleur d'un rouge vif & sont étincellantes, elles font l'effet des feux d'artifice. Je ne pouvois me rassasier de ce singulier spectacle. Cependant, avant que le jour parût, je fis le tour de l'île pour aborder dans la partie de l'est, & j'y débarquai le 20 au matin.

L'île de Stromboli, anciennement *Strongyle*, vue de loin, paroît exactement conique, & son nom est relatif à sa forme, puisque Cornelius Severus dit en parlant d'elle: *Insula cui nomen facies dedit ipsa rotunda*; & Strabon, liv. 6, *Strongyle à figura sic dicta*: mais cette forme régulière disparoît lorsqu'on l'examine de plus près; on ne voit plus qu'une montagne terminée par deux sommets de différentes hauteurs, dont les flancs ont été ouverts, déchirés, bouleversés par les craters qui se sont ouverts sur toutes ses faces, par les laves qui en sont sorties & par les dégradations des eaux. On y voit partout les effets d'un feu toujours actif, qui entasse, détruit, change, bouleverse à chaque instant ses propres produits, & qui varie sans cesse ses opérations. L'île est escarpée & inabordable dans les trois quarts de son contour, par-tout où le pied de la montagne est baigné immédiatement par la mer; mais dans la partie du nord & de l'est, sa base se prolonge, elle forme une plaine inclinée qui se termine par une plage au bord de la mer. L'île peut avoir douze milles de circonférence.

Lorsque j'eus mis pied à terre, bien loin de recevoir de la part des habitans le mauvais accueil que paroît craindre M. Bridonne, je fus entouré de gens qui m'offrirent tout ce qui dépendoit d'eux & qui se présentèrent pour me servir de guides. J'acceptai les bons offices de celui qui me parut le mieux connoître l'île, & je le suivis avec une ardeur que m'inspirent toujours les grandes opérations de la nature. Je traversai les vignes qui s'étendent sur toute la plaine & qui couvrent dans cette partie le pied de la montagne jusqu'au tiers de sa hauteur, & ce ne fut pas sans peine que j'arrivai à la plus haute sommité. Cette montagne a à-peu-près l'élévation de celle des Salines; c'est-à-dire, mille pas; mais la pente n'est point aussi roide & la montée en est moins pénible. Au lieu des brouſſailles qui embarraſſent la marche lorſqu'on grimpe ſur l'autre, on trouve ſur celle-ci des pierres poreuſes & des ſcories ſur leſquelles le pied s'établit aſſez ſolidement. Son ſommet ſe termine par deux pointes, & je n'ai trouvé ni ſur l'une, ni ſur l'autre les moindres veſtiges d'un crater; cependant le crater primitif, celui qui a formé le corps de la montagne, a dû être placé dans la partie la plus élevée & à-peu-près dans le centre de l'île; mais ce volcan a éprouvé tant de révolutions, ſa forme première a été ſi fort altérée par les bouches qui ſe ſont ouvertes dans les parties inférieures, qu'il n'eſt pas extraordinaire que les traces du premier crater ayent diſparu. En montant ainſi que moi du côté du nord-eſt, on rencontre d'abord la pointe la plus baſſe; elle eſt arrondie & couverte de cendres ou ſable volcanique. Elle eſt réunie à la ſeconde par une montagne en dos-d'âne, qui préſente une arrête fort aiguë ſur laquelle il faut paſſer en allant de l'une à l'autre. J'y marchai, non ſans crainte de gliſſer par un faux pas, de tomber ſur une pente très-roide des deux côtés, & de me précipiter dans la mer; mais je fus raſſuré lorſque je remarquai que mon pied enfonçant dans la cendre me faisoit acquérir de la solidité. Ce sont les vents qui donnent cette forme d'arrête aiguë à ce sable mouvant. La seconde pointe qui est aussi la plus haute, quoiqu'arrondie, est moins émoussée que la première. Il sort de la fumée de différens endroits de son sommet par des petits trous d'un pouce de diamètre; j'y recueillis du soufre mêlé de sel vitriolique qui s'y étoit sublimé; j'ai aussi ramassé sur la surface de la cendre du sel qui en avoit agglutiné les grains, & qui en avoit fait une espèce de croûte assez solide. Ce sel est un mélange de sel ammoniac & d'alun. Il est à remarquer que les vapeurs qui sortent ici n'altèrent ni ne blanchissent les matières contre lesquelles elles frappent, ou qui se trouvent sur leur passage, parce que tout le sable de la montagne n'est formé que de fragmens de schorl noir, qui ne peut être aussi facilement attaqué & pénétré par l'acide sulfureux, que les laves à base argileuse. La fumée qui pénètre & traverse tout le corps de cette montagne, prouve, non pas qu'il y ait un vrai canal en forme de cheminée qui la perce de bas en haut, mais qu'elle est formée par l'accumulation de matières légères, poreuses, perméables à la fumée, ainsi que le sont toutes les montagnes qui ont fait partie d'un crater.

n'étoit pas de deux ou trois minutes. Les pierres arrivoient à plus de deux cens pas en mer, une flamme rouge & brillante sortoit sans discontinuité du crater, & elle éclairoit à une grande distance.

Je descendis la montagne par la partie du sud-est, en courant sur les cendres mouvantes dont elle est couverte ; il y a eu sur cette face, à différentes élévations, plusieurs éruptions, dont les époques sont peu éloignées. Je côtoyai une déchirure considérable produite par une d'elles, & je vis par l'excavation qu'elle a produite, que l'intérieur de la montagne est formé presqu'entièrement de cendres & de scories, disposées en couches assez régulières, qui ont l'inclinaison de la pente extérieure. Je rencontrai à moitié hauteur, une source d'eau froide, douce, légère & très-bonne à boire, qui ne tarit jamais & qui est l'unique ressource des habitans lorsque leurs cîternes sont épuisées, & lorsque les chaleurs ont desséché une seconde source qui est au pied de la montagne, ce qui arrive tous les étés. Cette petite fontaine dans ce lieu très-élevé, au milieu des cendres volcaniques, est très-remarquable, elle ne peut avoir son réservoir que dans une pointe de montagne isolée, toute de sable & de pierres poreuses, matières qui ne peuvent point retenir l'eau, puisqu'elles ſont perméables à la fumée ; d'ailleurs comment ſe peut-il que la chaleur intérieure & l'ardeur d'un ſoleil brûlant ne diſſipent pas toute l'humidité & toute l'eau dont peut s'être abreuvé pendant l'hiver, ce ſommet de montagne. Je crois que l'eau qui fournit à cette ſource, eſt le produit d'une évaporation, qui ſe fait dans l'intérieur de la montagne, & dont les vapeurs ſe condenſent dans le haut, comme dans un chapiteau. Mon opinion eſt d'autant plus vraiſemblable, que la ſource qui eſt au pied de la montagne eſt chaude, & que les habitans en laiſſent refroidir l'eau avant de la boire. Le même feu qui échauffe le réſervoir de celle du bas, peut produire celle d'en haut par une eſpèce de diſtillation.

On ne peut pas arriver jusqu'au pied de la montagne, par cette partie du ſud-eſt par où j'avois commencé à deſcendre ; elle eſt eſcarpée, & n'offre plus que des précipices & des déchirures impraticables ; en partant de la ſource, je fis un contour, marchant toujours ſur le ſable, & ſuivant un ſentier pratiqué par les femmes qui viennent chercher de l'eau. Je gagnai le nord-eſt, & je deſcendis dans la plaine, en traverſant les mêmes vignes que j'avois rencontrées en montant.

Tous les efforts du volcan ſe portent uniquement & depuis long-tems vers les parties escarpées de l'île, & il y a plus d'un siècle qu'il n'y a point eu d'éruption du côté de la plaine. Aussi les habitans y vivent dans la plus grande sécurité; ils voient indifféremment les explosions du crater actuel, ils ne prévoyent aucun danger dans la formation de nouvelles bouches, & ils cultivent avec succès une petite plaine très-propre à la vigne & au coton, & qui par le moyen des échanges fournit à tous leurs besoins. Les habitations sont éparses, & la population est à-peu-près de deux cens personnes.

Le Stromboli est le seul volcan connu qui ait d'aussi fréquentes éruptions, & qui n'ait aucun tems de tranquillité. D'ailleurs, la manière dont se font ses explosions, ne ressemble point à celle des autres volcans. La fermentation des autres augmente progressivement; elle est annoncée par un murmure souterrain, preuve d'une grande effervescence, & avant-coureur de l'éruption qui est ordinairement précédée par une gerbe épaisse de fumée mêlée de flammes. Ici l'éruption se fait sans pouvoir être prévue, que par le calcul du tems écoulé depuis la dernière; il semble que ce soit un air ou des vapeurs inflammables qui s'allument subitement, & qui font explosion en chassant les pierres qui se trouvent sur leur issue. Peut-être même la théorie de l'air inflammable fournit-elle la ſeule explication qu'on puiſſe donner du concours de toutes les circonſtances de ce volcan ; le feu intérieur peut dégager les vapeurs inflammables des matières qui ſont près de ſon foyer, mais ſans contact immédiat, à-peu-près comme il fait bouillir l'eau des ſources qu'il échauffe ; ces vapeurs peuvent arriver par des canaux dans la cavité principale où eſt l'embraſement actuel, & s'y enflammer tout-d'un-coup. Le feu produit de l'air à proportion de ſon activité, qui doit être plus grande pendant les orages que pendant les calmes. Je haſarde cette hypothèſe à laquelle je ne tiendrai nullement, ſi on me préſente une meilleure explication.

Il étoit intéreſſant de ſavoir depuis quand les exploſions ſe font par le crater actuel, s'il conſerve toujours la même forme, s'il étoit enflammé dans le tems même que la montagne s'ouvroit ſur ſes autres faces, s'il éprouvoit quelques changemens dans la régularité de ſes éruptions, lorſqu'il y avoit d'autres craters enflammés, & ſi ces derniers avoient, comme lui, leurs exploſions intermittentes, &c. mais les queſtions que je fis ſur tous ces objets ne me procurèrent aucune lumière, & je n'ai rien trouvé dans les Auteurs anciens qui pût ſatisfaire ma curioſité.

Ce volcan depuis aſſez long-tems ne jette plus

de laves proprement dites, mais ſeulement du ſable & des laves poreuſes, noires & rougeâtres. Toutes les laves qui ſont enſévelies ſous les cendres, celles que l'on voit dans les déchirures & celles qui forment des eſcarpemens, ſont anciennes. Elles ſont la plupart de couleur griſâtre ou noirâtre, elles ſont peſantes, compactes, & ont une dureté extrême, elles contiennent en abondance des ſchorls noirs, & elles ſont enveloppées d'une croûte rougeâtre qui annonce un commencement d'altération. Le ſable qui fait le ſommet de la montagne eſt noir, luiſant & fin: celui du pied eſt plus gros; on reconnoît dans l'une & l'autre des fragmens d'aiguilles de ſchorl qui le compoſent entièrement; c'eſt dans ce ſable que l'on cultive toutes les productions de l'île, qui ont une grande force de végétation.

Les Poëtes anciens ont fait du Stromboli la demeure d'Eole, non que l'île produiſe des tempêtes comme quelques-uns l'ont cru, mais parce que les habitans prédiſoient par l'activité du volcan, & par la direction de la fumée qui en ſort, les vents qui devoient ſouffler; ils annonçoient trois jours d'avance les changemens de tems. Solin, chap. 12, dit: *Strongyle Æoli domus vergit ad ſolis exortus minime anguloſa, quæ flammis liquidioribus differt à cæteris: hæc causa hinc efficit, quòd ejus fumo potentissimò incolæ præsentiscunt, quinam flatus in triduo portendantur, quo factum, uti Æolus rex ventorum crederetur.* Pline dit la même chose à-peu-près dans les mêmes termes. Diodore prétend également qu'Eole avoit dans ce genre une grande expérience, & que ses prédictions sur les vents ont fait supposer qu'il en étoit le roi : *Æolus ex aeris prodigiis diligenter observatis, qui venti ingruituri essent incolis certò prædicebat, unde ventorum promus à fabula declaratus est.* Il y a des Auteurs, entr'autres, *Mario Negio*, qui disent qu'il sort quelquefois des vents violens des ouvertures qui se font dans l'île de Stromboli, & qui prétendent que la fable d'Eole est motivée sur ce phénomène. Je ne discuterai point cette opinion, mais j'en séparerai ce qui a rapport à l'histoire naturelle, en faisant remarquer que les volcans occasionnent souvent un dégagement d'eau en vapeurs qui produit un violent courant d'air, semblable à celui qui sort de l'éolipile. Mais ce phénomène n'appartient pas exclusivement à Stromboli; il a existé dans presque tous les volcans brûlans, & il subsiste encore dans l'île de *Pentellaria*, que l'on peut regarder comme un volcan éteint.

Je ne donnerai aucune description particulière des laves & matières volcaniques de cette île;

elles n'ont rien qui les diſtingue de celles des autres volcans ; les cendres, compoſées uniquement de fragmens de ſchorl, ſont les ſeules matières qui lui ſoient, en quelque ſorte, particulières.

Stromboli étoit la dernière des îles de Lipari que je m'étois propoſé de viſiter, & lorſque j'y eus fini mes obſervations, je me rembarquai pour revenir à Melazzo, dont elle eſt à cinquante milles de diſtance, & j'y arrivai le 21 Juillet, ſans avoir couru aucun des dangers que l'on m'avoit annoncés avant mon départ. Il eſt vrai que je fus ſervi par les vents auſſi bien que je pouvois le deſirer.

ESSAI

SUR LES SUBSTANCES

Qui forment la baſe des laves de Lipari.

QUOIQUE mon voyage de Lipari ſemble ſe terminer ici, je n'y ai pas fini les études relatives à ſes volcans. Il m'importoit de connoître les matières que leurs feux ont traitées, & de ſavoir pourquoi la plupart de leurs laves diffèrent de celles de l'Ethna. Je ne pouvois m'en inſtruire qu'en parcourant les montagnes ſur la baſe deſquelles ces îles ſe ſont formées, & en comparant leurs ſubſtances volcaniques avec les matières que les entrailles de ces montagnes ont pû leur fournir.

L'étude des montagnes ſur la baſe deſquelles repoſent les volcans, peut inſtruire le Naturaliſte ſur la théorie des feux ſouterrains, autant que l'étude des volcans eux-mêmes; ce point de vue a été trop négligé juſqu'à préſent. On a cherché dans les ſeuls produits volcaniques quelles pouvoient être les matières que les feux ont altérées. On a cru qu'en les dénaturant encore davantage, on acquerroit la connoiſſance de leurs ſubſtances primitives; on les a ſoumiſes de nouveau au feu; on les a toutes réduites en verres ſemblables, & on a cru que tous les produits volcaniques avoient pour baſe une roche d'une ſeule eſpèce, que les feux ſouterrains avoient toujours travaillé & différemment modifié la même eſpèce de pierre, puiſque le dernier réſultat en étoit toujours le même. On n'a pas voulu voir que l'analyſe faite par le feu eſt, dans certaines circonſtances, la plus fautive que l'on puiſſe employer, & que toutes les matières mêlangées, quel que ſoit l'ordre du mêlange, ſont fuſibles. Nous n'avons aucune meſure pour connoître le degré du feu que nous employons;

ſon intenſité & ſon activité tiennent à une infinité de circonſtances que nous ne pouvons calculer, & la même ſubſtance qui ſortira aujourd'hui intacte de nos fourneaux, y ſera altérée le lendemain, quoique le feu ne nous en paroiſſe pas plus violent. L'analyſe par les menſtrues n'a pas eu plus de ſuccès. M. Bergmann a attaqué certaines laves par les acides, il y a trouvé de la terre argileuſe, du quartz, de la terre de magnéſie & du fer; il en donne les proportions avec une exactitude qui étonne. Mais quelque bien fait que ſoit le travail d'un auſſi grand Chymiſte, il ne nous apprend rien ſur les laves en général: il ne convient qu'aux morceaux ſeuls qu'il a eſſayés, & dont la deſcription même laiſſe beaucoup d'incertitudes ſur le genre de laves qu'il a ſoumiſes à l'analyſe. Il y auroit autant de ridiculité à rapporter cette analyſe à tous les produits volcaniques, qu'à croire que l'eſſai d'une roche fiſſile quelconque peut convenir à toutes les pierres compoſées de feuillets & de couches minces (*a*). Si au lieu des expériences,

(*a*) Je ſuis bien éloigné de vouloir exclure la Chymie de l'Hiſtoire Naturelle: je crois au contraire que ces deux ſciences doivent toujours marcher enſemble, qu'elles ſe prêtent des ſecours mutuels, & qu'il eſt auſſi difficile d'être bon Naturaliſte ſans avoir des notions de Chymie, qu'il eſt

dont

dont l'abus doit être reconnu par le peu de lumières que nous avons acquises, nous avions consulté la nature chez elle-même ; si nous eussions demandé aux montagnes les matières qu'elles peuvent fournir aux feux souterrains ; si nous eussions comparé les substances naturelles avec les produits des volcans, nous aurions vu que leurs foyers sont ordinairement placés parmi les schistes argileux & les roches de corne ; qu'ils sont souvent dans une espèce de porphyre, dont la pâte tient le milieu entre la roche de corne & le petro-silex, & qui contient en grande quantité le schorl, le feld-spath & le quartz verdâtre ou la chrisolite en petits cailloux arrondis. Nous aurions trouvé ces mêmes substances dans les montagnes du genre de celles que nous nommons primitives, & dans les couches qui sont ensévelies sous les les bancs calcaires ; nous y aurions reconnu le même grain, le même mélange, la même com-

impossible d'être bon Chymiste sans avoir des connoissances sur les productions naturelles. Je prétends seulement qu'il ne faut jamais généraliser des essais faits sur des échantillons ; qu'il ne faut pas se servir d'un moyen exclusivement à tout autre, & qu'il est nécessaire de réunir les circonstances locales aux analyses des substances pour connoître la marche de la Nature & avoir quelques notions des moyens qu'elle emploie.

position ; & nous aurions été convaincus par la comparaison des produits des volcans avec les matières naturelles & intactes, que la fluidité des laves ne leur fait pas perdre tous les caractères distinctifs de leur base. On voit dans les montagnes primitives que les bancs des roches que je viens de désigner pour être la base la plus commune des laves, sont entre-mêlés de roches micacées, feuilletées, de gneis, de granit, &c. & qu'ils s'appuient ordinairement sur les massifs de granits ; les laves doivent par conséquent participer de toutes ces substances, & le feu les traite toutes à mesure qu'il les rencontre dans son foyer. J'ai observé constamment que les volcans les plus éloignés du centre de la chaîne ou du groupe des montagnes sur lesquelles ils se sont établis, fournissent des laves plus homogènes, moins variées, & qui contiennent plus de fer & d'argile. Ceux au contraire qui sont placés près du centre, ont une grande diversité dans leurs produits, & on y trouve des substances d'une infinité d'espèces, mais j'ai vu aussi que les foyers n'ont jamais été long-tems dans les granits, ou l'inflammation y a cessé, ou elle a repassé au centre des roches schisteuses qui en étoient voisines.

Mais si l'étude des montagnes peut répandre beaucoup de lumières sur les volcans, les volcans eux-mêmes peuvent être d'un très-grand secours pour connoître les matières qui se trouvent le plus abondamment dans le centre de la terre. Les excavations & les approfondissemens que les hommes font pour l'extraction des minéraux, ne sont que des égratignures sur la surface du globe, lorsqu'on les compare aux cavités immenses qu'ont formées les volcans, en élevant des masses aussi énormes que le sont les montagnes qu'ils ont produites. Toutes les matières, dont l'entassement forme le mont Ethna, ont été primitivement ensévelies dans le fond de la terre, & en les examinant avec attention on peut reconnoître les substances les plus communes à une grande profondeur. Les Naturalistes peuvent regarder les feux souterrains comme des mineurs, qui arrachent des entrailles du globe les matériaux qui se forment, & qui les soumettent à leurs regards. Ils leur montrent, par exemple, que les schorls & les porphyres, assez rares sur la surface de la terre, sont très-communs dans son intérieur, &c.

J'étois sûr qu'il existoit dans quelque partie de la Sicile, des granits, des porphyres, des roches de corne schisteuses, argileuses, quoique je n'eusse d'autre indication de ces substances que les laves de l'Ethna. J'avois parcouru les trois quarts de l'île avant de les avoir rencontrés; j'avois contre mon opinion, le témoignage des gens du pays, qui prétendoient que ces pierres n'y existoient pas, & je n'en étois que plus empressé à les chercher, convaincu que l'Ethna devoit être très-voisin des montagnes qui contiennent ces espèces de roches. Je reconnus enfin que les montagnes qui occupent toute la pointe de la Sicile, & qui présentent à l'Italie le cap Pelore, renferment les roches que je viens de désigner; je vis que le prolongement de la base de ces montagnes passe d'un côté sous le mont Ethna, & de l'autre sous les îles de Lipari. Ce sont elles par conséquent qui ont fourni les matières travaillées par tous ces volcans depuis plusieurs milliers d'années, & c'est en les parcourant que j'ai vu pourquoi les produits de Lipari diffèrent de ceux de l'Ethna.

Je ne donnerai point le journal de toutes les courses que j'ai faites pour étudier ces montagnes, j'en réserve les détails pour un mémoire particulier. Je dirai seulement que j'ai traversé plusieurs fois, & dans toutes les directions, le groupe qu'elles forment, que j'ai gravi les plus hauts sommets, & qu'avec des peines infinies & même des dangers, je suis parvenu à saisir leur ensemble & à juger de leur position relative. De toutes les courses que j'ai faites, aucune n'a été plus difficile ni plus fatigante; l'imagination étoit sans cesse effrayée par les précipices immenses que j'avois sous les pieds, par la roideur des pentes qu'il falloit monter, & par les arrêtes aiguës sur lesquelles il falloit marcher.

Ces montagnes portent collectivement le nom de Neptuniens & de Pelore, *montes Neptunei*, *mons Pelorus*. Elles occupent toute la pointe de la Sicile, qui se termine au phare de Messine; elles forment entr'elles une espèce de groupe à base triangulaire, dont les angles sont *Taormina*, *le phare & Pati*. Une des faces de ce triangle regarde l'est, elle est formée par les montagnes qui bordent la côte de Messine; la seconde, le nord-ouest & suit la côte de Melazzo; la troisième est au sud-ouest des deux autres en face de l'Ethna, elle présente à ce volcan une barrière que ne peuvent franchir ses laves. Elle est figurée par une ligne que l'on tireroit à travers les terres entre les deux points de Pati & Taormina. On pourroit regarder les monts Neptuniens comme l'extrémité des Appennins, puisqu'ils ne sont séparés que par le canal de Messine des montagnes de la Calabre, auxquelles ils ressemblent d'ailleurs par les matières qu'ils renferment. Si l'on vouloit en donner une description exacte & détaillée, il faudroit les diviser en une infinité de montagnes particulières qui ont chacune leurs ports, leur manière d'être & leurs sommets distincts. La plus connue est celle de *Dinamare*, parce qu'elle domine Messine dont elle est à peu de distance, & qu'elle fournit à cette ville la neige qu'on y consomme pendant une partie de l'année. Auprès d'elle est une autre pointe élevée, nommée *Spreverio*, ou *Sparverio*. Mais de toutes ces montagnes, la plus haute & la plus vaste est le *monte Scuderi*, qui est à-peu-près au centre du grouppe; il porte son sommet où la neige se conserve toute l'année, dans une région supérieure à tous les autres; & après l'Ethna, c'est le plus élevé de la Sicile: on en voit partir, comme d'un point central, des vallées qui, en sillonnant, vont porter ses eaux dans les deux mers; il forme le point de séparation entre les roches de différente nature, qui se réunissent pour composer son immense massif; au nord, il distribue les granits, ses flancs en sont couverts & son pied est enséveli sous les montagnes latérales formées de cette pierre composée; au midi, il donne les roches de corne, le petro-silex, les schistes argileux qui renferment une immensité de mines métalliques; il interpose donc ainsi, entre les granits & l'Ethna, une bande de schistes dont le volcan doit percer tout le massif avant de parvenir à la roche graniteuſe ; de l'autre côté, au contraire, le granit ſe prolonge à découvert juſqu'à la montagne du cap de Melazzo, qui en eſt en partie formée, & enſuite il ſe plonge ſous les eaux, où la ſonde le retrouve encore à une aſſez grande diſtance du rivage, ſur la direction des îles de Lipari. Cette diſtribution inégale des granits & des roches ſchiſteuſes dans les monts Neptuniens, explique pourquoi les productions des volcans des îles Æoliennes diffèrent de celles de l'Ethna : ces îles repoſent preſque ſur le granit lui-même, ou n'en ſont ſéparées que par une très-petite épaiſſeur des roches argileuſes dans leſquelles ſont compris les porphyres ; le volcan brûlant de la Sicile au contraire eſt placé ſur le prolongement des roches ſchiſteuſes, & il doit en percer toute l'immenſe épaiſſeur avant d'arriver aux granits ; auſſi y voit-on très-peu de laves qui aient cette pierre pour baſe. Si ces foyers étoient encore plus éloignés du centre de ces montagnes, ſes laves ſeroient peu homogènes, elles préſenteroient moins de variétés, parce que les ſchiſtes qui ſuccèdent aux roches de corne ont moins d'eſpèces & ne renferment preſque aucun corps ou ſubſtances étrangères à leur nature ; auſſi les laves des volcans éteints du val *di Notto*, qui ſont quinze lieues au ſud-eſt de l'Ethna, ne contiennent ni granit, ni porphyre, & n'ont pour base que des roches simples avec des grains de chrisolite & quelques schorls.

J'ai trouvé dans les montagnes Neptuniennes les roches correspondantes à toutes celles que j'ai observées dans les éjections volcaniques. Les granits qui s'étendent jusqu'à Melazzo & qui sont en face de Lipari renferment, interposées entre leurs bancs, une quantité immense de roches feuilletées, micacées, noires & blanches, & des granits fissiles ou *gneis*, dont la base est un feld-spath très-fusible, matières auxquelles j'attribue la formation des pierres-ponces & dont j'ai retrouvé des morceaux presque intacts dans les ponces mêmes (*a*). Il y a des bancs de feld-spath presque pur, & dont la demi-vitrification peut avoir produit les émaux opaques dont j'ai parlé ; il y a des amas de poudingues où les fragmens de différentes

(*a*) Je crois devoir répéter que la production de la pierre-ponce dépend de plusieurs circonstances, dont les plus essentielles sont une grande fusibilité dans le granit ; la faculté de passer à l'état de vitrification qui caractérise la ponce, & une inflammation très-vive & très-active dans le volcan. Un foyer pourroit se trouver au milieu des granits sans produire des ponces. Un volcan qui n'en a jamais formé, peut en donner d'un instant à l'autre une grande quantité, si les circonstances nécessaires se trouvent réunies.

roches ſont agglutinés par une pâte argilo-calcaire & dont j'ai trouvé les ſemblables dans les laves de Panaria. La partie de ces montagnes qui ſe rapproche de l'Ethna a une compoſition différente. On y voit auſſi quelques bancs de granits enſévelis dans les autres matières ; mais en général on y rencontre une grande quantité de roches, dont la baſe eſt ou argileuſe, ou de la nature du petro-ſilex, & qui renferment des ſchorls noirs priſmatiques, des grains de quartz tranſparens, des chriſolites verdâtres, des micas, des feld-ſpaths en aiguilles, en priſmes, du feld-ſpath écailleux, des ſchorls écailleux & fibreux. On y voit d'autres roches de la nature du trapp qui ſe diviſent en grands rhombes ; & enfin on trouve des ſchiſtes ardoiſeux, & c'eſt parmi cette dernière ſubſtance que ſont les mines métalliques, en plus grand nombre que dans aucune autre partie de l'Europe. Je dois avouer que quelqu'abondant que ſoit le porphyre dans les laves de l'Ethna, je n'en ai vu que très-peu en place dans les monts Neptuniens ; ils ſont à peu de diſtance des granits, & celui que j'y ai trouvé n'a pas même la dureté & la perfection de quelques morceaux que j'ai recueillis dans les ravins & que les eaux avoient apparemment arrachés des entrailles des montagnes ; mais quoique les porphyres que j'ai obſervés ici ne ſoient pas en proportion avec celui qui exiſte dans les produits de l'Ethna, il me ſuffiſoit de m'aſſurer de ſon exiſtence & de ſon analogie avec celui des volcans, pour ſavoir que le centre de ces montagnes en renferme beaucoup. Je n'y ai pas retrouvé le ſerpentin antique, quoique les laves m'ayent également appris qu'il en exiſte certainement & en grande quantité dans l'intérieur de la terre. Les porphyres en général ſont très-rares ſur la ſurface du globe, la nature les dérobe preſque toujours à nos recherches en les enſéveliſſant ſous les couches calcaires, ou en les enveloppant des roches ſchiſteuſes avec leſquelles ils ſont preſque toujours mêlés; mais nous devons au travail des volcans de ſavoir qu'ils ſont une des matières les plus communes de l'intérieur du globe, & ils ne ſont jamais aſſez altérés par les feux ſouterrains pour être méconnus dans les laves dont ils forment la baſe.

Il ſeroit étranger à mon ſujet de décrire les variétés de toutes les roches que j'ai trouvées dans les monts Neptuniens, & d'entrer dans les détails de leurs circonſtances locales. Mon unique objet dans ce moment eſt de prouver que la nature de ces montagnes eſt d'accord avec les laves des divers volcans établis ſur leur prolongement, & de faire sentir que l'étude des matières premières, placées dans les montagnes primitives, est aussi nécessaire pour bien déterminer les substances que les feux volcaniques ont travaillées & modifiées, que l'étude des laves est utile pour fournir des lumières sur les roches que les montagnes voisines renferment en plus grande abondance.

COMMUNICATION

DES VOLCANS DE LIPARI

AVEC L'ETHNA ET LE VÉSUVE.

IL se présente une question traitée souvent par les Auteurs anciens & par les Naturalistes modernes; il s'agit de savoir si les feux de Lipari ont communication avec ceux du Vésuve & ceux de l'Ethna? On ne peut résoudre ce problême que par des conjectures, & mon opinion est pour l'affirmative. Les îles de Lipari ne sont séparées de l'Ethna que par le groupe des montagnes qui leur servent de base commune; ces montagnes pleines de fentes, de fissures, de fillons métalliques, peuvent avoir ainsi une infinité de canaux qui fassent commu-

NOTICES
SUR LES ILES
USTICA ET PENTELLARIA.

LES îles de Lipari ne ſont pas les ſeuls volcans de la côte de Sicile. Deux autres îles doivent leur formation aux feux ſouterrains, *Uſtica* & *Pentellaria*; la première eſt ſituée en face de Palerme, à trente milles de la côte. Son circuit eſt de douze milles; elle eſt très-baſſe, ce qui eſt une ſingularité dans les îles volcaniques. Elle doit, dit-on, ſon nom, qui eſt Phénicien, à ſon peu d'élévation au-deſſus du niveau de la mer : *Uſtica*, dit Bocher, in Geograh. Sacra, lib. 1, part. 2, *quæ vox depreſſionem & incurvationem ſonat, quia inſulæ maxima pars plana & depreſſa eſt.* Horace lui donne l'épithète de *cubantibus :*

..........Uſticæ cubantis
Lata perſonuêre ſaxa. *Ode 17, lib. 1.*

Cependant elle n'eſt pas abſolument plane, puiſqu'elle contient trois montagnes ou monticules qui devoient être les ſoupiraux des anciens feux ſouterrains. La plus élevée eſt dans le centre de l'île, & ſe nomme *Monte della Guardia*-

Grande; la ſeconde eſt au ſud, & s'appelle *Guardiaz de Turchi*; la troiſième à l'oueſt eſt nommée *Falconare*. Toutes ſont formées de ſcories, mais aucune ne conſerve les veſtiges de ſon crater. Le ſol de toute l'île eſt noir & pierreux; on y rencontre des laves de pluſieurs eſpèces, poreuſes & compactes, la plupart avec des ſchorls, &c. La terre végétative eſt une argile rouge-noirâtre, formée de cendres & de l'altération des laves.

Cette île eſt fertile & propre à la culture du coton, des vignes & des oliviers; la diſette abſolue d'eau de ſource s'y fait ſentir, & il ne peut y avoir que des citernes pour y ſuppléer. Autrefois peuplée par les Phéniciens, elle paſſa au pouvoir des différentes nations qui ont régné ſur la Sicile, & vers 1500 elle fut abandonnée à cauſe des incurſions des Barbareſques, contre leſquels les habitans ne pouvoient pas ſe défendre, & dont ils étoient la proie: depuis lors on chercha pluſieurs fois à la repeupler, mais toujours ſans ſuccès, parce qu'on n'y élevoit aucunes fortifications pour s'y mettre à l'abri d'un coup de main; mais enfin, en 1765, le Gouvernement l'a priſe en conſidération, il y a fait bâtir une eſpèce de fort, & il y envoie un détachement de ſoldats, fourni par la garniſon de Palerme, qui protège ainſi trois ou quatre cens habitans qui forment maintenant ſa population.

Je n'ai d'autres notions de ſes volcans que les matières qu'ils ont accumulées ; car d'ailleurs les hiſtoriens ne font aucune mention de ſes feux, qui doivent être d'une époque fort éloignée, puiſque les Phéniciens, qui l'ont habitée avant les Carthaginois, ne paroiſſoient pas en avoir eu connoiſſance.

L'île de Pentellaria eſt ſituée au ſud de Trepano, à ſoixante & dix milles de diſtance entre la pointe de la Sicile & le cap *Bon* en Barbarie, dont elle eſt plus rapprochée ; elle peut avoir vingt-cinq à trente milles de circuit ; elle s'élève du ſein de la mer, ſous une forme fort irrégulière, en ne préſentant de tous côtés qu'eſcarpemens, coupures, précipices, grottes & excavations de toute eſpèce ; elle eſt abordable dans trois différentes parties de ſon contour. Les gorges qui tranſportent les eaux de l'intérieur, viennent déboucher dans la mer & forment ainſi des réduits pour les petits bâtimens, mais aucun d'eux ne peut s'appeler port ; celui qui eſt auprès de la ville, eſt un peu plus grand, mais il ne convient également qu'aux barques qui font le commerce entr'elle & la Sicile. Cette île eſt formée par un grouppe de montagnes fort élevées, décharnées, d'un aſpect ſauvage,

ſauvage, & qui portent de toutes parts les veſtiges du feu qui les a produites. Mes caravanes me conduiſirent dans cette île en 1769; mais ni le tems, ni les circonſtances, ne me permirent de la parcourir dans toutes ſes différentes parties, d'étudier tous ſes phénomènes, & de faire la collection complète de ſes matières volcaniques; ainſi je n'entreprendrai point une deſcription détaillée de tout ce qu'elle renferme de curieux; il me ſuffira de dire, qu'elle porte les traces des ouvertures profondes que le feu a faites ſur les flancs & ſur les ſommets de ſes montagnes; que ſes montagnes ſont formées de ſcories noires & de laves ſolides; que les vallées & les gorges qui les ſéparent, ſont couvertes de laves, qui ont coulé de tous côtés, & dont l'entaſſement a formé de très-grands maſſifs; qu'il y a une grande quantité de grottes & de cavernes qui préſentent toutes des phénomènes ſinguliers; & que, quoique ce volcan ne faſſe plus d'éruption, depuis un très-grand nombre de ſiècles, il conſerve encore toute l'aſpérité & l'aſpect noir, aride & brûlé des volcans les plus modernes; preſque toutes les hauteurs ſe refuſent encore à la végétation. Les croupes des montagnes & le fond des gorges produiſent naturellement des brouſſailles de différens arbriſſeaux, parmi leſquels le lentiſque joue le premier rôle.

Au milieu de l'île, dans le centre d'une montagne qui eſt à cinq cens pas de la ville, il y a un lac nommé *Bain*, qui occupe la coupe d'un ancien crater, & qui peut avoir huit cens pas de circuit ſur une immenſe profondeur; les eaux en ſont tièdes, les habitans s'en ſervent pour laver leur linge. On y voit quelquefois une eſpèce de bouillonnement produit par un dégagement d'air. Il ne contient aucun poiſſon; mais loin de chaſſer les oiſeaux, ou de faire tomber morts ceux qui volent au-deſſus de ſa ſurface, ainſi qu'on le diſoit anciennement du lac d'Averne, il les attire par ſa température chaude, & il en eſt couvert pendant l'hiver. Il ſort du pied de cette montagne pluſieurs ſources d'eau chaude qui ſont fournies vraiſemblablement par le lac.

Un peu plus haut & toujours dans le même corps de montagne, il y a une grotte profonde que l'on nomme les Etuves; on voit ſortir par un trou ou gallerie étroite & inclinée, qui eſt dans le fond de cet antre, une fumée humide qui, à ſon débouché, établit un courant d'air aſſez fort & ſemblable à celui des étuves de Sciacca en Sicile. Ces vapeurs par le contact de l'atmoſphère, ſe condenſent ſous la voûte, coulent contre les parois, & forment un petit ruiſſeau d'eau douce qui s'échappe de cette caverne obſcure & qui ſert pour la boiſſon.

Il y a dans le centre des montagnes, un lieu nommé *Serallia-Favata*, qui porte encore des marques plus apparentes d'une inflammation exiſtante, avec une eſpèce d'activité. Il ſort du corps d'une montagne très-élevée, par une infinité de petits trous & fiſſures, une fumée ſulfureuſe & épaiſſe qui blanchit les pierres qui ſont ſur ſon paſſage, & qui ſublime du ſoufre à l'extrémité des canaux qui lui donnent iſſue. Le ſol y eſt preſque brûlant; à peu de diſtance, il y a une grotte au fond de laquelle on entend le bruit d'une chûte d'eau conſidérable, & dont il ſort une fumée épaiſſe, qui ſe condenſe au contact de l'atmoſphère, & qui couvre d'humidité quelques arbriſſeaux voiſins.

Dans une petite anſe qui eſt à un mille de la ville, il débouche par une gorge étroite, un gros ruiſſeau qui a une chaleur ſi conſidérable qu'il rend tiède l'eau de la mer, à laquelle il ſe mêle. On en éprouve encore la ſenſation à dix pas du rivage. Ce ruiſſeau que je n'ai pu remonter pour aller chercher ſa ſource, pourroit bien être formé par l'eau dont la chûte s'entend dans la grotte de la *Favata*.

A peu de diſtance de la ville, il y a une autre grotte & quelques fentes dans le corps de la montagne, d'où il ſort un courant d'air très-

vallées qui ſoient aptes à la végétation. Ils cultivent peu de bled, mais aſſez de coton, de vignes & d'oliviers, pour que l'échange de leurs produits ſuffiſe à tous leurs beſoins. Ils ont imaginé depuis peu de faire ſur les rochers la récolte d'une eſpèce de lichen, dont la fermentation avec l'urine produit une couleur violette nommée orſeille; ce genre d'induſtrie leur procure encore quelque bénéfice. Quoiqu'ils ne ſoient pas dans la misère, ils n'ont point l'apparence du bonheur comme les Liparottes; il eſt vrai que leur demeure eſt mille fois plus ſauvage, & qu'ils ſont beaucoup plus ſéparés du reſte de l'Univers.

Les anciens regardoient cette île, qui portoit le nom de Coſſyre, comme la plus aride & la plus ſtérile qu'il y eût da[illegible] la Nature, puiſque en la comparant aux rochers de Malthe, ils nomment ceux-ci fertiles; Ovide dans ſes Faſtes dit : *Fertilis eſt militæ, ſterili vicina Coſyræ.* Senèque la nomme *deſerta loca & aſperrima*, &c. Elle a eu pour premiers habitans, les Phéniciens, enſuite les Carthaginois, &, depuis lors, elle a eu les mêmes maîtres que la Sicile. Elle appartient maintenant, à titre de fief & de principauté, à la maiſon de Requeſens, qui habite la Sicile.

Telles ſont les ſeules îles volcaniques qui

avoisinent la Sicile. Dans la description que je viens d'en donner, je ne prétends pas avoir indiqué tout ce qu'elles ont d'intéressant, je ne crois pas en avoir épuisé tous les détails, j'espère même engager les Voyageurs, maîtres de leur tems, à aller les étudier avec attention, en leur promettant une récolte plus abondante que la mienne. Je crois cependant avoir donné sur ces îles, élevées par les feux souterrains à travers la mer qui les environne, des notions plus étendues que celles que nous avions jusqu'à présent.

Toutes les autres îles qui sont sur la côte de Sicile, sont formées de pierres calcaires à couches horizontales.

VOLCAN D'UNE NOUVELLE ESPÈCE.

OBSERVATIONS Sur le Phénomène que présente la montagne dite Macaluba en Sicile.

SI la dénomination de volcan n'appartenoit pas exclusivement aux montagnes qui vomissent du feu, si elle n'annonçoit pas toujours de grands effets produits par ce terrible élément, si elle convenoit à toute montagne formée par l'entassement de ses propres explosions, j'appliquerois ce nom au phénomène singulier que j'ai observé en Sicile, entre Arragona & Girgenti; je dirois que j'ai vu un volcan d'air dont les effets ressemblent à ceux qui ont le feu pour agent principal; je dirois que cette nouvelle espèce de volcan a, comme les autres, ses instans de calme & ses momens de grand travail & de grande fermentation; qu'elle produit des tremblemens de terre, des tonnerres souterrains, des secousses violentes, & enfin des explosions qui élèvent à plus de trois cens pieds les matières qu'elles projettent. Mais sous quelque nom qu'on désigne ce phénomène, il n'en sera ni moins singulier ni moins intéressant.

Le 18 Septembre 1781, en allant d'Arragona

à Girgenti, je quittai le chemin qui conduit à cette dernière ville pour obſerver un lieu dit *Macaluba*, que l'on m'avoit annoncé comme très-ſingulier, & ſur lequel la variété des relations avoit fort excité ma curioſité. Le ſol du pays que je traverſai eſt eſſentiellement calcaire. Il eſt recouvert de montagnes & monticules d'argile, dans leſquels les eaux font de grandes dégradations & de profondes coupures, & dont quelques-unes ont un noyau gypſeux; après une heure de marche je trouvai le lieu qui m'étoit déſigné: j'y vis une montagne d'argile à ſommet applatti, dont la baſe n'annonçoit rien de particulier, mais ſur la plaine qui la termine, j'obſervai le plus ſingulier phénomène que la Nature m'eût encore préſenté.

Cette montagne à baſe circulaire repréſente imparfaitement un cône tronqué; elle peut avoir cent cinquante pieds d'élévation, priſe d'un vallon qui eſt au-deſſous, & qui en fait preſque le tour; elle eſt terminée par une plaine un peu convexe, qui a un demi-mille de contour: elle eſt de la plus grande ſtérilité, & ne produit pas la moindre végétation. On voit ſur ſon ſommet un très-grand nombre de cônes tronqués, à différentes diſtances les uns des autres, & de différentes hauteurs; le plus grand peut avoir deux pieds & demi, les plus petits ne s'élèvent que de quelques lignes. Ils portent tous ſur leurs ſommets des petits craters en forme d'entonnoir, proportionnels à leurs monticules, & qui ont à-peu-près la moitié de leur élévation pour profondeur. Le sol sur lequel ils reposent est une argile grise, desséchée & gercée dans tous les sens, qui s'enlève en feuilles de quatre à cinq pouces d'épaisseur; le grand balancement que l'on éprouve en marchant sur cette espèce de plaine, annonce que l'on est porté par une croûte assez mince appuyée sur un corps mou & demi-fluide; on reconnoît bientôt que cette argile desséchée recouvre réellement un vaste & immense gouffre de boue, dans lequel on court le plus grand risque d'être englouti.

L'intérieur de chaque petit crater est toujours humecté, & on y observe un mouvement continuel; il s'élève à chaque instant de l'intérieur & du fond de l'entonnoir une argile grise délayée, à surface convexe, qui en s'arrondissant arrive aux lèvres du crater qu'elle surmonte ensuite en forme de demi-globe; cette espèce de sphère s'ouvre pour laisser éclater une bulle d'air qui a fait tout le jeu de la machine. Cette bulle en se crevant avec un bruit semblable à celui d'une bouteille que l'on débouche, rejette hors du crater l'argile dont elle étoit enveloppée, & cette argile coule à la manière des laves sur les flancs du monticule; elle en gagne la base & s'étend à plus ou moins de distance. Lorsque l'air s'est dégagé, le reste de l'argile se précipite au fond du crater, qui reprend & garde sa première forme, jusqu'à ce qu'une nouvelle bulle cherche à s'échapper. Il y a donc un mouvement continuel d'abaissement & d'élévation qui est plus ou moins précipité, & dont l'intermittence est de deux ou trois minutes. On l'accélère en donnant des secousses à la croûte d'argile sur laquelle on marche.

Lorsqu'on enfonce un bâton dans un de ces craters, il en ressort peu-à-peu & par secousses, mais il n'est point lancé au loin comme on me l'avoit annoncé. Pendant que j'étois occupé à observer tous les phénomènes de cette montagne, trois de mes gens s'amusèrent à jetter dans un des grands craters des morceaux de l'argile durcie de la surface, ils y étoient engloutis, & une heure de ce travail ne fit que dilater un peu plus cette bouche sans la remplir. Il y a quelques petits monticules qui sont entièrement secs, & qui ne donnent plus passage à l'air; le nombre des uns & des autres est en général de plus de cent, & varie chaque jour; outre les petits cônes, il y a quelques cavités dans le sol même, sur-tout dans la partie de l'ouest qui est un peu plus basse; ces petits trous ronds d'un ou deux pouces de diamètre, sont pleins d'une eau trouble & salée, d'où s'élèvent & sortent immédiatement les bulles d'air qui y excitent un bouillonnement semblable à celui de l'eau sur le feu, & qui crèvent sans bruit & sans explosion. Je trouvai ſur la ſurface de quelques-unes de ces concavités une pellicule d'huile bitumineuſe d'une odeur aſſez forte que l'on confond ſouvent avec celle du ſoufre.

Tel eſt l'état de cette montagne pendant l'été & l'automne juſqu'au tems des pluies ; & c'eſt ainſi que je l'ai vue. Mais pendant l'hiver les circonſtances ſont toutes différentes ; les pluies ramolliſſent & détrempent l'argile deſſéchée de ſon ſommet ; les monticules coniques ſont diſſous, ils ſe rabaiſſent & ſe mettent de niveau, & le tout n'offre plus qu'un vaſte gouffre de boue d'argile délayée, dont on ne connoît pas la profondeur, & dont on ne s'approche qu'avec le plus grand danger. Un bouillonnement continuel ſe voit ſur toute cette ſurface : l'air qui le produit n'a plus de paſſage particulier, & vient éclater dans tous les endroits indiſtinctement.

Ces deux états différens que je viens de décrire n'exiſtent que dans les tems de calme de cette montagne. Elle a auſſi ſes momens de grande fermentation, où elle préſente des phénomènes qui inſpirent la terreur & la crainte dans tous les lieux voiſins, & qui reſſemblent à ceux qui annoncent les éruptions dans les volcans ordinaires ; on éprouve à une diſtance de deux ou trois milles, des ſecouſſes de tremblemens de terre ſouvent très-violentes ; on entend un bruit & des tonnerres ſouterrains, & après pluſieurs jours de travail & d'augmentation progressive dans la fermentation intérieure, il y a des éruptions violentes & avec bruit, qui élèvent perpendiculairement, quelquefois à plus de deux cens pieds, une gerbe de terre, de boue, d'argile détrempée, mêlée de quelques pierres. Toutes ces matières retombent ensuite sur le même terrein d'où elles sont sorties. Ces explosions se répètent trois ou quatre fois dans les vingt-quatre heures; elles sont accompagnées d'une odeur fétide de foie de soufre qui se répand dans les environs, & quelquefois, dit-on, de fumée: ensuite il y a cessation dans les phénomènes préliminaires, & la montagne reprend de nouveau un des deux états sous lequel je l'ai représentée.

Les éruptions de ce singulier volcan arrivent en automne lorsque les étés ont été secs & longs, mais après des intervalles différens. Il s'écoule souvent un grand nombre d'années sans qu'il y en ait; ensuite elles ont lieu deux années de suite, ou deux dans trois années, comme en 1777 & 1779, époque des dernières; l'intermittence de cinq ans, dont parlent différens auteurs, est un fait contraire aux observations.

Voici une relation de l'éruption de 1777, qui m'a été donnée par un témoin oculaire, qui l'écrivit dans le tems; je la laisse dans sa langue originale, en en donnant une traduction littérale.

A une lieue de diſtance de la mer, derrière Girgenti, on trouve un lieu nommé Moruca par les anciens, & maintenant Macalubi, où ſur une hauteur dans l'étendue d'une ſalme de terre ſtérile, on voit différentes bouches qui avec un bouillonnement lent rejettent au-dehors de la boue & de l'eau trouble. Le 30 du mois de Septembre dernier (1777) une demi-heure après le lever du ſoleil, on entendit dans ce lieu un bruit ſourd, qui croiſſant à chaque moment, ſurpaſſa le bruit du plus fort tonnerre; on vit enſuite trembler la terre voiſine, qui en montre encore de larges ouvertures, & la bouche principale par laquelle ſortent ordinairement la boue & l'eau trouble, s'élargit juſqu'à acquérir dix palmes de diamètre; il s'en éleva quelque choſe qui reſſembloit à un nuage de fumée, & qui parvint en peu d'inſtans à la hauteur de quatre-vingts palmes; quoique cette exploſion eût une couleur de flamme dans quelques parties, elle contenoit cependant de la boue liquide & des morceaux d'argile qui en retombant s'étendoient également ſur toute la ſalme de terre; la majeure partie rentroit dans la grande ouverture dont elle étoit ſortie. Cette éruption dura une demi-

Diſtante otto miglia del mare dietro Girgenti trovaſſi il feudo di Moruca coſſi chiamato dal antiquita, ogi pero detto Macalubi, ove in una prominènza di una ſalma di terra infeconde, ſi trovano varie bocche, che atarda bolla caciano fuori del limacio e aqua turbida. Il 30 delle ſcorſo Septembre 1777, dop-mezz'ora che era ſpuntato il ſole, ſi udi nel cennato luogo un mormorio che à momenti avanzandoſi, ſorpaſſava il fragore de piu forti tuoni. Guindi ſi vide tremar la terra vicina, che tuttora ne monſtra le profonde crepature, e allargataſi piu del ſolito, al diametro di palmi dieci la principale bocca, da dove ſuole ſcarturire perennemente il limacio, è l'acqua turbida. Commincio a uſcire come una nuvola di fumo in alto che fra lo ſpatio di pochi momento ſavanzo all-altezza di 80 palmi, quale ſebbene in qualche parte era di colore della fiamma, coſtava pero di liquido limacio, edi pezzi di creta che cadendo ſi ſpargevanno egualmenta nella eſtentione della ſalmata una di terra; ricadendo pero la grand parte nella grand apertura donde era uſcita, duro queſta eruzione per una mezz'ora, e col intervallo

heure, & elle ſe répéta trois autres fois avec l'intermittence d'un quart-d'heure, & la durée d'un quart-d'heure. Cependant on entendoit ſous le terrein le mouvement & l'agitation des grandes maſſes; à la diſtance de trois milles on entendoit un bruit ſemblable à celui de la mer en fureur. Pendant ces terribles phénomènes les perſonnes qui étoient préſentes crurent que la fin du monde arrivoit, & craignoient d'être enſévelies ſous l'argile vomie par la principale bouche. Cette vaſe recouvrit tout le terrein à l'élévation de ſix palmes, & en outre applanit les vallées voiſines, & quoique cette argile ait été liquide le jour de l'éruption, elle parut le lendemain avoir repris ſa première conſiſtance, & permit aux curieux de s'approcher de la grande bouche ſituée au milieu, pour l'obſerver. Cette vaſe conſerve encore l'odeur du ſoufre, qui étoit plus forte dans le tems de l'éruption. Les bouches qui s'étoient fermées lors de l'exploſion, reparurent de nouveau, & on entend encore un petit murmure ſouterrain qui fait craindre une autre éruption.

d'un

d'un quarto d'ora, replico per tre attre volté, nella durata d'un quarto d'ora: fra tanto ſudivano ſotto la cenata ſalma di terra li ſtridolimenti di gran moli, ed il loro ruinoſo innubiſſamento. Alla diſtanza dì 3 miglia ſi udiva come il mare in tempeſta. Meutre ſi operavanno queſti terribili phenomeni, la gente, che ſi trovavo ivi ſpaventata, credendo che fuſſe arrivato l'ultimo crollo del univerſo, temeva di reſtar ſepelita ſotto la creta che vomitava la grand bocca; ripienni il limacio l'eſtenſione di queſta ſalma di terra, alla profondita di palmi 6, ottre di aver appianata le valli vicine; e ſebenne quella creta dell eruzione foſſe ſtata liquida, l'indimani pero comparve della naturale conſiſtenza, di maniera ché permiſſe alli curioſi l'avicinnarſi, alla gran bocca ſituata nel mero, per aſſervarla. Il limacio tuttora conſerva la puzza del ſolfo, ché piu penetrante s'inteze nel tempo dell-eruzione; e pero di nuovo comparvero le attre bocche che nell-eruzione ſi errano chiuſe. Si ſente ancora un ſecreto ſotterraneo murmurio che fa temere di qualche ulteriore eruzione.

On eſt toujours tenté d'attribuer des effets preſque ſemblables à une même cauſe; on a vu cette montagne avoir des éruptions comme l'Ethna, & cela a ſuffi aux habitans des environs, & au petit nombre de voyageurs qui l'ont obſervé, pour ſuppoſer que tous ces phénomènes ſont uniquement dus aux feux ſouterrains. J'y arrivai avec cette prévention, je croyois n'avoir à examiner qu'un volcan ordinaire, ou dans ſon commencement, ou ſur ſa fin; je ne ſoupçonnois pas qu'il y eût un autre agent dans la Nature capable de produire les phénomènes que l'on m'avoit annoncés; mais je ne tardai pas à être détrompé. Je ne vis rien autour de moi qui m'annonçât la préſence de l'élément ignée qui, lorſqu'il eſt en action, imprime à tous ſes produits un caractère diſtinctif; & je fus bientôt convaincu que la Nature emploie des moyens bien diſſemblables pour produire des effets qui ſe reſſemblent. Je reconnus que le feu n'étoit point ici l'agent principal, qu'il ne produiſoit aucun des phénomènes de cette montagne, & que ſi dans quelques éruptions il y a eu fumée & chaleur, ces circonſtances ne ſont qu'acceſſoires, & n'indiquent point la vraie cauſe des exploſions. Mais avant de développer la nature du nouvel agent, il faut que je donne quelques détails que j'ai négligés, en décrivaut ce qu'il y a de plus apparent dans ce ſingulier phénomène.

Mon premier empreſſement en arrivant ſur la plaine de Macaluba, fut de vérifier s'il exiſtoit quelque chaleur dans les bouillonnemens que je voyois autour de moi; je ne marchois qu'avec crainte ſur cette ſurface tremblante; il me paroiſſoit dangereux d'approcher des grands cônes auprès deſquels la terre étoit plus abreuvée qu'ailleurs, & où je pouvois m'engloutir; cependant raſſuré par différens eſſais, je m'avançai juſqu'au centre de cette plaine; je mis la main dans la vaſe délayée des craters & dans les creux pleins d'eau que je voyois bouillonner, & au lieu de la ſenſation de chaleur que j'attendois, j'y trouvai du froid: j'y plongeai mon thermomètre, qui à l'air libre étoit à vingt-trois degrés & demi; il y deſcendit de trois degrés. J'enfonçai le bras nud dans la vaſe d'un des craters, auſſi profondément que je le pus, & j'y trouvai plus de fraîcheur encore qu'à la ſurface; nulle odeur de ſoufre, point de fumée; en un mot, par tous les moyens poſſibles je ne découvris dans l'état où étoit pour lors la montagne aucun veſtige de feu. Ce fait bien conſtaté, il falloit reconnoître ſi dans les grandes éruptions il y avoit le concours de l'élément ignée, & s'il y jouoit le principal rôle. Je commençois déjà à en douter; je parcourus la plaine dans toutes ſes parties, & la montagne ſur tout ſon contour extérieur; je n'y vis aucune matière ſur laquelle le feu eût agi; j'y en trouvai au contraire qui me prouvèrent que cet agent deſtructeur n'y avoit point exiſté. Je vis dans les éjections des dernières éruptions, des argiles boueuſes qui contenoient du ſpath calcaire ſans aucune altération, des pierres calcaires abſolument intactes avec des criſtaux réguliers de ſpath, des fragmens de ſélénite écailleuſe ou gypſe ſpéculaire. Ces matières, c'eſt-à-dire, le ſpath & les gypſes criſtallisés, ſont altérés par le moindre feu, l'argile griſe s'y deſſèche, s'y cuit & y devient rouge. Puiſque cette argile & ces pierres ne portent point l'empreinte du feu, elles n'ont point été ſoumiſes à ſon action; il n'y a donc point exiſté; & on ne peut point lui attribuer ce ſingulier phénomène. Lorſque mes obſervations m'eurent bien convaincu que cette montagne n'étoit point un volcan ordinaire, je trouvai aſſez facilement la cauſe de tous ces phénomènes. J'avois recueilli dans une bouteille une portion de l'air qui ſe dégage tant de la vaſe délayée que de l'eau, j'y plongeai une bougie allumée qui s'y éteignit dans l'inſtant. Cet air, mêlé avec l'air atmoſphérique, n'eut ni inflammation ni exploſion; je n'avois pas la faculté de faire d'autres expériences, mais celle-ci me suffisoit pour reconnoître l'air fixe, & pour voir qu'il est l'unique agent des phénomènes que j'ai décrits; il m'a paru que l'explication suivante me donnoit la vraie solution du problême qui m'avoit embarrassé un instant.

Le sol de tout le pays est calcaire, ainsi que je l'ai dit plus haut; il est recouvert de montagnes d'une argile grise & ductile, qui contient assez souvent un noyau gypseux; le hasard a placé au milieu de celle dite Macaluba une source d'eau salée (elles sont en très-grand nombre dans un pays où les mines de sel gemme sont très-communes). Cette eau détrempe sans cesse l'argile, & s'écoule ensuite par suintement sur un des côtés de la montagne. L'acide vitriolique de l'argile s'empare par affinité de la base du sel marin, & en dégage l'acide marin qui se porte sur la pierre calcaire qui sert de fondement. Sa combinaison avec cette nouvelle base produit un grand développement d'air fixe qui traverse toute la masse d'argile humectée qui le recouvre pour venir éclater à sa surface. L'acide vitriolique de l'argile peut encore se combiner directement avec la pierre calcaire & former continuellement du gypse. L'air en traversant cette argile lui fait éprouver un effet qui ressemble

l'état ordinaire de la montagne, vient éclater à sa surface.

Dans les environs, à un demi-mille de distance, il y a plusieurs monticules où l'on voit les mêmes effets, mais en petit, & ils ne sont point sujets aux fortes éruptions; on les nomme par diminutif, *Macalubette*.

La stérilité de la montagne Macaluba & de celles dans lesquelles on observe à-peu-près les mêmes phénomènes, est uniquement due au sel marin de la source qui abreuve l'argile, & qui s'oppose à toute espèce de végétation.

C'est au concours d'un grand nombre de circonstances que l'on doit ce volcan singulier. Car d'ailleurs le dégagement de l'air fixe qui sort de l'intérieur de la terre, est un phénomène très-commun; c'est lui qui produit les bouillonnemens que l'on voit dans les eaux d'un très-grand nombre de lacs & de fontaines, tant chaudes que froides; car ces eaux n'ont jamais par elles-mêmes le degré de chaleur capable de les faire bouillir. Elles sont très-communes en Sicile, où les eaux jaillissantes du lac de Palices, *Pallicorum lac*, sont les plus singulières (*a*). Le voisinage des

(*a*) Note sur le lac de Palica près Palagonie. Ce lac est dans le même état & produit les mêmes phénomènes dont parle Aristote dans son livre *de Admirandis auditionibus* :

volcans en produit beaucoup : le lac de Paterno ſur le flanc de l'Ethna, celui d'Agnano, près de Naples, celui de la Solfatare, près de Rome, la fontaine de Spin, dans le Duché de Modène, &c. on pourroit en citer une infinité. Nous en avons auſſi en France : une circonſtance de plus, dans le lieu nommé Boulidon, près de Montpellier, l'auroit rendu ſemblable à la montagne de Macaluba. La rencontre d'un monticule d'argile ſur le lieu où ſe fait le dégagement continuel d'air fixe, lui auroit fait produire les mêmes phénomènes que j'ai obſervés en Sicile.

Le nom Macaluba, que porte aujourd'hui cette montagne, eſt un nom Arabe, qui ſignifie renverſé, bouleverſé ; cette dénomination lui a été donnée, ſelon toute apparence, pour déſigner ſes effets qui bouleverſent tout ce terrein. La même dénomination a été donnée à Malthe, à un lieu dans lequel il s'eſt fait naturellement une très-grande excavation, & où il reſte encore un creux très-conſidérable.

Différens auteurs anciens & modernes parlent

Porro in Sicilia Palicus fons eſt, qui decem accubantium ſitum occupat : hoc etiam ad ſexcubitalem altitudinem aquam ejicere aiunt, adeo ut accolæ cùm id videbant campos exundaturos arbitrarentur : rurſuſque aqua in eundem redit fontem, &c.

de la montagne Macaluba ; mais ils la désignent sous différens noms, & aucun ne cherche à en expliquer les effets. Solin, chap. 11, dit : *Idem ager Agrigentinus eructat limosas scaturigines : & ut venæ fontium sufficiunt rivis subministrandis, ita in hac Siciliæ parte, solo nunquam deficiente æterna rejectione terram terra evomit.* Strabon en parle aussi dans son Livre 6. Fazzellus, *lib. 1, dec. 1, cap. 5*, dit : *Non longè ab Agrigentino ager est à Magharucca Saracenico adhuc nomine clarus, qui assidua rejectatione è diversis aquæ venis terram evomit cinerulentam. Ubi certis annis incredibilis propè limosæ scaturiginis moles, ex solis visceribus, remugientibus simul agris, ad superna effunditur.*

Fazzello en parle une seconde fois & avec plus de détail, dans son sixième Livre, chap. 1. *Ager abest ab Agrigento ad aquilonem quatuor passuum millibus : qui nomen Magharucca saranice hodie est nomen, culturæ minimè idoneus ; ejus etenim facies quæ vix quingentos ambitu passus abest, tota prope cinerulenta est. Hic enim limosas scaturigines, ut pote aquam cineri permixtam, ex pluribus faucibus perpetuò evomit, rejectatione solo nunquam deficiente, ut Solinus etiam prodidit, id autem admiratione dignissimum est quod Solinum latuit & nos usu evenire didicimus, singulis ferè lustris locus iste furit, & cœli tem-*

peſtate ſuborta, præmiſſo frigore maximo ac denſo nimbo, tanta hujuſcemodi luti cinerumque moles exinde effluit, ut telluris ſolum ad ſex ferè cubitorum altitudinem excreſcat. Orificio ſi lineam etiam magni ponderis infigas (quod nonniſi magna vi ob oris anguſtiam fieri poteſt) à vento ſubterraneo excuſſa extra ſtatim præſilit.

Nicolas Serpetto, dans ſon livre *delle Maraviglié della Natura*, parle de ce phénomène en ces termes : *Il campo di Margaruca preſſo Agrigento, ogni cinque anni fa una curioſa novita. Tonando un gran fragore ed oſcurriſſimi nimbi, manda fuori tanta quantita di cinere, e di fango, che fa creſſere la terra ſei braccia, e ſpira di ſotto un vento coſſi Gagliardo che ſolfieva i ſaſſi, e reſpinge le legna.*

Le Bonone, dans ſon *Muſeo di Phyſica*, donne une relation, & preſque une explication de ce phénomène; mais il ne parle que de l'état tranquille de la montagne, & non de ſes violentes exploſions.

L'explication que j'ai donnée des éruptions de la montagne de Macaluba me paroît dictée par les circonſtances; mais j'y mets ſi peu d'importance, que ſi on imagine un autre moyen pour expliquer tous les phénomènes que j'ai décrits, j'applaudirai à l'auteur, & je recevrai avec reconnoiſſance les lumières qu'il répandra ſur cet objet. Il me suffit d'avoir fait connoître un phénomène digne de l'attention des Physiciens.

Il y a plusieurs autres lieux en Sicile qui ont été sujets à des éruptions produites par la même cause, mais différemment modifiée. Une montagne, entr'autres, entre *Siera di Falco* & Musulmeli, eut une éruption en 1778, qui me fut attestée par les habitans des environs; je me transportai sur les lieux, & je n'y vis aucune matière qui eût l'apparence volcanique; le noyau de la montagne est une pierre calcaire, revêtue d'une argile rouge très-forte & très-tenace; cette argile se dessèche pendant l'été, & éprouve un retrait qui y produit des ouvertures larges de plusieurs pouces. D'ailleurs, aucun vestige du phénomène qui m'avoit été annoncé : cependant on m'assura que lors de l'éruption tout ce terrein avoit été bouleversé, & que l'argile du sol avoit été lancée à plus de cinquante pieds de hauteur. Ce qui distingue cette éruption de celles de la montagne de Macaluba, c'est qu'elle arriva au printems, & après des pluies abondantes. L'argile empâtée pour lors, présenta un obstacle aux émanations élastiques qui s'échappent pendant l'été à travers les gerçures du sol.

FIN.

EXTRAIT

Des Regiſtres de l'Académie Royale des Sciences.

Du premier Février 1783.

Les Commiſſaires nommés par l'Académie pour examiner un Ecrit, contenant des obſervations faites dans un voyage aux îles Æoliennes, pour ſervir à l'hiſtoire des volcans, préſentées à l'Académie par M. le Commandeur de Dolomieu, Correſpondant de l'Académie, en ont rendu le compte ſuivant.

Les anciens nous ont parlé des îles Æoliennes, placées entre l'Italie & la Sicile. Ils ne comptoient que ſept îles, tandis que maintenant on peut en nommer au moins dix. Il y en a donc trois de formées depuis les traditions laiſſées par Ariſtote, Diodore, Strabon, &c. &c. &c. Ces nouvelles îles proviennent-elles de quelques anciennes qui ont été ſéparées & déſunies? c'eſt ce que l'Auteur a examiné, & ce qui lui paroît plus probable, que de croire que ces îles nouvelles ſoient ſorties du ſein de la mer; d'ailleurs, il ſe décide d'après les obſervations qu'il a faites ſur le crater & la montagne de l'île de Panari.

Nous ne ſuivrons pas l'Auteur dans la deſcription qu'il fait de chacune de ces îles volcaniques, & de chacune des ſubſtances qu'il y trouve. Il faut voir ces détails très-intéreſſans dans le Mémoire même. Nous inſiſterons ſeulement ſur celles de ces ſubſtances dont l'Auteur cherche les matières primitives qui ſont entrées dans leur formation.

avouer que dans le moment où l'air fixe se dégage de la craie, lorsque cela se fait dans un vaisseau clos, il y a souvent une sorte d'explosion. On se rappellera que l'Auteur met pour condition que la glaise forme une croûte dure.

Ces observations nous ont paru bien suivies, intéressantes, faites sur des lieux que les voyageurs fréquentent rarement, vu les risques qu'on craint de rencontrer. Nous croyons donc qu'elles sont dignes de paroître sous le Privilège de l'Académie, & qu'on doit savoir gré à M. de Dolomieu, aussi instruit en Chymie qu'en Histoire Naturelle, de s'en être occupé.

Je certifie le présent Extrait conforme à son original, & au jugement de l'Académie. A Paris, le 5 Février 1783.

Signe, le Marquis DE CONDORCET.

EXTRAIT des Regiſtres de l'Académie, du premier Février 1783.

LES Commissaires nommés pour examiner un Ouvrage de M. le Commandeur de Dolomieu, intitulé, *Voyage aux Iles Lipari, &c.* en ayant rendu compte à l'Académie, elle a jugé cet Ouvrage digne de son approbation & de paroître sous son Privilége. En foi de quoi j'ai signé le présent Certificat. A Paris, ce 2 Février 1783.

Signe, le Marquis DE CONDORCET, Sec. Perp.

ESSAI SUR LA TEMPÉRATURE DU CLIMAT DE MALTHE,

Et sur les sensations qu'elle produit.

Les chaleurs des étés paroissent excessives à Malthe : les habitans & les étrangers en souffrent & s'en plaignent également. Cependant le thermomètre de Réaumur y est ordinairement au-dessous du vingt-cinquième degré & presque jamais au-dessus de vingt-huit ; il est même très-rare qu'il monte à ce terme. Le froid des hivers y est aussi infiniment sensible, & les habitans du nord le trouvent, dans certains instans, aussi pénétrant que celui qu'ils ont éprouvé dans leurs pays ; quoique le thermomètre ne soit presque jamais au-dessous de huit degrés, sur le point de congélation. Les tems mêmes où l'on est le plus affecté par le froid ou par le chaud, ne sont pas ceux où le thermomètre arrive aux deux points extrêmes de notre température ; il y a un contraste presque continuel entre nos sensations, & les instrumens qui mesurent la vraie température de l'air, entre la chaleur ſenſible & la chaleur réelle. Quelle eſt la raiſon de ce phénomène que j'ai obſervé conſtamment pendant tout le tems que j'ai habité l'île de Malthe? La vraie température de l'atmoſphère eſt-elle la cauſe première & unique de la ſenſation de froid & de chaud que nous éprouvons en état de ſanté, & ſans accélération dans nos mouvemens? Ces deux queſtions, que je chercherai à réſoudre en même-tems, m'ont paru mériter l'attention du phyſicien, & ſans ſavoir ſi elles ont déjà été traitées en tout ou en partie, je vais haſarder ſur ce ſujet quelques réflexions, & faire connoître mes obſervations.

On croit communément réſoudre ce problême en diſant que la tranſition ſubite d'une température à une autre, rend le froid & le chaud plus ſenſible, que les pores très-ouverts habituellement par les chaleurs de l'été, qui ſont fort longues, font paroître les froids des hivers plus vifs. La première de ces deux cauſes opère certainement beaucoup ſur nos ſenſations, lorſqu'elle eſt réelle; mais exiſte-t-elle à Malthe plus qu'ailleurs? je ne le crois pas. Je n'ai point obſervé que la vraie température de l'air eût ces variations ſubites qu'on lui attribue; que la tranſition du froid réel au chaud réel y fût auſſi prompte qu'on le ſuppoſe. Je m'y ſuis trompé comme tout le monde dans le commencement de mon séjour dans cette île, j'éprouvai presque dans la même heure des sensations très-différentes, je les attribuois au changement de température; mais en consultant mon thermomètre, je voyois avec surprise qu'il n'avoit point varié, ou que s'il y avoit quelques changemens, ils étoient trop peu considérables pour en recevoir l'impression. Le relâchement ou la tension de la fibre, que l'on regarde comme seconde cause, n'est dans ces cas qu'une suite, un effet de nos sensations, & par conséquent elle ne peut les produire.

La direction des vents, leurs changemens, leurs transitions subites d'un point de la boussole à un autre, paroissent des causes plus réelles de la variation de nos sensations, puisque ce sont ces vents qui produisent ces passages instantanés du froid au chaud & du chaud au froid que nous ressentons. Les vents du nord ou nord-ouest nous donnent toujours du froid; ceux du midi nous apportent toujours la chaleur; leur violence modifie encore les sensations qu'ils nous font éprouver. En général, dans toutes les saisons, les vents du nord entre l'est & l'ouest, sont frais; ceux d'est & d'ouest le sont encore, mais moins; ceux qui soufflent du midi ou des parties voisines, sont chauds, & les sensations qu'ils nous procurent sont d'autant plus fortes, qu'ils mettent en mouvement une atmoſphère analogue à ce qu'ils nous font éprouver, c'eſt-à-dire, les vents du midi ſont plus chauds pendant l'été, parce que l'atmoſphère a déjà elle-même un fond de chaleur réelle; les vents du nord ſont plus froids l'hiver que dans toute autre ſaiſon.

Il doit paroître ſingulier que les vents qui produiſent des effets auſſi marqués & auſſi ſenſibles ſur l'économie animale, n'apportent ſouvent point de changemens réels dans la température de l'atmoſphère. Leur variation ne fait preſque point mouvoir le thermomètre. Il arrive même quelquefois que la marche de l'inſtrument eſt en raiſon contraire de ce que nous éprouvons; il hauſſe par la chaleur que le ſoleil répand pendant le jour, & le vent qui paſſe dans le même tems du *ſiroco* au *maeſtral* nous donne ſubitement la fraîcheur. De deux jours qui ſe ſuivent, l'un avec le vent du nord paroît frais, l'autre avec le vent du midi eſt très-chaud; le thermomètre ſemble cependant annoncer le contraire, il ſera de pluſieurs degrés plus haut le jour où la chaleur ſera la moins ſenſible & la moins étouffante. Mais comment les vents ſont-ils cauſe de ces phénomènes qui paroiſſent contradictoires? ne produiſant ni le froid ni le chaud réel, comment peuvent-ils opérer ſur nos ſenſations, & les varier comme ils le font? N'en ſont-ils que la cauſe occaſionnelle ? & ne ſont-ils que modifier notre atmoſphère en y apportant une nouvelle eſpèce d'air dans lequel ſeroit la vraie cauſe du phénomène dont nous nous occupons ? Avant de travailler ſur ces nouvelles queſtions, il faut établir quelques principes puiſés dans la phyſique & dans l'économie animale.

Quelle que ſoit la cauſe de la chaleur de notre ſang, qu'elle dépende de ſon mouvement plus ou moins accéléré, qu'elle ſoit produite par le frottement continuel qu'il éprouve en paſſant par la circulation dans des vaiſſeaux de différens diamètres, ou qu'elle provienne de l'action des poumons dans la reſpiration, la chaleur de l'intérieur de notre corps eſt ordinairement en état de ſanté, de trente-deux à trente-cinq degrés. Les extrémités ſont toujours plus froides, parce que le mouvement du ſang y eſt retardé, y étant plus loin du piſton qui le pouſſe.

La chaleur extérieure de la peau eſt moins conſtante ; elle eſt modifiée par une infinité de circonſtances, par les habillemens, par la rigidité de la fibre, mais elle eſt toujours en état de ſanté au-deſſus de la température de l'atmoſphère.

La chaleur cherche toujours à ſe mettre en équilibre, de manière que nous ne tarderions pas à éprouver la même chaleur ſur la ſurface de nos corps que nous avons dans l'intérieur, ſi nous ne perdions pas à chaque inſtant une partie de cette chaleur qui nous eſt tranſmiſe des parties intérieures. Nous ne nous en déchargeons qu'en la faiſant paſſer dans la partie de l'atmoſphère avec laquelle nous ſommes en contact, & alors l'atmoſphère peut être regardée comme un conducteur qui nous ſoutire ſans ceſſe une partie de la chaleur produite par le mouvement de la circulation.

Un corps ſolide plongé dans un fluide, acquiert avec lui une température uniforme d'autant plus promptement que le fluide eſt plus denſe, & que lui l'eſt moins: *& vice versâ*. Un air plus condenſé que celui qui nous environne habituellement nous ſouſtrairoit plus promptement une plus grande ſomme de chaleur. Voilà la raiſon du froid que nous éprouvons lorſque nous nous plongeons dans l'eau ou dans le mercure, quoique l'un & l'autre de ces fluides ſoit à la température de l'air ambiant.

Deux corps iſolés ayant différentes températures & placés en contact l'un avec l'autre, prendront une température moyenne, calculée à raiſon de leur volume & de leur denſité; mais ſi un troiſième corps ſe trouve en contact avec un des deux premiers, celui du milieu ſervira de conducteur, & tranſportera la chaleur de l'un à l'autre d'autant plus promptement qu'il aura les qualités requiſes.

Si nous étions livrés à notre propre chaleur, & que nous n'en répandissions pas sans cesse une partie autour de nous, elle deviendroit si grande que toutes les parties de l'économie animale en seroient altérées. Lorsque l'atmosphère ne nous en soustrait qu'une petite portion, nous éprouvons un sentiment de chaleur, mais c'est de notre chaleur propre. Lorsqu'il nous en enlève beaucoup, nous éprouvons du froid, parce que les parties intérieures ne peuvent pas suppléer à ce qui est soustrait, & notre peau se trouve au-dessous de la température ordinaire à laquelle nous sommes accoutumés. L'un & l'autre de ces états est donc relatif à l'action du conducteur.

L'économie animale ne peut s'entretenir que par le dégagement qui se fait sans cesse des parties qui pourroient nuire & altérer le sang; le sang s'en purifie dans le mouvement de la circulation par la voie de la transpiration insensible, & c'est encore dans l'air ambiant que nous déposons ces exhalaisons, ces miasmes, ces vapeurs qui nous deviendroient nuisibles, & qui opéreroient les plus grands désordres, si cette transpiration étoit supprimée ou ralentie. Les excrétions qui se font sans discontinuité par les pores de la peau, sont beaucoup plus considérables qu'on ne le croit communément: on a calculé qu'elles surpassoient celles qui se font par les autres voies, & que de neuf portions des ſubſtances que nous employons pour notre nourriture, cinq ſe diſſipent par la voie de la tranſpiration inſenſible; nous ſommes donc ſans ceſſe entourés d'une petite atmoſphère formée par les vapeurs que nous exhalons, & dont ſe charge l'air qui nous environne.

L'air ne peut ſe charger des vapeurs & des miaſmes que juſqu'à un certain point, paſſé lequel il en eſt ſaturé ou tellement impregné, qu'il ne peut plus en recevoir; de manière que ſi notre atmoſphère environnante ne ſe renouveloit pas continuellement autour de nous, ſi elle n'avoit pas les moyens de s'épurer, ſi ni elle ainſi que nous n'avions point de mouvement, l'air ambiant ne tarderoit pas à être ſaturé, le ſang ne pourroit plus s'épurer, & il réſulteroit dans l'économie animale les déſordres que nous avons annoncés dans la ſuppreſſion de la tranſpiration. L'air agit donc également ſur nous comme conducteur de notre chaleur & de nos exhalaiſons.

Les vapeurs humides ſont des excellens conducteurs de la chaleur, & un fluide quelconque par ſa diſſipation en vapeurs, enlève une partie de la chaleur du corps ſur lequel il eſt appliqué. Cette propriété des vapeurs aqueuſes donne l'explication du phénomène cité par Bernier, lorſque dans ſon Voyage de Cachemire il décrit les moyens que l'on emploie en Perſe pour rafraîchir les flacons d'étain qui contiennent l'eau. Voilà pourquoi nous éprouvons une grande fraîcheur, lorſqu'après une tranſpiration conſidérable qui a mouillé nos chemiſes, nous reſtons ſans mouvement; cela explique également pourquoi lorſque nous nous plongeons dans une eau dont la température eſt celle de l'air, nous reſſentons d'abord un ſentiment de fraîcheur auquel nous nous accoutumons un peu; reſſortant alors de l'eau, la ſurface de notre corps reſte mouillée, & nous éprouvons du froid par la diſſipation de l'humidité en vapeurs; mais nous replongeant une ſeconde fois dans le fluide qui eſt toujours le même, nous le trouvons alors beaucoup plus chaud que l'air auquel nous avons attribué notre ſeconde ſenſation.

Les vapeurs ſont d'autant meilleurs conducteurs, qu'elles ſe diſſipent plus promptement; on parvient à faire deſcendre un thermomètre fort au-deſſous du point de congélation, en le mouillant avec l'éther, de toutes les liqueurs connues la plus volatile, & dont on hâte encore l'action en ſoufflant deſſus.

Il s'enſuit de cette propriété des vapeurs, que celles qui s'échappent de nous, nous enlèvent également une portion de notre chaleur, & aident dans ce genre l'action ſimple de l'atmoſphère.

L'air eſt un conducteur de la chaleur plus ou moins parfait à raiſon de ſa pureté. Lorſqu'il eſt chargé à un certain point d'exhalaiſons aqueuſes, putrides, phlogiſtiques ou méphitiques, il n'en fait plus l'office, il ne peut plus ſervir à la combuſtion des corps enflammés, parce qu'il ne peut plus ſe charger des parties de la matière ignée qui ſortent & ſe dégagent du corps en combuſtion; les évaporations ne peuvent plus s'y faire par la même raiſon.

On hâte également la combuſtion & l'évaporation en renouvelant ſans ceſſe l'air qui environne les corps qui y ſont ſoumis; on fait paſſer pour cela à la ſurface de ces corps un courant qui plus il eſt prompt, plus il aide l'une & l'autre opération. De-là l'action des ſoufflets qui ont encore l'avantage de préſenter un air plus denſe & plus comprimé. On éprouve toujours un ſentiment de fraîcheur lorſqu'on reçoit le vent d'un ſoufflet, quoiqu'il ne mette en action que l'air qui nous entoure.

Plus l'air que l'on ſouffle eſt pur, plus ſon action eſt vive. L'air déphlogiſtiqué donne à la flamme une clarté, un brillant & une activité qui ſurprennent. En ſoufflant de l'air méphitique ſur des corps enflammés, loin d'entretenir leur combuſtion, on l'anéantit; j'ai éprouvé tous les effets des différens airs ſur la combuſtion & l'évaporation, dans les expériences que j'ai faites sur les dégagemens des airs contenus dans les corps. En recevant sur la peau l'air déphlogistiqué qui sort par l'ajustage d'une vessie comprimée, j'ai éprouvé un sentiment de froid que je n'ai point eu lorsque je le remplaçois par de l'air méphitique; un courant d'air qui a traversé le foyer allumé d'un fourneau, ne peut plus entretenir la flamme d'un autre fourneau, & même il la détruit. Il ne souffle plus, dit-on, parce qu'il ne produit plus l'effet que l'on attend d'un soufflet. Il n'est plus conducteur ni de la matière ignée ni des vapeurs. Un homme plongé dans une atmosphère pareille, le thermomètre y fût-il au-dessous du degré de congélation, y sentiroit une chaleur excessive, parce qu'il seroit livré à la sienne propre; il y éprouveroit un très-grand mal-aise, un grand relâchement dans la fibre, une excessive pesanteur, parce que les excrétions de la peau ne pourroient plus s'y faire, quelque diamètre que la nature donnât à ses pores, en détendant la fibre; & toutes ses fonctions animales recevroient une forte altération, reçût-il même par la respiration un air plus pur. Il seroit également possible qu'un homme eût très-froid dans une atmosphère qui auroit une température au-dessus du trentième degré, pourvu que l'air y fût très-pur, qu'il y fût condensé, & qu'il formât un courant violent qui, en paſſant à la ſurface de ſon corps, en enleveroit en même-tems la chaleur & les vapeurs; il trouveroit cet air léger, parce que la fibre ſeroit plus tendue, & ſe roidiroit naturellement pour empêcher une trop grande déperdition par la voie de la tranſpiration.

Je crois avoir démontré d'après ces principes certains que la ſenſation de froid & de chaud dans l'état de ſanté n'eſt pas uniquement relative à la température de l'atmoſphère, mais qu'elle dépend encore de ſa pureté & de ſon mouvement. Il ſeroit poſſible d'avoir alternativement froid & chaud dans un air qui reſteroit à la même température, mais qui deviendroit plus denſe ou plus rare, plus pur ou plus méphitique, qui ſeroit plus ou moins en action.

Dans l'application de ces principes à l'atmoſphère de Malthe, j'ai cru trouver l'explication du contraſte entre la chaleur réelle & la chaleur ſenſible, entre nos ſenſations & la vraie température de l'air ambiant. Mais ici l'expérience ſeule pouvoit venir à l'appui de mes conjectures; j'y ai eu recours; j'ai eſſayé l'air dans toutes les ſaiſons & par tous les vents: & quoique mes expériences n'aient peut-être pas eu toute la préciſion & toute la ſuite qu'elles demandoient, à cauſe de l'imperfection de mes inſtrumens & des circonſtances qui ne m'ont pas permis de leur donner toute l'étendue qu'elles exigeoient, elles m'ont ſuffi pour me faire connoître une des cauſes du phénomène que j'étudiois. Je ne donnerai pas ici le journal de toutes mes expériences, je me bornerai à en indiquer les réſultats.

L'atmoſphère de Malthe, relativement à ſa pureté, eſt dans une variation preſque continuelle. Elle change auſſi ſouvent que les vents, ou plutôt elle dépend des vents qui pouſſent ſur nous un air plus ou moins chargé de vapeurs méphitiques. La première fois que je fis l'épreuve de l'air atmoſphérique par l'air nitreux, je fus étonné de ſon extrême pureté. Je me ſervois d'une machine à-peu-près ſemblable à celle de l'abbé Fontana, décrite par M. Ingen-Houz, dont chaque meſure étoit diviſée en cinq parties. C'étoit pendant l'hiver de 1780 à 1781 : le thermomètre étoit à dix degrés & demi, les vents étoient nord-oueſt, aſſez forts; la mer étoit agitée, & il faiſoit un froid aſſez vif. Je mêlai une meſure d'air atmoſphérique à une meſure d'air nitreux, & j'eus une abſorption de cent dix-huit parties, c'eſt-à-dire, il ne reſta dans mon inſtrument que quatre-vingt-deux centièmes parties d'une ſeule meſure d'air. Surpris d'une pureté que je n'attendois pas, je réitérai pluſieurs fois l'expérience, & j'eus des petites variations dépendantes ou de mes inſtrumens ou de ma manière d'opérer ; mais les résultats que j'obtins, loin de dégrader l'air, me le présentèrent peut-être encore plus pur, puisqu'il ne me resta une fois que quatre-vingts portions d'une seule mesure ; j'eus donc un air atmosphérique de douze ou treize degrés plus pur que M. Ingen-Houz ne l'a jamais rencontré dans les expériences qu'il a faites en France & en Angleterre. Le lendemain les vents furent dans la même direction, mais moins forts ; le ciel étoit serein & sans nuages, la sensation du froid moins vive, & le degré de pureté de l'air à-peu-près le même. Les vents, les jours suivans, furent variables, ils coururent au nord & à l'est ; le froid étoit peu sensible ; le thermomètre à dix degrés, mais la pureté de l'air étoit altérée, il m'en restoit des deux mesures de mélange, quatre-vingt-huit & quatre-vingt-dix centièmes d'une mesure. Les vents passèrent ensuite au sud-est, que l'on nomme *siroco* ; il faisoit humide, mais chaud ; le thermomètre resta d'abord le même, & vint ensuite à onze degrés, mais l'air s'étoit dégradé à un point qui m'étonna. Il me restoit alors dans ma grande jauge de cent deux jusqu'à cent cinq parties, & par conséquent l'absorption n'étoit que de quatre-vingt-quinze & quatre-vingt-dix-huit centièmes d'une mesure. La pureté de l'air ne se rétablit que lorsque les vents changèrent ; il améliora un peu lorsqu'ils furent au ſud-oueſt : & il acquit de nouveau ſon premier degré de pureté lorſqu'ils revinrent au nord-oueſt ou *maeſtral* où ils ſe ſoutinrent quelque tems. Le thermomètre étoit deſcendu à neuf degrés, & le froid étoit très-pénétrant. Les vents gagnèrent enſuite le nord ; le thermomètre deſcendit juſqu'à huit degrés, ſans que la ſenſation du froid augmentât : elle parut même moindre ; l'air n'avoit plus ſa première pureté, il me donnoit quatre-vingt-ſix meſures de réſidu ; l'atmoſphère s'étoit réellement refroidie en paſſant ſur les neiges dont étoit couverte la Sicile, mais elle s'y étoit chargée de quelques vapeurs ; il y eut peu après un coup de vent violent de nord-eſt ; la mer étoit dans une grande agitation ; le thermomètre étoit à neuf degrés & demi, le froid étoit aſſez vif, mais on s'en préſervoit en ſe mettant à l'abri du vent ; le ciel étoit bruineux, humide ; l'air étoit à quatre-vingt-neuf & quatre-vingt-dix degrés. Je continuai mes expériences juſqu'à la fin d'avril ; j'eus toujours des réſultats à-peu-près pareils ; le plus grand degré de pureté fut conſtamment dans le tems où régnoit le nord-oueſt, enſuite l'oueſt. Le vent du nord me parut en général un peu moins pur que le nord-eſt & l'eſt ; l'air ſe dégrade ſingulièrement lorſqu'il paſſe au ſud-eſt & au ſud ; il ſe rétablit un peu au ſud-oueſt, principalement lorſque la mer eſt agitée ; celui d'altération fut cent huit centièmes, qui me restèrent des deux mesures dans le mois d'avril, un jour qu'il faisoit *siroco*, & que l'air paroissoit très-chaud & étouffant.

Mon départ pour la Sicile, le premier mai 1781, me fit suspendre mes expériences, & je ne les repris qu'à la fin d'octobre, époque où je revins à Malthe. Nous eûmes encore des jours fort chauds, où le thermomètre étoit à vingt-deux & vingt-trois degrés ; il régnoit des vents de sud & sud-est ; l'air étoit si altéré que des deux mesures il m'en restoit cent quinze centièmes. Je fus effrayé de voir à quel point l'atmosphère étoit viciée, & en réfléchissant qu'elle doit l'être encore davantage pendant les chaleurs de l'été, je frémis du court espace qui la sépare du point où elle ne seroit plus propre à la respiration & aux fonctions de l'économie animale. Quelques degrés d'altération de plus, & l'on ne pourroit plus respirer ; on brûleroit de sa propre chaleur ; on seroit enveloppé d'une atmosphère épaisse, formée par notre transpiration insensible, au milieu de laquelle on seroit étouffé. La nature pour suppléer à ces excrétions ordinaires répandroit vainement des sueurs abondantes, elles ne feroient que nous épuiser sans nous soulager. Aussi il est des jours d'été où règnent les vents du sud & où l'on est accablé par la chaleur. On sent une pesanteur, une

une oppreſſion extrême, un grand relâchement dans la fibre; la digeſtion eſt lente & peu complette; alors les humeurs contractent un caractère d'alkaleſcence & de putridité qui rend les maladies très-dangereuſes. Le ſang eſt raréfié, bourſoufflé; il cherche vainement à ſe purger de ce qui lui nuit; il ne répand au dehors que ſa partie humide, ſans ſe dégager des miaſmes alkaleſcens qui l'altèrent; la réaction des ſolides ne ſe fait plus; on ſe croit accablé par le poids de l'atmoſphère; on dit que l'air eſt peſant, quoique ſouvent il ne ſoutienne qu'une moindre colonne de mercure; le moral, qui eſt toujours ſoumis à l'influence du phyſique, annonce lui-même l'état pénible de la machine; l'imagination eſt lente; on n'eſt plus ſuſceptible d'application; le travail d'eſprit épuiſe autant que celui du corps; on perd toute énergie, toute vivacité; on devient lent, pareſſeux; on contracte l'habitude de l'inertie, de l'apathie; & l'indolence finit par devenir le caractère dominant de ceux qui n'ont pas les paſſions aſſez vives pour donner du reſſort à la machine. L'effet des vents du midi eſt moins apparent ſur le Malthois, qui par état eſt accoutumé à un travail pénible. La rigidité, la ſéchereſſe & la dureté de ſa fibre le fait réſiſter davantage aux influences de l'atmoſphère que ceux qui ſont nés dans les pays froids, & on voit avec étonne-

que de ſa température réelle, & il eſt prouvé que c'eſt à l'état de pureté de l'atmoſphère que l'on doit en partie attribuer le contraſte entre la chaleur réelle & la chaleur ſenſible, & il eſt inconteſtable que nos ſenſations ne peuvent jamais être la meſure de la vraie température de l'atmoſphère. C'eſt l'air impur qui nous eſt apporté par les vents de la partie du midi, qui nous fait ſentir cette chaleur étouffante, accablante, que l'on éprouve ſouvent à Malthe pendant l'été, quoique le thermomètre n'indique point un excès de chaleur. Le froid extrêmement ſenſible des hivers eſt produit par l'air très-pur qui vient du nord, & qui eſt très-bon conducteur de la chaleur & des vapeurs. Les vents agiſſent encore en renouvelant ſans ceſſe l'air qui nous enveloppe, & lorſqu'ils opérent par cette ſeule raiſon, il ſuffit pour avoir chaud, de ſe ſouſtraire à leur action & au courant d'air qu'ils forment.

Il ſe préſente une autre queſtion à laquelle il faut que je réponde. Malthe eſt-il le ſeul pays où la chaleur réelle & la chaleur ſenſible ſoit auſſi différente ? Les principes que je viens d'établir ſont-ils applicables à d'autres climats & à d'autres circonſtances ?

On connoît & on redoute également les vents du midi, & ſur-tout le *ſiroco* (ſud-eſt) en Italie ;

ils y produisent les mêmes effets & le même mal-aise; on parle avec frayeur du siroco à Naples; M. Bridonne, dans son Voyage de Sicile, décrit ses effets à Palerme où il l'a ressenti; il y étoit dans une circonstance où l'atmosphère avoit acquis une augmentation de chaleur réelle en passant sur les chaumes que l'on brûloit dans les montagnes du sud & de l'est: voilà pourquoi il vit son thermomètre monter assez considérablement, & il crut que le siroco produisoit toujours cette augmentation réelle dans la chaleur de l'atmosphère. J'ai ressenti aussi le siroco à Palerme & dans d'autres villes de la Sicile; j'ai vu l'abattement dans lequel tomboient tous les habitans; je les ai vus suans, hâletans & ayant à peine la force de se mouvoir; moi-même j'ai éprouvé cet affaisement & ce même relâchement dans la fibre, & cependant en consultant mon thermomètre, je ne voyois au plus que deux ou trois degrés d'augmentation dans la chaleur réelle; souvent même je n'y observois point de variations. Pendant mes courses de l'année 1781, il étoit des jours où je souffrois excessivement de la chaleur; quelques jours après j'avois frais, quoique mon thermomètre fût monté plus haut qu'il ne l'étoit à l'époque où j'étois le plus accablé.

M. d'Arcet, dans une note de son Ouvrage sur

les Pyrénées, parle d'un fait semblable sans en chercher l'explication.

« Le 6 Juin dernier, dit-il, nous avons éprouvé à Paris & à quelques lieues aux environs une chaleur insupportable & singulièrement étouffante : le moindre mouvement faisoit perdre haleine ; cependant mon thermomètre n'est monté qu'à vingt-deux & demi, & je ne sache pas qu'il soit monté autre part à Paris plus haut que vingt-trois & demi, tandis que le 15 suivant, mon thermomètre a été à vingt-six degrés, que la chaleur a été réellement & même sensiblement plus forte, & qu'elle n'étoit, malgré l'orage qu'il a fait l'après-midi, ni insupportable ni étouffante comme celle du 6. Le lendemain 16 Juin, mon thermomètre est monté à vingt-cinq degrés, & cependant la chaleur n'étoit point incommode : le vent a soufflé ces deux jours depuis l'est jusqu'au nord, au lieu que le 6, il venoit du sud-ouest, & il étoit plus foible. Ce qui établit une différence marquée entre la chaleur réelle & la chaleur sensible. Et lorsqu'on y fera attention, on trouvera ces exemples très-fréquens, non-seulement dans l'été, mais encore dans l'hiver, sur-tout lors des grands dégels. C'est ainsi que le 15 Avril dernier (1775) les vents variant du sud-ouest au sud-sud-ouest, le tems s'est

» couvert l'après-midi, & ſur les quatre heures il » eſt devenu orageux; il a fait une petite pluie, » & le fond de l'air étoit alors ſi étouffant, qu'il » y avoit des inſtans que l'on croyoit reſpirer du » feu; j'ai même éprouvé à cette heure-là dans » les rues le même ſentiment de chaleur & cette » eſpèce d'odeur de phoſphore ou de matière » électrique, qu'on éprouve quelquefois en été; » mon thermomètre n'eſt monté qu'à dix-ſept » degrés, & le baromètre eſt deſcendu d'une » ligne du matin au ſoir, tandis que le lendemain » 16, le tems étant chaud & orageux, je n'ai » éprouvé rien de ſemblable, quoique le ther- » momètre fût monté à vingt-un degrés; le » baromètre étoit remonté de huit douzièmes de » ligne ».

M. le Gentil, dans ſon Voyage aux Indes, parle pluſieurs fois de la différence entre la chaleur réelle & la chaleur ſenſible: ce celèbre Académicien fait pluſieurs obſervations dans leſquelles ſes ſenſations ne ſont point d'accord avec la marche du thermomètre; il parle en ces termes de la chaleur qu'il a éprouvée à Socotora.

« Pour les chaleurs, dit-il, je n'en avois » jamais éprouvé de ſi grandes, quant à la ſen- » ſation; car le thermomètre n'a pas monté plus » haut que vingt-ſix à vingt-ſept degrés ».

Je crois cependant que Malthe eſt le pays de l'Europe où la pureté de l'atmoſphère a le plus de variations, & reçoit les changemens les plus ſubits; je crois que nulle part il n'y a plus d'intervalle entre les deux points extrêmes de la pureté de l'air, & ſomme totale, peu de pays où l'air ſoit plus ſain.

L'île de Malthe par ſa poſition, reçoit les vents du nord-oueſt qui ſont ordinairement ceux qui donnent le meilleur air dans toute l'Europe; elle les reçoit, dis-je, après qu'ils ſe ſont encore davantage dépurés en traverſant un grand eſpace de mer qui eſt preſque toujours agitée; il n'eſt donc pas ſingulier que nous l'ayons plus pur qu'il ne l'eſt dans les autres pays; ceux de l'oueſt ſont bons, mais n'ont plus ce premier degré de pureté, parce qu'ils ſe mêlent un peu avec l'air qui vient d'Afrique dont ils prolongent la côte en paſſant. Les vents du nord traverſent l'Italie

---

nous réſiſtons pendant un certain tems à une chaleur exceſſive, telle que celle que l'on éprouve dans une étuve ou un four (*).

(*) Notre corps ne prend point la température de l'air environnant, ainſi que l'ont prouvé les expériences de M. Duhamel, parce que les vapeurs qui ſortent par tous nos pores forment une atmoſphère particulière qui nous entoure & nous enveloppe; mais qui étant mauvais conducteur de la chaleur, ne peut nous tranſmettre celle de l'air qui eſt au-delà, & elle s'oppoſe à ce que cette chaleur exceſſive n'arrive juſqu'à la ſurface de notre corps.

& la Sicile ; ils y recevroient une grande altération si la forte végétation de ces beaux pays ne concouroit pas à chaque instant à y purifier l'atmosphère ; les vents du nord & de l'est nous donnent un air assez bon, parce qu'il est épuré & battu par la mer qu'il traverse ; mais en tournant vers le sud, l'air devient détestable ; il a passé sur le continent aride & brûlant d'Afrique, où la végétation est presque nulle, où la chaleur est si forte que tout ce qui est dans la terre susceptible de raréfaction, forme des exhalaisons qui entrent dans l'atmosphère. Il nous arrive sans avoir eu les moyens de s'épurer ; le canal qui nous sépare de l'Afrique est trop étroit ; les eaux à l'abri des terres n'y sont jamais assez en mouvement pour absorber les miasmes méphitiques qui sont dans l'air. Nous pouvons dire, en nous servant d'une expression populaire, que nous recevons les vents de la première main, & lorsqu'ils passent ailleurs, ils sont nécessairement un peu améliorés ; l'île de Malthe est si petite que rien ne peut y modifier l'état de l'atmosphère, & par conséquent nous devons y avoir un air ou plus pur ou plus dégradé que dans l'intérieur des terres, où tout concourt, soit à l'altérer, soit à le purifier. L'air y est cependant habituellement meilleur que par-tout ailleurs, parce que nous ne le recevons vicié que du seul continent d'Afrique, & que les vents de tous les autres points de la bouſſole nous procurent une atmoſphère meilleure qu'elle ne l'eſt communément en France; auſſi il n'eſt aucun pays où le ciel ſoit plus beau, où les étoiles brillent d'un plus grand éclat, où on découvre mieux les corps céleſtes à la ſimple vue, & où la lune donne une plus grande clarté: ce devroit être le pays des aſtronomes. Un horizon entier & parfait, un ciel ſans nuages pendant ſix mois de ſuite au moins, & des éclaircies pendant tous les autres tems de l'année par leſquels on peut parcourir l'immenſité; tous ces avantages ont déterminé le Grand-Maître à fonder un obſervatoire: ce prince, qui plus qu'aucun autre a le deſir de tout ce qui peut être utile, qui a les connoiſſances néceſſaires pour encourager avec ſuccès les ſciences, & qui a un goût particulier pour l'aſtronomie, m'a chargé de lui acheter les meilleurs inſtrumens pour monter un obſervatoire. S. A. E. a accueilli la propoſition que j'ai eu l'honneur de lui faire d'appeler auprès d'elle M. le Chevalier d'Angos, Correſpondant de l'Académie des Sciences de Paris, pour être à la tête d'un établiſſement qui fera autant d'honneur au règne du Grand-Maître, qu'il ſera utile à la ſcience.

Je dois remarquer avant de terminer ce

Mémoire, que lorſque je faiſois mes expériences ſur la pureté de l'atmoſphère de Malthe, ſi les vents étoient dans la partie du nord entre l'eſt & l'oueſt, je prenois l'air que je voulois eſſayer ſur la terraſſe de ma maiſon, qui eſt dans un lieu élevé, à peu de diſtance de la mer, & où les vents viennent battre directement. Lorſque les vents étoient au ſud, j'allois prendre l'air ſur les baſtions de la ville qui dominent l'intérieur de l'île : j'ai varié mes expériences, j'ai mêlé deux meſures d'air nitreux avec une d'air atmoſphérique ; mais mes réſultats ont toujours été analogues à ceux que j'ai rapportés. J'éprouvois quelquefois des variations qui dépendoient des inſtrumens que je n'avois pas pu aſſez perfectionner moi-même ; mais ces différences n'ont jamais été aſſez conſidérables pour me faire douter de mes réſultats. Si avec de meilleurs inſtrumens je répète ces expériences, la différence entre ces premières & les ſecondes ne pourra être que de quelques degrés, & les conſéquences en ſeront toujours les mêmes ; mes opérations ont été trop multipliées pour que je puiſſe avoir le moindre doute ſur mes produits.

Je projette, lors de mon retour à Malthe, de faire marcher mes expériences ſur la pureté de l'air, parallèlement avec celles que je ferai journellement ſur ſa température, ſur ſa peſanteur, ſur ſon humidité, ſur ſon électricité, ſur ſon magnétiſme, ſur les maladies régnantes, ſur la mortalité de l'hôpital; j'eſpère que le concours de toutes ces circonſtances pourra me procurer des découvertes & des obſervations utiles. Mais j'aurai toujours à regretter de ne pouvoir point avoir une meſure pour reconnoître le degré de nos ſenſations, & pour ſavoir exactement en quoi celles de la veille diffèrent de celles du lendemain.

Il ſeroit à deſirer que quelque ſavant voulût dans le même tems & avec des inſtrumens pareils répéter en France les mêmes expériences que je ferai à Malthe, pour pouvoir comparer nos réſultats.

FIN.

EXTRAIT des Regiſtres de l'Académie des Sciences, du 9 Avril 1783.

LES Commiſſaires nommés par l'Académie pour examiner un Mémoire de M. le Commandeur Dolomieu, ſon Correſpondant, *ſur la Température de Malthe*, en ayant fait leur rapport, l'Académie a jugé cet Ouvrage digne de ſon approbation. En foi de quoi j'ai ſigné le préſent Certificat. A Paris, ce 10 Avril 1783.

Signé, le Marquis DE CONDORCET, Sec. Perp.

De l'Imprimerie de CHARDON, rue de la Harpe. 1783.

MÉMOIRE
SUR
LES ILES PONCES,
ET
CATALOGUE RAISONNÉ
DES PRODUITS DE L'ETNA;

Pour servir à l'HISTOIRE DES VOLCANS:

SUIVIS

De la Description de l'éruption de l'Etna, du mois de Juillet 1787.

PAR M. le Commandeur DÉODAT DE DOLOMIEU, Correspondant de l'Académie des Sciences, &c. &c.

Ouvrage qui fait suite au VOYAGE AUX ILES DE LIPARI, 1 *vol. in*-8°. *du même Auteur.*

A PARIS,

Chez CUCHET, Libraire, rue & hôtel Serpente.

1788.

AVIS

*Contenant l'*Errata *que le Lecteur est prié de consulter avant de lire l'Ouvrage.*

L'AUTEUR de cet Ouvrage n'ayant pas été à portée d'en corriger lui-même les épreuves, il y a beaucoup de fautes d'impression qui changent le sens des phrases, ou qui dénaturent les noms propres. On prie donc le Lecteur de consulter souvent cet *Errata;* il voudra bien suppléer aux erreurs d'orthographe, qui, moins importantes, n'ont pas été corrigées, pour ne pas donner une trop grande extension à cet *Errata.*

C'est mal à propos que depuis la page 144, jusqu'à la page 473, on a continué, au haut des pages, le titre de *Mémoires sur les Iles Ponces;* il faut lire, *Catalogue des laves de l'Etna;* parce que ce sont deux ouvrages distincts, réunis dans le même volume, & qui devoient avoir chacun leur titre.

Page 2, ligne 7, île Ranone; *lisez*, île Zanone.

Page 32, au bas, Eumopens; *lisez*, Eumopeus.

Page 35, ligne 5 de la note, étoient marquées; *lisez*, étoient masquées.

Page 36, ligne 4 de la note, échappe à la langue; *lisez*, & happe à la langue.

Page 45, ligne 22, criſtaux, de ſchorl noir; *liſez*, criſtaux de ſchorl noir.

Ibid. ligne derniere, couraut boueux; *liſez*, courant boueux.

Page 46, ligne 2, qui font l'effet; *liſez*, qui ſont l'effet.

Page 47, ligne 2, pierre ponce, griſe; *liſez*, pierre ponce griſe.

Ibid. ligne 8, poreuſes de pierres ponces; *liſez*, poreuſes, de pierres ponces.

P. 49, l. 8, retranchez la virgule, & *liſ.* criſtaux priſmatiques de ſchorl vert.

P. 51, l. 10, ſpathique; *liſ.* hépatique.

P. 57, l. 4, par ſes; *liſ.* par des.

P. 59, lig. 3, mettez un point au lieu de la virgule.

Ibid. l. 4, mettez une virgule au lieu du point.

P. 63, l. 11, l'intérieure, *liſ.* l'intérieur.

P. 67, l. 20, l'ourlet; *liſ.* l'orle.

P. 79, dans ce catalogue des matieres volcaniques de l'Ile Ponce, le mot *baſalte* eſt toujours employé pour déſigner le retrait régulier des laves qui les a figurées en priſmes; l'Auteur ne croit plus devoir l'employer ſous cette ſignification, & lui ſubſtitue celui de *priſmes* ou de *boules*, ſelon la forme de la lave.

P. 81, l. 4, l'eſcarapta; *liſ.* l'eſcarupata.

P. 82, l. 2, ſtéalite; *liſ.* ſtéatite.

Ibid. l. 20, *liſ.* l'eſcarupata.

P. 85, l. 16, l'état de la couleur; *liſ.* l'état & la couleur.

P. 86, l. 19 & 20, ou qu'il a été abandonné, ſe raſſemble & forme, par ſon diſſolvant; *liſ.* ou qu'il a été abandonné par ſon diſſolvant, ſe raſſemble & forme.

P. 95, l. 7 de la note, criſtallifation; *liſ.* criſtallifation.

P. 111, l. 13, proto-ſilex; *liſ.* petro-ſilex.

P. 115, l. 14, le concours de ces; *liſ.* le concours de ſes.

P. 123, derniere ligne, des pyrites; ces petites boules; *liſ.* des pyrites. Les petites boules.

P. 130, l. 13, aux habitans de ſupports pour ſoutenir; *liſ.* aux habitans de l'Ile Ponce, pour ſoutenir.

P. 147, l. 25, des volcans; *liſ.* de ce volcan.

P. 148 & ſuivante, le nom de M. le Chevalier don Joſeph de *Gioenni* y eſt toujours dénaturé au point de n'être pas reconnu dans celui de *Giſenni*.

P. 157, l. 15, & ſe trouver, *liſ.* ſe trouver.

P. 159, derniere ligne du texte, dans d'autres grains; *liſ.* dans d'autres granits.

P. 163, l. 12, tuſta; *liſ.* tuffa.

P. 167, l. 15, dans ces temps; *liſ.* dans ſes temps.

P. 175, l. 4, l'obſervatiou, *liſ.* l'obſervation.

Ibid. Derniere ligne & premiere de celle 176, & alors il s'en eſt dégagé; *liſ.* & alors il s'en dégage.

P. 176, l. 16, qui produit; *liſ.* que produit.

P. 178, l. 13, la couleur du grain; *liſ.* de la couleur, du grain.

P. 183, l. 22, mettez, au lieu de la virgule, point & virgule.

Ibid. l. 23, au lieu des deux points, mettez une virgule.

P. 185 & ſuivantes, au lieu de conchéide, *liſez*, conchoïde.

P. 191, ligne premiere, dans ſon analogie; *liſ.* dans ſon analyſe.

P. 194, l. 7, Yarcicale, *liſ.* Yaci-Reale.

P. 196, l. 22, origine ſi différente, *liſ.* origine différente.

P. 197, l. 2, agent de la formation; *lis.* agent de leur formation.

P. 199, l. 16, laves ou écailles; *lis.* lames ou écailles.

P. 200, l. 4, laves ou écailles; *lis.* lames ou écailles.

P. 202, l. 3, de cylindre ou priſme; *lis.* cylindre, & priſme.

P. 219, l. 6, ſa caſſure ſemblable; *lis.* ſa caſſure eſt ſemblable.

P. 257, l. 4 de la note, ſont les matieres qui forment ordinairement; *lis.* ſont à peu près les matieres qui conſtituent.

P. 261, l. 4, des ſeconds, *lis.* des ſecondes.

P. 267, l. 12, a preſque un grain ſemblable, *lis.* a un grain preſque ſemblable.

P. 271, des laves; *lis.* des laves noires.

P. 273, l. 5, elle ſe trouve; *lis.* cette lave ſe trouve.

P. 278, l. 1, entierement être privé; *lis.* être entierement privé.

P. 279, l. 7, mettez un point après, traînée.

Ibid. l. 8, ſubſtituez une virgule au point & virgule.

P. 284, l. 13, de ces vapeurs; *lis.* de ſes vapeurs.

P. 286, l. 13 de la note, que ſes ſcories; *lis.* que les ſcories.

P. 289, l. 10, mettez un point au lieu du point & virgule.

Ibid. l. 22, d'être mis; *lis.* d'être miſe.

P. 290, l. 3, voici ces principaux; *lis.* voici les principaux.

Ibid. l. 9, rouge & blanc; *lis.* rougi à blanc.

P. 300, l. 25, mais ils ſont, *lis.* mais elles ſont.

P. 302, l. 2, ſubſtituez un point au lieu du point & virgule.

P. 302, l. 3, matieres; *lis.* les matieres.

Ibid. l. 5, substituez une virgule au deux points.

l. 10, mettez un point & virgule au lieu de la virgule.

l. 11, substituez une virgule au point & virgule.

l. dern. laves compactes; *lis.* laves poreuses.

P. 305, l. 18, les pores s'y augmentent progressivement; *lis.* les pores, à peine perceptibles dans quelques parties, se dilatent progressivement.

P. 308, l. 2, que celui du n°. XIII; *ajoutez*, des laves porphyritiques.

Ibid. ligne derniere, rejetés, isolés; *lis.* rejetés isolés.

P. 312, l. 9, après l'Etna, mettez un point & virgule au lieu de la virgule.

P. 313, l. 18, lorsquelles ont été; *lis.* & lorsqu'elles ont été.

Ibid. l. 21, substituez une virgule au point & virgule.

P. 321, l. 2, très-petits: d'un côté; retranchez le deux points, & mettez une virgule après côté.

P. 424, l. 7, qui sont, *lis.* & qui sont.

P. 325, l. 18, mettez un point & virgule au lieu de la virgule.

P. 327, l. pénultieme, qui n'ont pas été de nature; *lis.* qui n'a pas été de nature.

Ibid. ligne derniere, & qui sont restés; *lis.* & ces blocs mêlés d'argile sont restés.

P. 328, l. 1, il en est encore qui, *lis.* il y a encore de ces scories qui.

P. 346, l. 7, cette base ayant été; *lis.* cette base a été.

Ibid. l. 12, qui les renferme ayant été; *lis.* qui les renferme ayant donc été.

ligne derniere, on les retrouve dans tous les états

de bourſoufflement de ces laves; *liſ.* on les retrouve dans ces laves quel que ſoit leur bourſoufflement.

P. 347, l. 4, ſubſtituez une virgule au point & virgule.

Ibid. l. 6, mettez un point au lieu de la virgule.

l. 7, ſur eux ſeulement *liſ.* ſur les ſchorls ſeulement.

P. 350, l. 5, criſtaux de ſchorl uni; *liſ.* criſtaux de ſchorl noir.

P. 351, l. 20, des laves des cette; *liſ.* des laves de cette.

P. 352, l. 7 & 8, la forme, qui eſt priſmatique; *liſ.* leur forme eſt priſmatique.

P. 365, ligne derniere, cette eau; *liſ.* cet air.

P. 375, l. 9, qui m'eût jamais donné; *liſ.* qui m'ait jamais donné.

P. 395, l. 21, retranchez la virgule.

P. 398, l. 8, ont pris, *liſ.* ont priſe.

P. 400, ligne derniere de la note, à ſe procure; *liſ.* à ſe procurer.

P. 401, l. dern. de la note, Bottene, *liſ.* Botone.

P. 406, l. 3, des campagnes au-deſſous des campagnes; *liſ.* des campagnes au deſſous des montagnes.

P. 407, l. 9, dans des ruines d'édifices; *liſ.* dans les ruines d'édifices.

P. 417, l. 9 de la note, où nous employons des laves; *liſ.* où nous employons à cet uſage des laves.

P. 421, l. 9 & 10, la qualité & la variété d'eſpece des coquillages; *liſ.* la quantité & la variété des coquillages.

P. 431, l. 23, ſont certains ſels; *liſ.* font certains ſels.

AVANT-PROPOS.

MONSIEUR le Chevalier Hamilton est le premier Naturaliſte qui ait viſité les Iles Ponces. Je n'ai vu aucune relation de voyage, aucune deſcription qui en faſſe mention, avant l'époque où il fut les obſerver. Elles ſont même ſi peu connues, que la plupart des Cartes de Géographie les placent mal : elles indiquent auprès d'elles, ſur la côte d'Italie, devant le golphe de Gayette, des Iles qui n'y ſont pas, & elles ne déſignent pas celles qui y exiſtent réellement. L'illuſtre Obſervateur anglois y fit un voyage pendant l'été de 1785 : il me fit l'honneur de m'écrire qu'il avoit vu des choſes très-curieuſes dans quelques unes des Iles Ponces ; mais que les mauvais temps avoient mis obſtacle au déſir qu'il avoit de les viſiter toutes ; & qu'il regrettoit principalement de n'avoir pas examiné l'Ile *Ranone*. Cette indication me ſuffit pour décider le voyage que j'y fis dans le mois de mars 1786 : je les parcourus toutes ; j'y vis des objets qui me parurent extrêmement intéreſſans, & j'y fis une abondante récolte de pierres & autres matieres volcaniques.

J'étois convaincu que M. le Chevalier Hamilton avoit porté, dans ſon voyage, ce coup-d'œil obſervateur qui lui eſt propre, & cette ſagacité qui lui fait dévoiler des ſecrets que la Nature ſemble s'être réſervés, pour ne les découvrir qu'à lui ſeul. J'étois ſûr que la relation de ſon voyage ne laiſſeroit rien à déſirer, & je croyois qu'il la feroit ſervir de ſuite aux belles obſervations qu'il a faites dans les champs Phlégréens. Perſuadé que je ne pourrois rien dire de mieux que M. le Chevalier Hamilton, & que le Public accueilleroit mal une deſcription des Iles Ponces, qui ſuivroit la ſienne, je n'ai fait des notes, lorſque j'étois ſur les lieux, que pour ſavoir ſi je m'étois toujours trouvé dans le même point de vue que ce Savant, & ſi mes obſervations m'avoient conduit aux mêmes réſultats que les ſiennes.

Je me fis un devoir, lorſque je fus arrivé à Rome, de lui envoyer le manuſcrit qui contenoit mes obſervations, pour lui en faire hommage;

comme à celui qui avoit dirigé mes courſes ; & je le priai d'en extraire ce qui lui manquoit, pour donner une deſcription complette des Iles, que les circonſtances ne lui avoient pas permis de parcourrir, n'attachant à mon travail d'autre importance que celle qu'il pourroit lui donner lui-même par l'emploi qu'il en feroit. Sa réponſe, infiniment flatteuſe, contenoit une invitation de rendre publique ma Relation, plus étendue, me diſoit-il, que la ſienne, & renfermant des détails lythologiques, dont il ne s'étoit pas occupé. J'aurois continué à réſiſter aux ſollicitations réitérées qu'il m'a faites à ce ſujet, ſi, comme je le croyois, il avoit lui-même donné au Public ſes obſervations. J'eſpérois les trouver dans le volume des *Tranſactions Philo-*

sophiques, qui vient de paroître; trompé dans mon attente, je me détermine à publier ces Obſervations, en rendant hommage à l'illuſtre Naturaliſte qui m'a précédé dans ces Iles, & qui y a dirigé mes courſes. J'eſpere qu'il trouvera ma relation conforme à la ſienne, & cette concordance me flattera. S'il eſt poſſible que je differe dans quelques opinions, il ne le trouvera pas mauvais: guidés tous les deux par la vérité, il eſt cependant des objets qui peuvent nous avoir été préſentés ſous des rapports différens, & dont nous ayons tiré des réſultats & des concluſions diſſemblables, croyant également ſuivre la Nature dans ſa marche. Rarement il arrive que deux Deſſinateurs de payſages faſſent des tableaux abſolument ſemblables du même ſite, quelque exacts qu'ils ſoient en copiant la Nature; parce qu'ils ne ſe ſont pas trouvés placés préciſément dans le même point de vue. Je ſais cependant que je ſuis de même opinion que M. le Chevalier Hamilton dans toutes les circonſtances principales, qui ſont les ſeules ſur leſquelles je connoiſſe déjà ſon avis. Je penſe, comme lui, que toutes les Iles Ponces ſont volcaniques, & qu'elles doivent leur formation à l'accumulation des matieres rejetées par ſes feux ſouterrains.

Si les Iles Ponces n'avoient d'autres particularités que d'être volcaniques, elles ne mériteroient pas une deſcription particuliere, & il ſuffiroit de les déſigner comme telles, & d'en augmenter le nombre des volcans éteints, déjà connus ; mais elles renferment quelques phénomenes qui peuvent intéreſſer ſous plus d'un rapport, & qui les diſtinguent des volcans qui ont été décrits.

On trouvera peut-être que je me ſuis trop appeſanti ſur la deſcription des ſubſtances dont ces Iles ſont compoſées. Je ne m'excuſerai point ſur mon goût pour la Lythologie, qui me fait prendre un intérêt particulier à toutes les variétés des pierres, ſoit qu'elles aient été produites par l'eau, ou altérées par le feu ; mais je dirai qu'il eſt eſſentiel de conſtater, par beaucoup d'exemples & d'obſervations, quelques vérités que j'ai annoncées il y a pluſieurs années. Savoir, que le feu des volcans ne dénature pas ordinairement les pierres qu'il a miſes en état de fuſion ;

qu'il ne les altere pas au point de ne pouvoir plus les reconnoître, de ne pas distinguer quelle a pu être la base des laves; que ce feu agit différemment que le feu de nos fourneaux, tel que nous l'employons dans la Chimie & dans les Arts; qu'il produit, dans les laves, une fluidité qui n'a aucun rapport avec la fluidité vitreuse que nous opérons, lorsque nous traitons à grand feu les mêmes matieres qui leur servent de base, & lorsque nous voulons rendre aux laves elles-mêmes leur fluidité. Celui des volcans n'a point d'intensité; il ne peut pas même vitrifier les substances les plus fusibles, tels que les schorls, qui se trouvent comme parties constituantes dans l'intérieur des laves; il produit la fluidité par une espece de dissolution, par une simple dilatation qui permet aux parties de glisser les unes sur les autres, & peut-être encore par le concours d'une autre matiere qui sert de véhicule à la fluidité. J'ai dit que les laves sont formées indistinctement de toutes les matieres qui se trouvent dans l'intérieur du Globe, & dans les immenses profondeurs où séjournent les foyers embrasés; que leur couleur n'est pas plus essentiellement noire, que blanche & grise; & que si les laves noires sont plus communes, c'est parce que les roches de corne & les schorls en masse qui les produisent, sont plus abondantes dans les lieux volcaniques, que toute autre espece de roche; qu'il n'y a point de caracteres certains & absolus qui puissent toujours faire reconnoître une lave ou un produit du feu, lorſqu'il n'eſt ni poreux ni vitreux, & lorſque l'on eſt privé du concours des circonſtances locales, pour les réunir aux indications priſes dans la matiere que l'on examine. Toutes les pierres même qui ont des pores & une caſſure vitreuſe, n'appartiennent pas toujours aux volcans, puiſque la décompoſition peut produire des pores, & que la filtration de la ſubſtance ſilicée peut donner l'apparence vitreuſe ſans le concours du feu.

J'eſpere pouvoir prouver avant peu, par une ſuite d'obſervations, que les laves renferment dans leur ſein une matiere combuſtible, qui brûle & ſe conſume à la maniere des autres corps inflammables; car, outre la chaleur d'emprunt qu'elles ont acquiſe dans les foyers des volcans, elles ont encore

bustible, fluide elle-même à un degré de chaleur peu considérable, est susceptible d'une grande expansion ; elle occasionne dans les laves ces soulevemens subits qui forment des monticules de scories sur la surface du courant ; c'est aussi à la raréfaction dont est susceptible cette substance, que l'on doit attribuer le phénomene qui éleve la lave des profondeurs de la terre jusqu'au sommet des volcans, pour venir en occuper la capacité & en remplir les crateres. Ce mouvement d'effervescence fini, la matiere s'affaisse & rentre dans l'intérieur de la montagne ; sans elle, aucune force connue ne seroit capable de projecter, du fond des brasiers de l'Etna, placé à une profondeur peut-être plus grande que ne l'est la hauteur de la montagne, jusqu'au sommet glacé de ce volcan, les laves que l'on en voit ſortir. C'eſt cette ſubſtance combuſtible qui forme cette immenſité de ſcories qui conſtitue le corps même des montagnes volcaniques; c'eſt elle qui ſépare de leur baſe, ſans les altérer, cette quantité de criſtaux, de ſchorl noir, de felds-path blanc & de grenat, que l'on trouve iſolés au milieu des cendres & des pouzzolannes, &c. &c.

Quelque nombreuſes que ſoient les obſervations faites ſur les volcans, quelque exactitude qu'aient miſe dans leur deſcription les Naturaliſtes qui ſe ſont donnés à ce genre d'étude, parmi leſquels nous devons diſtinguer M. le Chevalier Hamilton, M. Faujas de Saint-Fond, & M. l'abbé Fortis, nous ſommes encore bien loin de connoître tout ce qui a rapport aux feux souterrains. Je pourrois même dire qu'une partie de cette branche de l'Histoire Naturelle est presque encore dans l'enfance. Les phénomenes qui appartiennent plus particulierement à la Chimie & à la Physique, ont été imparfaitement observés. Nous ne connoissons pas quel est l'aliment des feux souterrains; nous ne savons pas quelle est leur maniere d'agir : effrayé des phénomenes qui accompagnent les grandes irruptions, le Savant, comme le Peuple, est alors plus occupé de sa conservation que de l'examen des circonstances qui peuvent intéresser les Sciences; & l'homme sensible, lorsqu'il ne craint pas pour lui-même, est trop touché du sort des malheureux qui sont les victimes d'un tel fléau, pour donner avec ſang froid toute ſon attention aux effets de la montagne, lorſqu'elle ſe trouve dans les bruyantes convulſions de l'enfantement, & pour étudier tous les phénomenes relatifs à l'irruption. Pline alloit porter des ſecours aux habitans d'Herculanum & des villages voiſins, lorſqu'il fut étouffé dans les tourbillons de cendres & de fumée qui ſortoient du Véſuve. C'étoit plutôt un ſentiment d'humanité qu'un déſir de s'inſtruire, qui lui fit quitter le cap de Miſſene, & braver les feux du volcan.

Il eſt auſſi des Naturaliſtes pleins de connoiſſances dans la Minéralogie, qui ſe ſont trop hâtés dans le jugement qu'ils ont porté ſur la nature de certaines roches: les uns ont regardé comme volcaniques quelques roches de de corne, & des ſchorls en maſſe; ils les ont jugées telles par leur apparence extérieure & par leur couleur noire (1); d'autres n'ont point connu l'empreinte du feu où elle étoit réellement. Beaucoup d'erreurs différentes ont été commiſes, parce qu'on a prononcé une déciſion, avant d'avoir ſuffiſamment examiné toutes les circonſtances locales; & on a enſuite été obligé de ſuppoſer des explications extraordinaires, à des faits bien ſimples par eux-mêmes, & qu'une obſervation plus attentive auroit fait connoître. Il exiſte, par exemple, des matieres volcaniques ſur des montagnes iſolées, qui cependant ne ſont pas des volcans; ces laves appar-

(1) M. de Faujas en a convaincu quelques-uns des erreurs de ce genre, dans leſquelles ils étoient tombés.

tiennent à des courans qui ont été divisés par l'ouverture postérieure des vallées, & elles peuvent se trouver à une très-grande distance de la coupe qui les a versées; on en voit de semblables à deux lieues de Toulon, à droite du chemin d'Aix, auprès du village d'Evenos; j'y fus conduit par M. de Jonville, recommandable également par les qualités du cœur & par celles de l'esprit; & qui, depuis quelques temps, s'adonne avec zele à l'étude de la Minéralogie, dans laquelle il a déjà acquis de grandes connoissances par beaucoup de voyages. Arrivé avec lui au pied d'une montagne isolée, d'une forme à peu près conique, tronquée au sommet par un plan incliné, il me dit que nous étions au pied du premier volcan. J'examinai alors attentivement la nature des substances qui forment cette montagne, haute à peu près de cent cinquante toises; sa base est une pierre calcaire blanche, dont les bancs, inclinés à peu près de 30 degrés du nord au sud, correspondent avec ceux de la même pierre, qui composent toutes les montagnes voisines, séparées par des gorges & des vallons; son sommet est couronné par une lave noire & compacte, divisée par un retrait irrégulier, qui cependant représente imparfaitement des colonnes de basaltes. Je n'eus pas de peine à reconnoître que cette montagne n'étoit pas volcanique; que la lave qui la couvroit n'y étoit qu'accidentellement, & qu'elle appartenoit à un grand courant dont elle avoit été séparée par l'ouverture des vallées, à laquelle elle étoit antérieure.

Je fis obſerver à M. de Jonville que les pierres calcaires, qui formoient le pied de cette montagne, étoient dans leur poſition naturelle; qu'elles n'avoient point été ſoulevées; qu'elles ne recouvroient pas les laves, mais que les laves repoſoient ſur elles; je lui fis voir qu'aucune cheminée de volcan n'auroit pu s'ouvrir dans ſon centre, pour rejeter une telle quantité de laves, ſans rompre l'uniformité & la direction de ſes couches; qu'il n'y avoit ni cendre, ni ſcorie, ni aucune des matieres qui annoncent le voiſinage d'un cratere; que la lave qui couvroit le ſommet, formoit un maſſif par-tout également ſolide, & que ſon inclinaiſon du nord au ſud indiquoit le foyer du côté du nord: c'étoit à peu près dans cette direction que ſe trouve la montagne d'Evenos, distante d'une demi-lieue, qu'il regardoit comme un second volcan; elle n'est cependant pas plus volcanique que la premiere; elle présente les mêmes circonstances, & les laves faisoient partie du même courant. M. de Jonville, aisément convaincu par les circonstances locales, que ni l'une ni l'autre de ces montagnes n'étoient un vrai volcan, quoiqu'elles fussent couvertes de laves, persuadé que ces laves venoient de plus loin, & s'étoient étendues jusqu'à la mer, sur le rivage de laquelle on les rencontroit encore, en suivant la direction du plan incliné, fit un voyage dans les montagnes supérieures, pour reconnoître le lieu de la vraie origine de ce courant; il trouva, sur quelques autres sommets, des laves semblables, dont la direction

& l'inclinaiſon correſpondent avec les premieres; mais il n'eut pas le temps de pouſſer ſes recherches juſqu'à rencontrer le vrai volcan, la montagne dont le vaſte courant a dû ſortir; cette montagne eſt ſûrement compoſée de cendres, de pouzzolannes, de ſcories, & d'autres matieres légeres qui s'entaſſent néceſſairement autour d'un cratere. Il ſe pourroit cependant que la force des courans qui ont ouvert les vallées, depuis que le volcan a eu ſes irruptions, eût détruit une partie de cette montagne, & tranſporté à une grande diſtance quelques-unes des matieres qui la formoient; mais elle n'a pu diſparoître en entier: ſon changement de forme, le comblement de ſon cratere n'empêcheront pas de la reconnoître, à moins qu'elle n'ait été recouverte par des débris d'un genre différent, arrachés aux montagnes ſupérieures. Lorſqu'on ſait que l'Etna a vomi des torrens de lave, qui ont couvert d'une croûte ſolide de plus de cent pieds d'épaiſſeur, une étendue de dix lieues de longueur ſur quatre de largeur; on peut concevoir que, lorſque par de violens efforts de la Nature, & par l'effet du courant, cet eſpace aura été ſillonné, que pluſieurs vallons y auront été creuſés, il s'y formera des montagnes de différentes formes; quelques-unes iſolées, qui, à leur ſommet, conſerveront un couronnement de laves. Pluſieurs de ces montagnes, à ſommet de laves ſolides, pourront ſe trouver à plus de dix lieues du cratere, par où s'eſt échappé le torrent embraſé.

Ces rapprochemens des volcans brûlans avec les volcans éteints, la ſuppoſition de ce qui eſt poſſible, lorſqu'un volcan auſſi immenſe que l'Etna ſera détruit, lorſque les révolutions de la Nature auront ouvert les entrailles de la montagne, l'auront diviſée en pluſieurs parties, auront emporté, à une grande diſtance, les matieres qui la forment; ces rapprochemens, dis-je, sont néceſſaires pour ſe faire une idée de ce qui a pu arriver à des volcans, dont l'âge remonte au premier temps de notre Globe, & qui ont préſidé aux nombreuſes cataſtrophes qu'il a éprouvées; ils ſont eſſentiels pour juger & expliquer les circonſtances ſingulieres qui ſe trouvent dans les pays bouleverſés, à pluſieurs repriſes, par les feux ſouterrains, par l'impétuoſité des flots & des courans, par l'agitation de la maſſe entiere des eaux, & par les tremblemens de terre; car les volcans ont reparu plusieurs fois, & à différentes époques, dans le même lieu; ils ont mêlé les produits des différens âges, & ils ont soulevé de nouveau leur tête au milieu des espaces qu'avoit applanis le mouvement de la mer. On ne doit être arrêté, dans de pareilles spéculations, ni par la durée du temps, ni par la violence de la puissance qui a opéré: le temps & la force sont également dans les mains de celui qui a tout créé & tout modifié.

Il seroit intéressant, sans doute, d'avoir l'histoire circonstanciée d'un volcan brûlant, & d'en connoître tous les détails, pour les comparer à ceux des volcans éteints. J'aurois pu entreprendre celle de l'Etna, le plus vaste

& le plus élevé des volcans enflammés, qui, par la violence de ses feux, l'étendue de ses courans, l'immensité de sa masse, ressemble le plus aux volcans anciens, qui étendoient en même temps leurs ravages sur des espaces de plus de cinquante lieues en tous sens. Je me serois chargé de ce travail, quoique je le crusse au dessus de mes forces, si je n'avois été obligé de consacrer mon temps à des querelles monacales, à la discussion de petits intérêts, desquels il ne peut résulter aucune gloire, même lorsqu'on a raison & que l'on a humilié ses adversaires; je suis donc obligé de me borner à la description de quelques faits particuliers, qui serviront de matériaux à ceux qui voudront entreprendre une Histoire générale de l'empire des feux souterrains.

MÉMOIRE

SUR

LES ILES PONCES.

LES Iles Ponces & Pendataria, que l'on peut considérer ensemble sous le nom collectif d'Iles Ponces (1), sont situées dans la mer Thyrene, sur la côte d'Italie, en face du golphe de Gayette; elles sont au nombre de cinq, dont les noms actuels sont, *Ventotiene*, *San Stephano*, *Palmarnola*, *Ponza* & *Zanona*; ces Iles, & celles d'Ischia & de Pro-

(1) Pline les nomme aussi collectivement, *Pontiæ Insulæ; & Pennæ concharum generis circà Pontias Insulas frequentissimæ*. Pline, Hist. Nat.

cida forment entre elles une espece de chaîne semi-circulaire, qui se prolonge depuis le cap *Missene* jusqu'au cap *Circé*, & qui renferme le golphe de *Gayette* & celui de *Terracina*. Peut-être autrefois le nombre de ces Iles étoit-il plus grand; peut-être même étoient-elles toutes liées ensemble pour former une chaîne continue qui auroit réuni les deux Caps. Cette conjecture n'est pas aussi vague qu'elle pourroit le paroître; elle acquiert quelques probabilités, lorsqu'on sait que, dans les intervalles qui séparent chacune de ces Iles, il y a une suite de rochers qui paroissent faire partie de la même circonférence; on les apperçoit dans un temps calme, à peu de profondeur dans la mer: plusieurs de ces rochers élevent leur tête hors de l'eau; ils sont de même matiere que les Iles voisines; les plus considérables sont entre les Iles Ponces & *Ventotiene*; on les nomme le *Botte*: ils sont blancs, & ils paroissent de loin comme de petites voiles de bateaux.

Les Iles Ponces & celles d'Ischia

& de Procida se ressemblent, en ce qu'elles sont toutes volcaniques. Sous ce point de vue, elles devroient occuper un même chapitre dans l'Histoire de la Nature ; mais chacune d'elles ayant des circonstances différentes & intéressantes, elles demandent encore une description particuliere.

Les Iles de Procida & d'Ischia ont été reconnues, depuis long-temps, pour volcaniques. M. le Chevalier Hamilton les a décrites sommairement dans son excellent Ouvrage sur les Champs Phlégréens ; mais il eût été à désirer que cet illustre Observateur nous eût donné des détails plus circonstanciés sur les matieres qu'elles contiennent. J'ai trouvé, dans l'Ile d'Ischia, une grande variété de belles laves compactes, qui ont beaucoup de rapport avec celles du cap *Missene* ; elles abondent, comme elles, en feld-spath ; presque toutes ont eu pour base le porphyre. La couleur de leur fond varie beaucoup ; il y en a de toutes les nuances, depuis le blanc jusqu'au rouge, & du rouge au noir. Les cristaux de feld-spath y ſont plus ou moins apparens, à raiſon de leur nombre, de leur groſſeur, & de leur couleur: quelques-uns ſont opaques, & paroiſſent argileux; les autres ſont demi-tranſparens, & ont une apparence vitreuſe: mais ni les uns ni les autres n'ont été altérés par le feu, qui a mis leur baſe en état de molleſſe fluide.

Les laves d'Iſchia different en général de celles du Véſuve, en ce qu'elles ne contiennent point de grenat, & peu de ſchorl; elles ont plus de rapport avec celles des champs Phlégréens & du cap Miſſene. On y trouve auſſi des pierres ponces de différente denſité, qui toutes ont la fibre prolongée & le grain rude, qui les caractériſent; ces pierres ponces accompagnent toujours les irruptions, dont les laves preſque granitiques ont eu pour baſe le feld-ſpath (1). Les laves

(1) Lorſque je donnai la Deſcription des Îles de Lipari, je n'avois obſervé qu'imparfaitement les environs de Naples, & je ne connoiſſois pas les volcans éteints de la haute Italie; je ne ſavois pas qu'ils euſſent

au contraire, dont la baſe naturelle eſt la roche de corne, ne ſont jamais couvertes

---

formé beaucoup de pierres ponces; j'en ai trouvé, depuis lors, un très-grand nombre de différente denſité, dans les montagnes des champs Phlégréens, dans la montagne de *Civita Caſtelana*, des États du Pape, & dans la montagne de *Santa Fiora*; il y en a auſſi des morceaux de moindre volume dans les ſcories des autres volcans d'Italie. Elles ont confirmé la théorie que j'avois donnée ſur la formation de ce genre de produit volcanique; on y reconnoît, dans preſque toutes, l'eſpece de feld-ſpath très-fuſible, qui fait la baſe de certain granit, ou la pâte qui réunit les grains du quartz, du mica, ou du ſchorl; & qu'il ne faut pas confondre avec une ſubſtance de même nom, qui forme des taches quadrilataires dans les porphyres & dans quelques granits, & qui eſt très-réfractaire, parce qu'elle contient plus de quartz, & moins des ſubſtances qui facilitent la vitrification. Le feld-ſpath fuſible forme à lui ſeul, ou mélangé avec un peu de quartz & de mica, beaucoup de roches fiſſiles, qui conſtituent des montagnes entieres; ſa vitrification eſt toujours filandreuſe & bourſouflée; elle s'affaiſſe lorſque le feu devient plus actif, ou eſt long-temps continué; elle produit alors, ou des émaux compactes, ou des verres noirs parfaits, qui accompagnent toujours les pierres ponces.

La vitrification complette de la baſe n'entraîne pas toujours celle du quartz & du feld-ſpath qui y ſont renfermés, J'ai de pierres ponces de l'Ile de Milo, & de

que de scories noires. Les volcans d'Ischia, qui ont eu un grand nombre d'irruptions, & qui se sont ouvert une infinité de bouches ou crateres autour de la montagne principale qui en occupe à peu près le centre, en ont produit des unes & des autres. Le courant de laves qui, en 1301, sortit du cratere dit *Cremate*, au pied du mont

---

plusieurs autres Iles de l'Archipel; j'en ai de l'Ile de Bourbon, des volcans éteints d'Allemagne, de la montagne de *Santa Fiora*, en Toscane, &c., dans lesquels on reconnoît parfaitement les matieres qui formoient le granit primitif. Le feld-spath seul s'est altéré, & y est devenu fibreux & boursouflé. J'ai même vu des blocs, qui, primitivement moitié granit & moitié schorl en masse (accident qui se rencontre quelquefois dans les roches naturelles), s'étoient changés, d'un côté en lave poreuse, & de l'autre en pierre ponce. Il y a, dans le Cabinet de M. le Duc de la Rochefoucault, parmi des laves d'Auvergne, un granit passé en état de pierre ponce. M. le Comte du Pujet a vu, dans les volcans de l'Amérique, des pierres ponces produites par cette même roche composée. On trouve quelquefois de vraies pierres ponces d'une couleur noire ou brune, qui ont la fibre & les autres caracteres de celles qui sont blanches, & qui ont été noircies par une fuliginosité.

Eumopens,

Eupomeus, & coula jusqu'à la mer (1), appartient à la roche de corne porphy-

(1) Il est à remarquer que cette lave, qui a près de cinq cents ans d'ancienneté, renferme encore des matieres qui agissent les unes sur les autres, & qui y produisent de la chaleur & un dégagement de vapeurs. On voit s'élever une fumée blanche & humide de plusieurs endroits d'une surface absolument stérile, & aussi âpre, inégale & boursouflée, que si la lave eût coulé depuis deux mois; c'est principalement le matin, lorsque la rosée a été abondante, & après les pluies, que cette fumée acide & aqueuse devient plus apparente. Ce phénomene n'est pas unique, il n'est pas particulier aux laves d'Ischia: il existe dans plusieurs laves de l'Etna, dans celles entre autres des irruptions de 1761 & 1762, qui s'entasserent sur la prééminence dite l'*Eschina d'Asino*. Ce massif énorme de lave fume presque toujours; après les pluies, cette fumée, beaucoup plus abondante, est blanchâtre, & elle paroît prête à s'enflammer: on doit l'attribuer à une fermentation intestine, produite peut-être par la réaction d'une portion de soufre encore renfermée dans la lave, sur le fer qui y est abondant, & qui la colore. L'eau est un des agens de la nouvelle combinaison qui se forme, elle en augmente l'activité, & produit par conséquent la chaleur & la fumée qui l'accompagnent. Ce genre de fermentation peut avoir lieu également dans les roches qui n'ont point été mises en état de lave, mais qui contiennent les mêmes élémens; on peut lui attribuer la chaleur in-

ritique. Cette irruption, qui dura deux ans, ne produisit aucune pierre ponce, mais beaucoup de scories noires ; sa lave compacte ressemble parfaitement à un porphyre noir, avec des taches quadrilataires de feld-spath blanc ; à un demi mille de celle-ci, sur le chemin des Bains, on traverse une colline dont les laves sont blanches, granitoïdes, & où les pierres ponces abondent.

Je dois encore faire observer que dans l'Ile d'Ischia il y a beaucoup de *fumarolli*, ou trous par où sortent des vapeurs acido-sulphureuses, seches ou aqueuses ; ces vapeurs, ainsi que l'a

térieure de certaines montagnes, qui cependant ne renferment point de feu développé, & qui ne deviendront des volcans que lorsque l'incendie s'étendra & recevra une nouvelle activité, par le concours de quelques nouvelles circonstances & d'une plus grande quantité de souffre. C'est ainsi qu'il pourroit, encore de nos jours, se former des volcans dans des montagnes où jamais le feu ne s'est montré qu'obscurément. C'est peut-être ce phénomene qui produit la chaleur & les exhalaisons des *Lagoni* dans les *maremes* de Sienne, & qui y forme les pyrites qui s'y trouvent.

très-bien remarqué le premier M. le Chevalier Hamilton, ont la propriété d'altérer des laves, & de les décomposer, en leur donnant toujours une couleur blanche, & souvent la consistance de l'argile (1). Il ne faut pas

(1) Cette décomposition des laves n'est point une transmutation ou conversion en argile, comme plusieurs l'ont cru: l'argile y étoit préexistante; elle étoit une des principales parties constituantes de la lave; ses propriétés apparentes étoient marquées par son union intime avec le quartz, le fer, un peu de terre de magnésie & de terre calcaire; les vapeurs n'ont fait que rompre son agrégation, ainsi que l'a observé M. de Faujas.

Il arrive assez souvent que ces laves, qui paroissent converties en argile, en contiennent essentiellement moins qu'avant leur altération; une partie de cette argile, combinée avec l'acide vitriolique, a formé de l'alun que les eaux ont dissout. C'est à la soustraction d'une partie de l'argile, & du fer colorant dissout également par l'acide vitriolique, que l'on doit attribuer la légereté qu'acquierent ordinairement les laves altérées. Cette prétendue transmutation en argile fait une illusion plus complette encore dans les *lagoni* des *maremes* de Sienne en Toscane. Une espece de silex gris-jaunâtre, très-dur, vivement étincelant sous le choc du briquet d'une cassure seche & écailleuse, demi-transparent sur ses bords, y éprouve une altération & une décompo-

cependant croire que la couleur blanche de toutes les matieres qui forment le

---

sition entieres, par le contact des vapeurs sulphureuses qui pénetrent progressivement jusques dans son centre; il devient blanc, terreux, farineux, opaque; il augmente de volume, perd sa pesanteur & sa dureté, échappe à la langue; il prend généralement tous les autres caracteres apparens d'une argile blanche la plus pure; cependant cette apparence est trompeuse, puisqu'il contient moins d'argile qu'auparavant. L'agrégation des parties constituantes, & son union intime avec le quartz suffiroient pour la masquer; cette agrégation rompue, l'argile reparoît, & le quartz lui-même, réduit en très-petites molécules, prend l'apparence de l'argile. Lors donc que l'on fait l'essai de ce silex altéré, on est surpris d'y trouver moins d'argile & plus de quartz que quand il avoit l'apparence & la cassure la plus vitreuse, parce qu'une partie de cette argile a servi de base à l'alun qui s'est formé.

On trouve en Espagne, auprès de Madrid, une espece de silex dont on fait de la chaux, c'est-à-dire, une pierre qui a la cassure silicée, qui fait feu avec le briquet, sur laquelle les acides ne produisent point d'effervescence, & qui a tous les autres caracteres des silex grossiers. Cette pierre, cuite à la maniere des pierres à chaux ordinaires, se calcine, & produit de bonne chaux vive. Le feu agit ici d'une maniere à peu près semblable à l'action des vapeurs; il rompt l'agrégation des parties constituantes, & rend à chacune d'elles les caracteres &

mont *Eupomeus*, au centre de l'Ile, dépende uniquement de leur altération; elle est aussi essentielle à quelques-unes des cendres & des scories dont il est composé, que cette même couleur l'est à beaucoup de laves blanches & blanchâtres, qui n'ont jamais été attaquées par les vapeurs, & qui n'ont pas souffert la moindre altération; ce qui est prouvé par les circonstances locales, par leur dureté, & par la conservation parfaite du feld-spath, & des micas qu'elles renferment (1).

---

les qualités qui lui sont propres. Il faut une très-petite portion de matiere silicée, dans un certain état de composition, pour cacher les propriétés des substances auxquelles il est uni, & pour paroître former, presque à lui seul, tout le composé.

(1) Je pourrois citer une infinité de laves naturellement blanches: celles des monts *Euganéens*, près de Padoue, que l'on nomme *Granitello*; plusieurs laves de l'Etna, d'Allemagne, &c. Mais, sans sortir des champs Phlégréens, on peut y trouver plusieurs de ces laves essentiellement blanches: celles, entre autres, sur le rivage de Pouzzole, sorties du cratere de la *Solphatara*, dans laquelle on a fait une immense coupure, pour élargir le chemin entre Pouzzole & la montagne Posilipe.

Les feux d'Iſchia ſubſiſtent encore; ils y échauffent les eaux minérales, & ils prouvent leur préſence & leur activité, par des vapeurs, & par les exhalaiſons ſulphureuſes & chaudes dont nous avons parlé, & qui ſortent de différens endroits; peut-être même ne faut-il qu'un inſtant pour leur rendre toute leur fureur, pour bouleverſer de nouveau cette terre fertile, & pour tirer ſes habitans de cette heureuſe ſécurité dont ils jouiſſent depuis quatre ſiecles, en cultivant un ſol d'une extrême fertilité. Mais dans les Iles Ponces le feu qui les a produits n'y exiſte plus depuis long-temps, il a laiſſé ſon empreinte ineffaçable ſur la plupart des matieres qui les forment; mais un grand nombre de ſiecles s'eſt écoulé depuis qu'il n'y exerce plus ſon action & ſes ravages. Ni l'hiſtoire, ni la tradition n'ont conſervé aucune mémoire de leur inflammation. La formation des Iles Ponces remonte donc à des époques fort antérieures au temps conſacré par l'hiſtoire des hommes.

Il est impossible de savoir si ces Iles ont fait autrefois partie de notre continent, si elles étoient unies à l'Italie, ou si le feu qui les a élevées, a agi du fond de la mer, s'il les a soulevées à la maniere de la nouvelle Ile de Santorin, & si ses explosions se sont toujours faites au milieu des eaux; mais on peut dire avec assurance, que toutes ces Iles avoient autrefois une étendue beaucoup plus considérable, & qu'elles ne sont aujourd'hui que des fragmens de ce qu'elles devoient être anciennement.

Les deux premieres Iles Ponces que l'on rencontre en partant d'Ischia, & en se dirigeant à peu près vers le nord, sont celles dites *Pendataria;* elles sont à trente milles d'Ischia, à cinquante milles de la côte d'Italie, presque vis-à-vis *Gayette*. La plus grande, nommée *Ventotiene*, est, à proprememenr parler, l'ancienne *Pendataria*, fameuse par les malheurs & l'exil de Julie; l'autre, qui a toujours été regardée comme une dépendance de la premiere, à cause de son voiſinage & de ſa moindre étendue, ſe nomme *San Stephano.*

L'Ile Ventotiene eſt de forme irréguliere : prolongée de l'eſt à l'oueſt, elle a deux milles de longueur, & une largeur inégale qui n'a jamais plus de cinq cents pas (1) ; elle eſt eſcarpée dans tout ſon contour, ce qui lui donne l'apparence d'être beaucoup plus exhauſſée au-deſſus du niveau de la mer, qu'elle ne l'eſt réellement ; elle ne doit pas avoir plus de cinquante toiſes d'élévation, même dans les parties les plus hautes; car on ne l'aperçoit pas à une très-grande diſtance ; elle n'eſt abordable que par ſon port, & par deux petites cales qui ſont à ſes côtés ; ce port, creuſé à mains d'hommes par les anciens, a la forme d'un canal, & ne peut recevoir que les plus petits bâtimens.

La ſurface de cette Ile eſt inégale ;

---

(1) Un coup-d'œil jeté ſur le tracé de ſon contour, que je joins ici, donnera une idée plus juſte de ſa forme, que ne feroit la deſcription la plus minutieuſe.

ſes deux extrémités, terminées en pointe, ſont plus élevées que le centre: la pointe de l'oueſt eſt la plus haute; elle forme un promontoire nommé *Capo del arco*, dont le ſommet en dos d'âne eſt mince & fort aigu. Abſtraction faite de ces deux pointes ou caps, on peut conſidérer la ſurface de cette Ile comme un plateau incliné du nord au ſud, de maniere que les eſcarpemens du nord ſont toujours plus élevés que ceux de la partie oppoſée.

L'Ile Ventotiene eſt preſque entierement formée de tufs volcaniques, c'eſt-à-dire, d'une eſpece de pierre tendre à baſe argileuſe, qui renferme des fragmens de laves, ſcories, pierres ponces, &c. Ce genre de poudingue conſtitue à lui ſeul toute la partie ſud-eſt de cette île; il y eſt en maſſif d'une épaiſſeur immenſe, ſans fiſſures, ni bancs, ni diviſions quelconques. C'eſt dans le tuf que ſont creuſés le port & toutes les grottes antiques & modernes qui l'environnent; ſa couleur eſt brune à l'extérieur, dans les endroits expoſés depuis long-temps à l'air, & grise dans l'intérieur; sa dureté varie également, elle augmente auprès des surfaces.

Les escarpemens de la partie du nord sont moins uniformes; on y voit des couches distinctes de différentes substances; les couches supérieures sont fort épaisses, elles sont formées de cendres ou sables noirs foiblement aglutinés; au-dessous de ces cendres, reposent plusieurs couches successives de *rapillo* blanc, ou fragmens de pierres ponces, de tuf gris & d'argile rouge; ces matieres, la plupart friables, n'ont pas assez de solidité pour soutenir le choc des flots qui viennent battre aux pieds de ces escarpemens; elles sont sans cesse creusées par la mer agitée, & les éboulemens y sont presque continuels.

Cette Ile est couverte, presque sur toute sa surface, d'une couche épaisse de terre végétale noire, mêlée de sables. La partie dite la *Punta di nevola* n'ayant pu admettre, par la nature du sol, aucun genre de végétation, rien n'y recouvre une incrustation calcaire très-singuliere, qui repose sur la couche de sable volcanique; cette incrustation, qui s'est mêlée avec le sable qu'elle a aglutiné, forme, dans quelques parties, une écorce qui prend la courbure du sol, & qui a depuis une ligne jusqu'à huit pouces d'épaisseur; elle ressemble si parfaitement aux maçonneries de remplissage & au mortier factice, que l'on ne peut quelquefois que bien difficilement la distinguer des murs & fondemens antiques que l'on trouve sur le plateau un peu convexe de cette pointe; c'est là qu'étoit sans doute le palais de la malheureuse Julie, aussi fameuse par le scandale qu'elle donna à la Capitale du Monde, que par ses malheurs.

Cette même concrétion calcaire a pris, dans quelques endroits, une forme cylindrique avec des nœuds qui lui donnent une parfaite ressemblance avec les racines d'arbre; ces cylindres irréguliers ont deux & trois pouces de diametre sur une longueur de dix ou douze pouces; ils sont enveloppés extérieurement de sable noir, fortement aglutiné par la ſubſtance calcaire; ils ont preſque tous une cavité fiſtuleuſe dans leur centre, ſemblable à celle de ſtalactites; la matiere de ces concrétions eſt cependant plus dure que celle des infiltrations ordinaires de l'eau; elle n'a pas, comme elles, un grain ſpathique, mais elle reſſemble plutôt à la pierre de Rome, dite *Travertino*, qui eſt un dépôt ou de l'eau ſulphureuſe ou des eaux gazeuſes de l'*Apennin*. Dans les concrétions de l'Ile Ventotiene, quelques-unes reſſemblent parfaitement à des os d'animaux, & pourroient être priſes pour de vrais oſtéocolles.

Dans toute la partie du maſſif de cette Ile, qui eſt élevée hors de l'eau, il n'y a point de courant de laves ſolides, excepté ſous la pointe du cap de *l'Arco*. La lave qui ſert de baſe à ce promontoire, ſemble avoir appartenu à un courant qui venoit du nord; elle n'a que peu d'élévation au-deſſus de l'eau, mais elle y plonge en ſe prolongeant vers l'eſt, & elle paroît ſoutenir le maſſif du tuf, qui forme eſſentiellement le corps de cette Ile; cette lave eſt très-dure, compacte & peſante; elle eſt noire, bleuâtre vers le centre des blocs, & brune auprès des ſurfaces: cette variété de teinte eſt produite par une eſpece de décompoſition du fer qui la colore; ſon grain eſt un peu écailleux; elle renferme des criſtaux & des écailles de feld-ſpath à peu près de même couleur que la baſe; elle eſt diviſée par des fentes verticales irrégulieres, qui lui donnent une apparence de colonnes baſaltiques; on peut la regarder comme un maſſif de baſaltes imparfaits.

Le tuf de cette Ile, comme nous l'avons déjà dit, eſt formé d'une baſe argileuſe griſe, tendre; elle contient eſſentiellement, à la maniere des poudingues, des fragmens anguleux, d'une argile un peu plus dure, ſemblable à celle des tufs des environs de Rome, mêlangée comme eux de criſtaux, de ſchorl noir, & de quelques écailles de mica. Il ſembleroit donc que la formation de ce tuf ait eu deux époques; que le premier dépôt, ou couraut boueux, s'étoit déjà desséché ; qu'il s'étoit divisé par des fentes irrégulieres qui font l'effet du retrait, lorsqu'une nouvelle vase ou irruption boueuse est venue remplir ces fentes & aglutiner les fragmens du premier dépôt. Plusieurs morceaux de ce tuf agissent sur l'aiguille aimantée (1).

---

(1) Le Pere Breislak, Religieux des écoles pies, Professeur de Physique au collége *Nazaréen* à Rome, a trouvé, au pied des monts *Albano*, un tuf qui a, à un degré éminent, la polarité propre à l'aimant, sans paroître avoir la faculté d'attirer le fer ; il repousse & attire à une très-grande distance une aiguille aimantée, sans cependant pouvoir soulever le moindre atôme de la limaille de fer qu'on répand sur lui ; les moindres fragmens de ce tuf jouissent des mêmes propriétés.

Je me trouve trop heureux de pouvoir trouver une occasion de donner un témoignage d'estime au Pere Scipion Breislak, dont les connoissances sont fort étendues, dont le zele n'a pas besoin d'encouragement, mais qui mériteroit des secours du Gouvernement de Rome, pour continuer les recherches sur l'Histoire Naturelle, qu'il a commencées avec tant de succès dans quelques-unes des provinces du Pape ; il faut espérer que ce Gouvernement, un jour éclairé sur ses vrais intérêts, rappellera le Pere Breislak, maintenant employé dans les États de Naples, & lui donnera des facilités pour continuer la description des différentes provinces des États du Pape. Il est plus

Il y a une autre variété de tuf qui contient des fragmens de pierre ponce, grise, fibreuse, légere, renfermés ou aglutinés par une argile grise; cette variété est peu commune.

Le tuf ordinaire de l'Ile Ventotiene renferme accidentellement des morceaux de laves compactes & poreuses de pierres ponces, des scories & des blocs de granits, qui n'ont presque pas été altérés par le feu, & qui sont tels qu'on les trouve dans les *peperino* du mont *Albano*, près de Rome. La plupart des morceaux de laves compactes ont le grain, la cassure, & l'apparence silicée des *petro silex*. Ces blocs de pierres différentes, la plupart anguleux, sont étrangers au tuf, ils y ont été renfermés dans le temps qu'il étoit en état de pâte molle; & lorsqu'on les arrache de cette base, ils y laissent exactement leur empreinte; il falloit donc que le tuf fût presque fluide,

---

essentiel qu'on ne croit d'encourager l'étude de l'Histoire Naturelle, absolument négligée dans cette belle partie de l'Italie.

pour s'être modelé aussi exactement sur toutes ces pierres (1).

Le sable de la couche épaisse qui couronne les escarpemens du nord, est un mélange de grains noirs volcaniques,

---

(1) M. le Chevalier Hamilton a fait des observations curieuses sur la formation des tufs volcaniques; il les regarde, avec beaucoup de vraisemblance, comme des produits d'irruptions boueuses; une partie de ceux que j'ai vus sont de ce genre; mais il en est d'autres, peut-être plus nombreux, qui paroissent s'être formés dans la mer lorsqu'elle baignoit le pied des monts enflammés; ils sont un mélange de sable, de cendres volcaniques, de fragmens de scories empâtés par une matiere argileuse ou par la vase qui formoit le fond de la mer: ce tuf a les apparences d'une précipitation, & on y voit souvent des especes de couches produites par des matieres plus pesantes, qui occupent la partie inférieure des massifs. Cette espece de tuf renferme ordinairement des blocs de lave ou autres pierres que le volcan vomissoit en même temps; de ce genre sont certainement les tufs du Padouan & du Vicentin, qui renferment beaucoup de coquilles. Il en est une troisieme espece, qui se forme journellement par l'aglutination des cendres & sables volcaniques dont le fer s'altere, & que les eaux pénetrent; il est très-difficile de distinguer quelquefois à laquelle de ces trois especes un tuf que l'on examine appartient.

de grains blancs calcaires, & de quelques fragmens de coquillages; les grains noirs sont attirables à l'aimant, mais ils n'ont pas le luisant métallique.

Le sable du rivage est presque entierement formé de grains de mine de fer luisante, attirables à l'aimant, mêlés de cristaux prismatiques, de schorl vert demi-transparent, avec quelques grains de crysolite; il y a aussi quelques fragmens de coquilles que les flots y apportent.

Cette Ile a trois sources d'eau douce assez bonne, qui ne tarissent point, mais qui ne sont pas assez abondantes, ni assez bien placées pour servir à des arrosemens.

Tel est l'état actuel de l'Ile Ventotiene, relativement à l'Histoire Naturelle. Ce petit nombre d'observations suffit pour autoriser quelques conjectures sur la formation de cette Ile, & sur l'étendue qu'elle devoit avoir dans des temps plus anciens.

Il est certain qu'elle est toute volcanique, mais il est également certain qu'elle n'a pu être formée telle que nous venons de la décrire; il n'y a pas l'apparence d'un ſeul cratere, & les matieres qui la compoſent n'en annoncent pas même la proximité; elle ne peut-être regardée que comme un fragment d'un volcan plus conſidérable, que le temps & la mer ont détruit. L'inclinaiſon des couches, la pente de la ſurface ſupérieure, la direction du courant de lave, qui eſt au-deſſous du *Capo de l'Arce*, annoncent que le principal foyer de ce volcan étoit à quelque diſtance, dans la partie du nord-oueſt: c'étoit donc dans un eſpace occupé maintenant par une mer profonde, entre la côte d'Italie & ce fragment de volcan, qu'étoit la montagne qui renfermoit le cratere. Mais quelle étoit l'étendue de ce volcan? Occupoit-il la majeure partie du golphe de Gayette? étoit-il réuni à la côte d'Italie? Ce ſont autant de queſtions auxquelles il eſt impoſſible de répondre.

Les concrétions calcaires qui ſont ſur la ſurface de cette Ile, & dont j'ai parlé plus haut, préſentent une circonſtance ſinguliere & digne d'être obſervée, c'eſt même de tous les faits le plus difficile à expliquer, & le plus important à remarquer. Ces concrétions annoncent un dépôt de l'eau. Où eſt-ce que l'eau avoit pu ſe charger de particules calcaires, dans un lieu tout volcanique, au centre de la mer ? Y auroit-il eu, dans la partie haute de ce volcan, qui ne ſubſiſte plus, une ſource ſpathique terreuſe, qui tenoit en diſſolution des parties calcaires arrachées aux produits du feu ? Les auroit-elle dépoſées en coulant ſur ce ſable ?

Cette ſuppoſition perd toute vraiſemblance, quand on obſerve les fragmens de coquilles qui ſont mêlés avec le ſable, & qui ſe trouvent aglutinés autour des concrétions cylindriques ; il me ſemble plus probable de croire que la mer a recouvert cette Ile : comme nous voyons des preuves certaines qu'elle a ſurmonté le ſommet de pluſieurs autres volcans d'Italie, elle a pu y former ces dépôts & ces concrétions, en roulant ſes flots ſur le ſable, en même temps qu'elle y plaçoit les débris de coquillages qu'on y trouve; d'ailleurs le tuf de cette Ile me paroît de l'espece qui s'est formée dans les eaux; & je ne doute pas que la mer ne s'élevât fort au-dessus de la surface de cette Ile, lorsque les feux travailloient à sa formation.

Cette supposition fait remonter l'existence de ce volcan au premier temps de notre Globe, & sa destruction à l'époque de la grande révolution; depuis lors ce volcan n'existeroit plus que dans une de ses moindres parties.

Cette Ile continue à être dévorée par la mer, elle l'attaque dans toutes les parties de son contour, où elle trouve peu de résistance, & elle ne cesse de creuser, principalement sous les escarpemens du nord. Il paroît, par les vestiges des antiquités qui sont sur la pointe dite *di Nevola*, que sous l'Empire de César cette Ile avoit encore une étendue plus considérable. Il s'y fait journellement des éboulemens; on peut prévoir qu'elle diminuera progressivement, qu'elle se divisera, & que dans les temps à venir elle ſera réduite aux rochers de laves qui la ſupportent, & qui ſeuls peuvent réſiſter, pendant une longue ſuite de ſiecles, à tous les efforts des flots; ce ne ſera ſûrement pas la ſeule terre que le temps & la mer auront dévorée, & que les viciſſitudes de la Nature ont fait diſparoître avant que l'Hiſtoire en ait pu conſtater l'exiſtence.

On peut encore prévoir que la terre végétale, qui s'eſt accumulée à ſa ſurface, par la deſtruction des plantes, & qui y étoit retenue par les racines des grands arbres & des brouſſailles qui l'ont couverte pendant pluſieurs ſiecles, ſera peu à peu entraînée par les eaux des pluies & par le labour.

Cette terre, placée ſur un plan incliné, coulera dans la mer, & laiſſera à découvert la ſurface ſablonneuſe de cette Ile. Je puis ſuppoſer, avec vraiſemblance, que dans cent cinquante ans à peu près, on ſera encore obligé de l'abandonner, de la livrer à la Nature, afin qu'une nouvelle végétation ſpontanée y reproduise une autre couche de terre végétale.

Cette Ile n'est peuplée que depuis 1769; deux cents habitans y cultivent un sol fertile, & les récoltes y seroient constamment abondantes, sans les vents qui brûlent & détruisent presque toujours les espérances des Cultivateurs: c'est peut-être à ces vents, qui y regnent constamment, qu'elle doit son nom actuel de *Ventotiene*.

Je ne parlerai point de ses antiquités, ni des illustres malheureux qui l'ont habitée; de pareils détails n'entrent point dans mon plan; d'ailleurs le peu d'étendue de cette Ile ne lui a jamais permis de jouer un rôle bien important dans l'Histoire des hommes.

ILE DE SAN STEPHANO.

L'ILE de San Stephano, dont j'ignore le nom ancien, est placée au sud-est de l'Ile Ventotiene, à peu près en face de son port ; cette seconde Ile, quoique d'une origine commune avec la premiere, quoiqu'infiniment rapprochée, puisqu'elle n'en est pas distante d'une demi-lieue, en differe cependant beaucoup. Celle-ci est un volcan presque dans son entier : formée de matieres solides, elle a résisté aux causes de dégradations qui ont presque détruit l'autre ; & elle doit durer long-temps après que la premiere aura disparu dans les flots.

L'Ile de San Stephano n'a que deux milles de circonférence ; on la juge même plus petite, lorsqu'on l'observe des hauteurs de l'Ile Ventotiene, parce qu'on ne voit qu'une de ses faces, derriere laquelle l'autre moitié est cachée ; elle est à peu près ronde, & les escarpemens de son contour la rendent presque inabordable; sa forme ressemble assez à un cône qui seroit tronqué par deux plans inclinés, de maniere à ce qu'il restât dans son milieu une arête, ou une élévation en dos d'âne, qui divisât sa surface supérieure en deux faces opposées: on reconnoît dans cette forme les montagnes qui sont sur la croupe de l'Etna, & qui ont eu deux crateres opposés. Le volcan de *San Stephano* avoit aussi deux bouches; on voit leur emplacement dans le centre de chaque face, on les reconnoît par des enfoncemens qui se prolongent vers la mer. On trouve sur la surface de cette Ile, des cendres friables, des scories, des fragmens de laves poreuses, & en général toutes les matieres qui annoncent la proximité d'un cratere.

Il est nécessaire de faire par mer le tour de l'Ile de Sàn Stephano, pour bien juger de sa forme, & pour reconnoître les matieres qui la composent. On voit que les escarpemens de l'est & de l'ouest sont fort élevés; ils sont formés par d'énormes massifs de laves, qui paroissent être descendus en vastes courans, par-dessus les levres du cratere, & s'être coagulés par le contact de l'eau, en se précipitant dans la mer; cette lave est divisée par ses fentes verticales, & lorsqu'on l'observe à une certaine distance, elle paroît former de très-grosses colonnes que l'on a de la peine à reconnoître quand on est plus rapproché; ces basaltes, naturellement peu réguliers, ont été encore altérés, dans leur forme, par la mer, qui a corrodé leur surface. La lave paroît caverneuse & poreuse à l'extérieur, quoique dans l'intérieur des massifs elle soit d'une extrême compacité & dureté; elle est noire, son grain est fin, & sa cassure vitreuse ou silicée; elle contient quelques cristaux & quelques écailles de feld-spath.

Au dessus de ces basaltes, & dans les escarpemens du nord & du sud, qui sont au bas des plans inclinés, il y a une lave mélangée à la maniere des poudingues, qui, dans une base vitreuse noire, contient des pierres ponces pesantes & légeres, & des scories. On y trouve aussi une lave grise, d'un grain rude, un peu argileux, qui ressemble aux pierres ponces pesantes.

Quelque voisine que soit l'Ile de San Stephano de celle Ventotiene, quoiqu'on y trouve l'emplacement d'un cratere dirigé vers Ventotiene, on ne peut pas cependant dire que celle-ci soit un produit de l'autre, & qu'elles sortent toutes deux du même foyer. Le cratere qui a donné naissance à Ventotiene, est sûrement dans la partie du nord-ouest, c'est-à-dire, opposé à celui de San Stephano; ce qui est prouvé, comme nous l'avons dit, par la disposition des matieres qui la composent.

L'Ile San Stephano n'est ni habitée, ni cultivée; elle est couverte de bois & de broussailles, pour l'usage des habitans de Ventotiene; son sol est une terre noire végétale très-fertile.

ILE PONCE PROPREMENT DITE.

LES trois autres Iles Ponces sont éloignées de vingt milles des deux premieres, peu distantes les unes des autres (1). L'Ile Ponce proprement dite est au milieu, elle est la plus grande des trois & la plus intéressante sous tous ses rapports; sa forme est très-irréguliere, & difficile à décrire; elle est prolongée du nord-est au sud-ouest; sa longueur, dans cette direction, est de quatre milles, & sa largeur, fort inégale, n'est jamais de plus de six cents pas. Pour se faire une idée plus précise des détails dans lesquels

(1) *Ex universis Insulis, tres volsco objacent, littori ac maximè Circeio promontorio urbique Teracinæ: Palmaria scilicet, Pontia & Sinonia; Palmaria vulgò hodie vocatur Palmariola, omnium maximè versus occidentem posita; Sinonia est vulgò Sanone, in orientem versus Cayetam sita; in medio harum est Pontia; omnium maxima & antiquis auctorum monumentis celeberrima. Cluverius.*

je vais entrer, & pour faciliter la description de cette Ile, je saisirai la ressemblance imparfaite de sa forme avec celle d'un *i*, caractere italique, dont la petite Ile Calvi, distante de moins de cent pas, formera le point (1). Toute l'Ile Ponce est volcanique; mais elle a été produite nécessairement sous une autre forme, & avec une beaucoup plus grande étendue que celle qu'elle conserve aujourd'hui; elle ne présente plus que le squelette de ce qu'elle a dû être dans les premiers temps de sa formation; par-tout on y trouve des preuves convaincantes du feu qui l'a formée, par-tout on voit les dégradations & les effets de l'eau qui l'a détruite. A la confusion qui accompagne toujours les productions des volcans, s'est

---

(1) Cette ressemblance n'est pas autant apparente lorsqu'on jette les yeux sur le plan de cette Ile, que lorsqu'on la voit elle-même des hauteurs qui environnent le port; parce qu'alors une partie des sinuosités de ses bords est cachée par les pointes avancées, & elle paroît former une ligne presque droite, au dessus du port, qui fait un crochet.

joint le désordre d'une destruction qui attaque inégalement ses différentes parties. Il est évident que plusieurs crateres ont dû concourir à sa formation ; mais il est difficile de savoir où ils étoient placés ; les contours circulaires, les formes de théâtre & d'amphitéâtre ne suffisent pas toujours pour les désigner. Cette même forme est aussi celle que les flots ont fait prendre aux parties qu'ils ont dégradées ; & si cette seule indication suffisoit pour reconnoître un cratere, on en compteroit plus de vingt des deux côtés de cette Ile ; parce que tous ses bords, tant de la partie extérieure que de l'intérieure, sont déchiquetés par des sinuosités semi-circulaires : plusieurs rochers, à peu de distance de cette Ile, sont encore une preuve de ses dégradations ; placés à vingt ou trente pas de la côte, ils sont de même nature & formés des mêmes substances que les escarpemens dont ils sont voisins ; on les nomme *Farillioni*.

La surface de l'Ile Ponce est aussi inégale que son contour est irrégulier ;

la portion ſupérieure de l'*i* eſt une écorce de montagne, déchirée des deux côtés par la mer, & dont il ne reſte plus que le centre, en forme d'arête ou de dos d'âne, avec des eſcarpemens à pic des deux côtés; dans la partie inférieure, l'Ile eſt plus large, les montagnes ſont plus épaiſſes, leurs ſommets ſont arrondis, leurs pentes ne ſont pas aſſez roides pour en exclure la culture, & quelques jolies vallées occupent les intervalles qui les ſéparent.

Les matieres qui forment l'Ile Ponce ſont très-variées, on y trouve des productions volcaniques de toutes les eſpeces: laves, vitrifications, pierres ponces, ſcories, cendres, tufs, &c. Le déſordre où ſont toutes ces matieres, les dégradations qui ont altéré toutes les formes primitives, rendent très-difficile la deſcription exacte de cette Ile. Il eſt preſque impoſſible de trouver le fil qui puiſſe conduire ſans confuſion d'un objet à l'autre; pour éviter donc une partie de l'obſcurité qui ſe trouveroit dans ma deſcription, ſi je parlois en même temps & de la topographie de l'Ile, & des matieres qu'elle contient, je commencerai par jeter un coup-d'œil général & rapide sur les objets principaux, & sur leurs circonstances locales, selon l'ordre dans lequel on les rencontre en parcourant l'Ile d'un bout à l'autre ; & je réserverai pour la fin les détails sur les substances volcaniques que j'y ai rassemblées, & qui lui sont propres.

Le port de l'Ile Ponce est dans la partie inférieure & dans l'intérieure du crochet de l'*i*; il occupe évidemment l'emplacement d'un cratere; on le reconnoît à la forme circulaire des montagnes qui l'entourent, & plus encore à la disposition des matieres qui sont dans le centre de ces montagnes ; mais l'extérieur de ce cratere a été tellement dégradé, qu'on n'y retrouve plus rien de la forme conique qu'affectent nécessairement toutes les montagnes produites par des explosions volcaniques. Sur le revers de celle-ci, au lieu du talus que prennent les sables & les scories, lorsqu'elles tombent autour du foyer qui les a lancés, on ne voit que des escarpemens & des déchirures qui présentent l'image du désordre & de la destruction. La premiere portion de la montagne, qui forme l'enceinte du port, & qui représente la pointe du crochet de l'*i*, se nomme *Monte della Madona*; elle est formée par une espece de tuf blanchâtre, traversé par des veines de verre noir, mêlé de pierres ponces: dans l'intérieur du massif de ce tuf sont creusées les chambres & galeries que l'on nomme Bains de Pilate; leur entrée est au niveau de la mer, exactement à la pointe inférieure de l'*i*, dehors le port; quel que ait été l'usage de ces souterrains, ils sont très-curieux & bien conservés.

A vingt pas des Bains de Pilate sont deux rochers détachés de l'Ile, que l'on nomme *Farillioni della Madona*; ils sont de lave noire, compacte, cristallisée en gros basaltes irréguliers; vis-à-vis d'eux, au pied de l'escarpement, sur le haut duquel sont bâties la tour & la chapelle de la Madona, il y a des basaltes semblables, & qui paroissent avoir appartenu au même courant; ils sont appuyés

contre

contre le maſſif de tuf; ce ſont ces rochers ſolides de lave qui ont ſervi de rempart à cette partie de l'Ile, & qui ont empêché que le crochet qui renferme le port, ne fût emporté par la violence des flots, ou par la force des courans qui ont détruit le reſte.

La montagne *della Guardia*, la plus haute de toute l'Ile, la plus épaiſſe, celle dont la baſe eſt la plus étendue, occupe le fond du port, & elle ſe trouve préciſément dans le coude de l'*i*; elle ne préſente rien d'intéreſſant dans la face qui regarde le port; elle eſt cultivée juſqu'à ſon ſommet, quoique ſes pentes ſoient très-roides. Il faut ſe tranſporter dans les eſcarpemens qui ſont ſur le revers du côté du ſud, pour connoître la diſpoſition des matieres qui la compoſent. On peut aller dans le lieu dit la *Scarupata*, ſoit par mer, en venant débarquer au pied des eſcarpemens, ſur les énormes rochers de lave qui y ſont confuſément entaſſés, ou par terre, en traverſant la montagne, & paſſant dans les grottes creuſées dans le tuf, pour servir de logement aux forçats & aux soldats de garde.

Le noyau ou le centre de la montagne de la *Guardia* est un mélange de tuf blanc, de laves blanches granitiques, & de cendres. Difficilement reconnoît-on des couches distinctes parmi ces substances; mais en les examinant avec attention, on aperçoit une direction du nord au sud, qui indique vers le nord le foyer d'où elles sont sorties, c'est-à-dire, dans l'emplacement actuel du port; le sommet de cette montagne est couronné par une lave noire, cristallisée en basalte, qui fait une corniche saillante sur tout le haut de l'escarpement; les basaltes les plus avancés paroissent suspendus en l'air, & ils ne sont plus soutenus que par une adhérence latérale; il s'en détache souvent des colonnes qui viennent se briser au pied de la montagne; c'est leurs débris qui ont couvert tous les bords de la mer de ces énormes roches de lave qui s'y sont amoncelées; on les vient rompre & exploiter pour fortifier le mole. Ces prismes de basaltes sont énormes, ils n'ont pas moins de trois à quatre pieds de diametre; quelques-uns sont très-réguliers.

Cette lave, placée à une aussi grande hauteur, & qui repose sur des matieres presque toutes tendres & friables, telles que celles qui entourent ordinairement un cratere, est nécessairement sortie de la coupe dont le port occupe le centre; elle indique d'abord une très-grande effervescence dans la matiere en fusion, & une grande force dans le feu qui la soulevoit, puisqu'il a pu la porter à une élévation si considérable; 2°. que les bords circulaires du cratere dont elle est sortie, étoient, dans tout leurs contours, à une hauteur égale à celle du sommet actuel du *Monte della Guardia*; sans cela la lave auroit coulé par la partie de l'ourlet qui auroit été la plus sur-abaissée; 3°. que cette coupe devoit avoir une grande épaisseur dans ses bords, pour pouvoir soutenir le poids de la matiere en fusion qui la remplissoit. D'après ces indications, on peut calculer à peu près quelle étoit l'étendue de l'Ile Ponce autour de ce cratere, & juger qu'il ne reste plus qu'une portion très-petite, & à peine reconnoissable, d'un vaste & énorme volcan.

Cette lave, après être sortie du cratere, a coulé sur l'extérieur du cône, & s'est précipitée dans la mer; mais ce courant, quelque résistance qu'il ait dû opposer à l'impulsion de l'eau, n'a pu défendre la montagne, ni se conserver dans son entier contre la force qui travailloit à la destruction de l'Ile: creusé par-dessous, & perdant l'appui de sa base, qui étoit sous-minée, il s'est divisé, & ses débris ont été précipités dans la mer; il n'en est resté que les rochers nommés *Farillioni del Capello*, & *Farillioni della Guardia*, qui sont des deux côtés au pied de la *Scarupata*; le premier est détaché de l'Ile, à dix pas de la côte; on y voit un groupe de basaltes, dont le sommet est arrondi, & qui retombent tout autour en représentant un bonnet à côtes de melon: ces basaltes reposent sur une base moins large qu'eux, ce qui les fait ressembler à un chapeau, ressemblance à laquelle ils doivent leur nom. Les *Farillioni della Guardia* sont également des basaltes; ils sont appuyés contre un massif blanc, pareil à celui du centre de la montagne, avec laquelle il y a encore un peu d'adhérence; il n'est aucun doute que les basaltes de ces rochers & ceux du sommet de la montagne ne soient des portions du même courant; la lave en est exactement de même nature.

Le reste de cette montagne ne présente plus que des escarpemens inaccessibles & des débris. En suivant en barque les contours de sa base, on arrive dans l'anse semi-circulaire, nommée *Cala di Chiar di Luna;* ici l'Ile Ponce a un étranglement qui réduit sa largeur à moins de cent cinquante pas. Si la mer continue à creuser dans les escarpemens qui forment cette enceinte, l'Ile doit se diviser en deux: la partie inférieure, celle qui comprend les monts *della Madona*, & celui *della Guardia*, se séparera de la branche supérieure de l'i. Il y a encore d'autres parties de l'Ile Ponce; dans lesquelles on peut prévoir une division semblable, & encore plus prochaine.

On peut arriver au même lieu dit *Chiar di Luna*, en suivant le fond du port, & en remontant le petit vallon qui conduit dans une galerie souterraine: cette galerie antique, qui a plus de soixante pas de longueur, a été creusée dans le massif de la montagne; une partie est revêtue de maçonnerie, avec des voûtes; le reste est sans revêtissement, le rocher étant assez solide pour n'avoir pas besoin de soutien: ce souterrain aboutit à la mer, dans un coin de l'anse, ou de la cale de *Chiar di Luna*. Il paroît que cette galerie, outre l'usage auquel elle sert encore maintenant, celui de porter dans la mer de l'ouest toutes les eaux de la montagne *della Guardia*, devoit encore avoir une autre destination; on ne lui auroit donné ni une hauteur aussi grande, ni toute sa largeur pour ce seul objet: il est probable qu'elle devoit conduire à des bains qui auront été placés sur le rivage; mais depuis que la galerie a été conſtruite, on voit que la mer a beaucoup avancé dans cette anſe, & qu'elle a dû détruire tout ce qui pouvoit-être bâti ſur ſes bords. Toutes les eaux de la montagne de la *Guardia*, qui entraînent beaucoup de terre, & qui rempliroient le port, ſi on ne les dirigeoit pas ailleurs, ſont raſſemblées dans un canal qui fait le contour de ſa baſe, & qui les porte dans la galerie, par où elles coulent dans la mer.

La cale *di Chiar di Luna* eſt l'endroit de toute l'Ile qui intéreſſe le plus le Naturaliſte; il trouve, dans les eſcarpemens perpendiculaires qui forment ſon enceinte, & qui reſſemblent à des murs de remparts extrêmement élevés, beaucoup de variétés de laves granitiques, & de très-groſſes boules de verre noir, qui paroiſſent comme de gros mamelons ſur la face perpendiculaire de cette eſpece de mur; il peut encore, en ſuivant l'eſcarpement qui eſt à gauche de la grotte, voir un mur de jolis petits baſaltes blancs, dont les priſmes réguliers ſont difficiles à détacher, par la crainte de faire écrouler ſur ſoi tout le rocher ſupérieur ; il peut encore, en paſſant un peu dans l'eau, arriver à un grand éboulement de nouvelle date, dont les débris lui offriront des variétés infinies de ſubſtances volcaniques de toutes eſpeces.

A côté du port il y a une petite rade nommée cale de *Sainte-Marie*, au fond de laquelle il y a un joli vallon, dit également de Sainte-Marie ; quoiqu'il n'ait pas cinquante pas de large, & deux cents de long, c'eſt la plus grande plaine de toute l'Ile ; il eſt fertile & bien cultivé : il y a un petit village adoſſé à une montagne, dont les eſcarpemens au bord de la mer ſont preſque tous formés de petits baſaltes blancs, d'une forme très-réguliere ; nous les ferons plus particulierement connoître dans la deſcription des laves de l'eſpece ſeconde.

Quoique la cale Sainte-Marie ait une forme ſemi-circulaire, on ne peut pas dire qu'elle ſoit un ancien cratere ; la direction des pentes, la diſpoſition des matieres me feroient plutôt présumer que les montagnes qui sont dans le fond de la vallée, & dont la plus haute se nomme *Monte della Capra*, ont appartenu à un volcan dont le cratere étoit sur le côté opposé, dans la partie de l'ouest; mais en général, dans toute cette Ile, il y a eu tant de dégradations, il y a une telle confusion, qu'il est très-difficile de reconnoître d'où sont sorties & de quel côté sont venues les matieres qui y forment les montagnes.

Au dessus de la vallée Sainte-Marie, il y a un groupe de montagnes & de collines séparées par des gorges profondes, qui portent les eaux de deux côtés opposés, à l'ouest & à l'est; ici l'Ile Ponce a un peu plus d'épaisseur & de solidité que dans tout le reste de sa partie supérieure; elle est moins ruinée que par-tout ailleurs. Au centre des montagnes dites *de Tre Venti*, & qui sont couvertes d'épaisses broussailles, il y a une espece d'entonnoir qui pourroit avoir été un cratere; & à peu de distance des escarpemens qui regardent l'ouest, il y a encore des rochers détachés, formés de basaltes noirs irréguliers; on les nomme *Farillioni grandi;* ils sont dans la même direction que l'Ile de Palmarnola, éloignée seulement de quatre milles de l'Ile Ponce.

Toute la partie supérieure de l'Ile Ponce, jusqu'à la pointe dite *del Incenso*, n'est plus, ainsi que je l'ai déjà dit, qu'une écorce très-mince, fort élevée, avec des escarpemens des deux côtés; sur la crête de cette chaîne de montagnes, passe le chemin qui conduit d'un bout à l'autre; c'est ici principalement où l'on trouve des preuves de la grande destruction de cette Ile; c'est ici où l'on voit des dégradations effrayantes. La mer a creusé indistinctement de deux côtés; elle a formé des anses semi-circulaires, qui s'avancent plus ou moins profondément dans l'intérieur des montagnes, & qui réduisent la largeur de l'Ile à moins de cinquante pas. Il y a plusieurs endroits où l'Ile est prête à se diviser, & les matieres qui sont dans les escarpemens presque tous sur-plombés, ne s'y ſoutiennent plus que par un peu d'adhérence latérale. En ſuivant la côte de l'eſt, on entre dans l'anſe, où cale dite *del Frontone;* elle eſt aſſez grande, & il y a de petits baſaltes dans ſes eſcarpemens ; on trouve plus haut la *Cala d'Inferno*, dans les eſcarpemens de laquelle on a pratiqué un eſcalier qui entre dans l'intérieur de la montagne, & qui conduit de la mer juſqu'au ſommet ; il a eu pour objet d'arriver à une ſource d'eau douce, qui eſt à moitié hauteur, & qui ſert à l'uſage des habitans d'un village ſitué ſur le revers de la montagne ; cette ſource, placée au milieu de ces matieres volcaniques qui ont ſi peu d'épaiſſeur & de conſiſtance, eſt aſſez curieuſe. Enſuite vient la *Cala Capara*, qui paroît l'intérieur d'un cratere ; il y a encore, auprès de la côte, des rochers détachés qui ſe nomment *Farilkioni dello Schiavone*. Plus on s'approche de la pointe, plus l'Ile paroît tomber en ruine ; on y voit des rochers qui s'écroulent de toutes parts ; un canal, qui n'a pas cinquante pas de large, ſépare la pointe de l'Ile Ponce de la petite Ile Calvi, qui, comme je l'ai dit, repréſente le point de l'*i*: cette petite Ile a cent pas de contour, & elle eſt à peu près ronde; moins haute que la pointe de l'Ile Ponce, elle eſt formée des mêmes matieres, & elle paroît évidemment avoir été ſéparée de cette chaîne de montagnes dans une époque peu ancienne.

Sur la côte de l'oueſt, on voit les cales dites *delli Forni grandi*, & *delli Forni picolli*, & la *cala del Fortino*, renfermées par un rocher qui s'avance beaucoup vers l'oueſt, & que l'on nomme *Punta del Papa*: il y a une tour ou petit fort au ſommet de cette pointe; d'ailleurs ces eſcarpemens ne préſentent aucuns faits remarquables; toutes les matieres s'y reſſemblent; on y trouve quelques petits baſaltes ſemblables à ceux des montagnes de Sainte-Marie. Pluſieurs rochers détachés de la côte continuent à indiquer les ravages de la mer & la deſtruction de l'Ile.

En ſuivant le chemin qui paſſe ſur

la crête de ces montagnes, on voit que les pentes & les talus s'inclinent presque tous de l'est à l'ouest, ce qui doit faire présumer que les principaux crateres étoient dans la partie de l'est. On trouve sur les plus hauts sommets une grande quantité de basaltes; leurs prismes n'ont jamais plus de neuf pouces de grosseur, & souvent moins de six, sur une longueur de plusieurs pieds; ils sont couchés ou empilés les uns sur les autres, & inclinés selon le talus de la montagne; les plus beaux & les plus réguliers sont ceux des sommets, dits *Monte del Core*, & *Monte del Frontone;* ces crêtes de montagnes en sont presque entierement formées. Parmi les autres matieres de ces montagnes, on trouve beaucoup de laves blanches qui ont l'apparence, la cassure, & la dureté du silex.

Après avoir fait connoître à peu près la forme & la structure de l'Ile Ponce, il me restera à parler plus particulierement des matieres qu'elle renferme, & leur description n'est ni moins difficile ni moins intéressante. Ces détails suffiront pour faire connoître combien l'Ile Ponce est intéressante pour les Naturalistes, & pour inviter les voyageurs, qui jusqu'à présent ne l'ont point fait entrer dans le plan de leurs courses, à aller la visiter. Quoique 'Ile Ponce soit d'une très-petite étendue, il n'est pas une seule de ses parties qui ne présente quelques phénomenes intéressans, & elle renferme une infinité de matieres qui ne se trouvent point dans les autres volcans.

L'Ile Ponce d'ailleurs a un assez bon port, il est renfermé par un mole défendu lui-même par une seconde jetée; les différens bâtimens qui entourent ce port, & qui servent de logement aux Officiers de l'administration & à la garnison, sont jolis, & font un effet pittoresque. Il n'y a point de ville proprement dite: la population est répandue par différens hameaux dans toutes les parties cultivables de l'Ile; elle est à peu près de neuf cents personnes, non compris cent cinquante hommes de garnison, & un pareil nombre de forçats. La culture s'étend peu à peu sur toutes les montagnes qui peuvent l'admettre; mais il est à craindre qu'en les dépouillant des broussailles qui les couvrent, & dont les racines croisées donnent du corps à la terre végétale, les eaux n'aient plus de facilité à entraîner cette terre ou dans la mer, ou dans les vallées inférieures.

MATIERES VOLCANIQUES

DE L'ILE PONCE.

LAVES COMPACTES, PREMIERE ESPECE.

Laves noires.

L'ILE Ponce est principalement formée de deux matieres distinctes entre elles, autant par leur couleur que par leurs autres caracteres : la premiere est cette lave noire dont j'ai parlé dans la description de l'Ile, & qui est cristallisée en très-gros basaltes; il paroît que le seul cratere dont le port occupe l'emplacement, en a produit de ſemblables; il faut même qu'elle en ſoit ſortie dans les derniers temps de ſon inflammation, puiſqu'elle domine toutes les autres matieres lancées par la même bouche, & qui ſont d'une nature toute différente. Cette lave noire préſente quelques variétés; j'indiquerai les plus apparentes & les plus eſſentielles.

(A) Lave noire bleuâtre, dure, peſante, & très-compacte; ſon grain eſt fin, un peu écailleux: elle contient quelques criſtaux de feld-ſpath de même couleur qu'elle. Cette lave éprouve une eſpece d'altération à ſa ſurface, qui, ſans diminuer ſa dureté, change ſa couleur & la rend très-obſcure; cette altération, qui pénetre à différentes profondeurs dans l'intérieur des blocs, ne diminue pas ſa propriété d'agir fortement ſur l'aiguille aimanté, quoiqu'on puiſſe attribuer ce changement de teinte à une eſpece de rouille que ſubit le fer colorant de cette lave.

Cette lave eſt criſtaliſée en très-gros baſaltes,

basaltes, les débris & les fragmens de colonne détachés de la masse à laquelle ils adherent, couvrent la côte escarpée dite l'*Escarapta*; on l'emploie pour prolonger & fortifier le mole, ou la jetée qui ferme le port.

(B) Lave noire grisâtre, qui renferme une très-grande quantité de gros cristaux de feld-spath gris; l'abondance du feld-spath diminue sa dureté: on la trouve en blocs isolés parmi les débris du *Monte della Guardia*.

(C) Lave noire, rougeâtre, ou grise, avec beaucoup de grands cristaux de feld-spath blanchâtre; le fond ou la pâte de cette lave paroît micacé; elle est moins dure encore que la précédente; elle se décompose facilement à sa surface: alors le feld-spath, dépouillé de la matiere qui le renfermoit, & dont il n'a point partagé l'altération, se détache en gros cristaux prismatiques réguliers.

Cette variété se trouve en blocs isolés dans les débris du *Monte della Guardia*. Il y a une lave semblable dans l'Ile d'Iſchia; ſa baſe, encore plus micacée, reſſemble à la ſtéalite écailleuſe, & en a l'apparence ſavonneuſe & luiſante.

(D) Lave noire griſâtre, extrêmement dure, peſante & compacte; elle renferme beaucoup de petits criſtaux de ſchorl noir & de feld-ſpath gris; elle ſe trouve en énormes blocs, confondus avec les tronçons de colonnes de baſaltes, détachés du ſommet du *Monte della Guardia.*

(E) Lave noirâtre, compoſée de beaucoup de mica noir renfermé dans une roche griſâtre; cette baſe ſe détruit avec facilité, & les criſtaux priſmatiques exagones de mica noir ſe détachent de la ſurface des blocs; on en trouve quelques morceaux iſolés dans les eſcarpemens de l'*Eſcarapta.*

On pourroit multiplier le nombre des variétés dans les laves noires de l'Ile Ponce, ſi on avoit égard à toutes les nuances de couleurs, au nombre & à la groſſeur des criſtaux de feld-ſpath qu'elles renferment; mais ces variétés n'auroient rien d'intéressant ni d'instructif: il suffit de savoir que les laves noires compactes de l'Ile Ponce ont beaucoup de rapport avec les laves d'*Ischia* & des champs *Phlégréens;* leurs parties constituantes sont les mêmes; mais elles ont très-peu de ressemblance avec celles du Vésuve & des volcans des campagnes de Rome, puisqu'elles ne contiennent ni grenats blancs, ni schorl vert: ces deux substances, très-communes dans les laves de ces volcans, peuvent servir de caracteres distinctifs pour reconnoître leurs produits particuliers.

SECONDE ESPECE.

Laves blanches granitiques, ou qui paroissent appartenir aux kneiss granitiques.

DANS l'Ile Ponce, les laves noires sont en très-petite quantité, ainsi que nous l'avons déjà indiqué, en comparaison des laves blanches & blanchâtres; cette derniere couleur paroît essentielle à presque toutes les matieres qui forment cette Ile; l'intérieur de toutes les montagnes, tous les eſcarpemens, preſque tous les rochers ſont blancs; leur apparence & leur couleur pourroient faire douter de leur origine volcanique, ſi on ne ſavoit pas que le noir n'eſt pas une couleur eſſentielle à toutes les productions des volcans. L'obſervation prouve que les feux ſouterrains n'alterent pas plus les roches dans leur couleur primitive, qu'ils n'alterent les ſubſtances qu'elles renferment, même les plus fuſibles. Les laves, après avoir perdu, par leur refroidiſſement, la fluidité qu'elles avoient acquiſe dans le foyer des volcans, conſervent tous les caracteres des matieres qui leur ont ſervi de baſe, même la diſpoſition fiſſile de quelques-unes; mais comme il eſt facile de confondre les produits volcaniques, qui ſont devenus blancs accidentellement, par l'effet de leur décompoſition avec les matieres qui ſont ſorties telles des foyers qui les ont rejetées, & dans leſquelles cette couleur eſt eſſentielle;

j'indiquerai quelques caracteres apparens qui pourront les faire distinguer.

Les laves qui, naturellement noires, ont été altérées dans leur couleur par les vapeurs sulphureuses, acquierent ordinairement une mollesse, une légereté, & une finesse de grains comparables à celles de l'argile; lorsque leur décomposition est complette, elles happent à la langue, & se laissent presque toutes ramollir dans l'eau; elles ont à peu près tous les caracteres apparens de l'argile. On trouve souvent des blocs dont l'altération n'est pas complette, & qui conservent un noyau qui atteste l'état de la couleur primitive de la lave : la décomposition, toujours plus avancée vers les surfaces, annonce ses progrès successifs, autant par le ramollissement de la lave que par le changement de sa couleur; d'ailleurs comme les vapeurs ne prennent pas issue indistinctement dans toutes les parties d'une montagne volcanique, mais qu'elles ont des canaux particuliers par où elles s'échappent, ce n'est qu'aux environs & à peu de diſtance de ces *fumarolli*, que les matieres volcaniques blanchiſſent; ailleurs elles conſervent leur teinte & leur dureté primitives. S'il eſt des circonſtances où le ramolliſſement de la lave n'accompagne pas toujours ſon changement de couleur, c'eſt parce que les vapeurs ont agi trop peu de temps, & n'ont attaqué que le fer colorant, avec lequel elles ont une affinité plus directe qu'avec l'argile. Mais lorſque l'action des vapeurs ſulphureuſes eſt long-temps continuée ſur les mêmes blocs de lave, elle y produit une vraie analyſe, une ſéparation de chacune de leurs parties conſtituantes. Le fer qui les coloroit, lorſqu'il n'a point été mis en état de vitriol martial, & emporté par les eaux, ou qu'il a été abandonné, ſe raſſemble, & forme, par ſon diſſolvant, des veines rouges & jaunes, qui traverſent les maſſes d'argile blanche; il y produit des incruſtations plus ou moins épaiſſes, & abſolument ſemblables à la mine de fer limoneuſe; la partie calcaire ſe change en gypſe; l'argile produit de l'alun, & la substance silicée se rassemble, & forme des quartz gras & des calcédoines. On trouve tous ces nouveaux produits de laves décomposées dans presque tous les crateres des volcans brûlans; dans la *Solphatara*, au *Pisciarelli*, aux étuves de Lipari, de l'Ile *Vulcano*, & dans une infinité d'autres lieux de la Toscane & des États du Pape, &c. (1)

Les matieres volcaniques auxquelles la couleur blanche est essentielle, n'ont point la finesse du grain & la douceur du toucher des premieres; les laves ont

(1) C'est principalement dans les montagnes de la province dite *le patrimoine de Saint-Pierre*, que l'on voit en grand l'effet de ces vapeurs sur les substances volcaniques; de grandes montagnes ont presque entierement perdu leur couleur primitive, sans que les matieres qui les forment soient trop ramollies; mais par-tout où l'on voit les substances volcaniques devenues blanches, on est presque sûr de trouver dans l'intérieur, des mines de soufre & de l'alun; les pyrites dont on se sert pour la fabrication du vitriol vert, sont un produit de l'union du soufre avec le fer qui coloroit les laves dans les volcans éteints des environs de *Viterbe*.

plus de dureté & de pesanteur ; elles ne se ramollissent pas dans l'eau ; leur grain est ordinairement rude ; elles n'ont point de noyaux différens de la couleur des surfaces, & on leur reconnoît la contexture de la roche qui leur a servi de base : lorsqu'elles contiennent des schorls & des micas noirs, ils n'ont point changé de couleur, & n'ont, ainsi que le feld-spath, aucune apparence d'altération ; les cendres qui les environnent sont blanches, & on y trouve des pierres ponces, au lieu des scories poreuses & noires qui accompagnent toujours les laves noires ; il n'y a point de lieux particuliers, de petits espaces circonscrits par des matieres noires ; le corps de la montagne, son intérieur comme sa surface sont également blancs & grisâtres, & toutes les matieres, les cendres même ont une rudesse & une aspérité au toucher, qui est remarquable, & qui est un caractere distinctif des fragmens de pierres ponces ; ainsi sont les principales montagnes de Lipari, quelques-unes des champs Phlégréens, de l'Ile d'Ischia, & presque toutes celles de l'Ile Ponce.

Si les laves noires paroissent presque toutes avoir eu pour base la roche de corne, ou le schorl en masse, dans lequel se trouvent renfermés des cristaux de schorl, des grenats, & des feld-spath; la majeure partie des laves blanches, au moins celles de l'Ile Ponce, paroissent appartenir plus particulierement au granit & aux roches feuilletées granitiques. On reconnoît les substances qui constituent ordinairement ce genre de roche composée, dans presque toutes les matieres blanches de cette Ile; savoir, le quartz en grain, le mica noir écailleux, & le feld-spath plus ou moins pur; les deux premieres substances y sont ordirement dans leur état naturel; le feld-spath, qui est plus fusible que celui des granits communs, à raison d'une majeure quantité d'argile, y a presque toujours subi un changement considérable; il y est devenu fibreux; il a perdu sa dureté, & il a pris le grain de la pierre ponce; quelquefois même il s'eſt vitrifié ſans que ni le quartz, ni le mica, ni même des criſtaux diſtincts de feld-ſpath ayent participé à ſa fuſion.

Il n'y a point de Naturaliſtes qui ne connoiſſent le genre de roches, placé entre le granit, les kneiſſ, & les porphyres, qui tiennent un peu des trois eſpeces, & dont la baſe ou la pâte eſt ordinairement un feld-ſpath impur, d'un tiſſu peu écailleux; c'eſt parmi elles principalement qu'il faut chercher les matieres premieres des laves blanchâtres de l'Ile Ponce, dont je vais indiquer les principales variétés.

(A) Lave blanche aſſez dure, avec des écailles de mica noir, & quelques grains de quartz blanc: cette lave paroît compacte; mais quand on la regarde avec attention, on voit dans le fond une infinité de petits pores, & des fibres prolongées toutes dans la même direction: la couleur n'eſt pas égale dans tous les blocs, elle eſt quelquefois rougeâtre ou griſe. Cette lave a une rudesse au toucher pareille à celle de la pierre ponce; elle peut-être regardée comme une pierre ponce pesante.

Cette lave est très-commune dans l'Ile Ponce; on la trouve dans tous les escarpemens, principalement dans ceux de *Chiar di Luna;* elle paroît y former tout le centre de la montagne; elle n'a point de division réguliere, mais elle a la propriété de se casser ou se fendre presque toujours selon une direction constante, comme les pierres fissiles: je crois que sa base appartient au granit feuilleté; il y a des morceaux qui different par plus ou moins de dureté.

(B) Lave blanche, avec des écailles de mica noir, & très-peu de quartz; le fond de celle-ci est encore plus fibreux que dans la précédente; elle est aussi beaucoup plus tendre; elle ressemble au tuf volcanique par sa mollesse, & à la pierre ponce par la rudesse de son grain.

On trouve cette lave assez communément dans les escarpemens de *Chiar di Luna;* il est difficile d'en détacher de gros blocs, parce qu'elle s'égraine facilement, & qu'elle se divise en fragmens sous le choc du marteau : j'ai été quelque temps avant de déterminer si cette variété étoit une vraie lave, ou si elle n'appartenoit pas plutôt au tuf, avec lequel elle a beaucoup de rapport; sa mollesse, le peu de liaison de ses grains, quelques-unes de ses circonstances locales, telles que la grande épaisseur des massifs, sans distinction de bancs ni division quelconque, les boules de verre qu'elle renferme me faisoient douter que la fluidité de cette matiere eût été produite par le feu; mais cependant, l'examinant plus attentivement dans sa contexture, j'y ai trouvé quelques pores arrondis, des fibres vitreuses qui n'auroient pu y être formées par la fluidité aqueuse, propre aux courans boueux qui produisent les tufs.

(C) Lave grisâtre, poreuse & fibreuse, qui contient des écailles de mica noir, & des grains blancs quartzeux : la base de cette lave a la cassure écailleuse & luisante, propre au verre; ses fibres & ses pores sont ceux de la pierre ponce;

elle ressemble parfaitement à quelques pierres ponces pesantes & granitiques de l'Ile de Lipari; elle est moins commune que les précédentes, & se trouve aux mêmes endroits.

(D) Lave jaunâtre, avec des écailles de mica noir & quelques grains de quartz blanc : le fond jaunâtre de cette lave est en partie fibreux & en partie vitreux; elle n'est pas très-dure, & elle peut être regardée comme une espece intermédiaire entre la pierre ponce & le verre.

Elle se trouve, ainsi que les variétés suivantes, dans les éboulemens du mont *della Guardia*, à gauche de la galerie.

(E) Lave jaune, avec mica noir & quartz blanc: le fond de cette lave paroît entierement vitreux; sa cassure est luisante, mais elle n'est pas concave & convexe, comme celles des vitrifications ordinaires; elle est plate, & se dirige toujours dans un sens particulier, ce qui est propre à toutes les variétés de cette espece. Cette lave n'a ni la dureté ni la pesanteur des verres noirs.

des volcans; elle ſemble appartenir à un état particulier de la pierre ponce; elle reſſemble auſſi, à quelques égards, à la pierre de poix.

(F) Lave vitreuſe brune-jaunâtre; elle a le luiſant & la demi-tranſparence de la réſine cuite ou colaphane; je n'héſiterois pas à la regarder comme un vrai verre, ſi elle en avoit la dureté, la peſanteur; mais elle reſſemble encore, à cet égard, à la variété précédente, & contient, comme elle, des écailles de mica & des grains de quartz.

(G) Lave verdâtre: elle renferme du mica noir & quelques grains blancs de feld-ſpath & de quartz. La pâte de cette lave eſt luiſante, fibreuſe & vitreuſe; elle ne differe d'ailleurs des variétés précédentes que par ſa couleur, qui approche plus ou moins du vert.

Cette eſpece de lave, qui forme les quatre variétés précédentes, eſt très-ſinguliere; je ne l'ai vue dans aucun autre volcan: ſon genre de vitrification appartient néceſſairement au feu, quoiqu'elle reſſemble preſque à la pierre de poix,

transversales, droites sur deux des faces opposées, & obliques sur les autres.

La forme la plus commune de ces prismes est la pentagone, ensuite la carrée; on en trouve plus de cent de la premiere forme, & trente de quadrilateres, sur un d'une autre espece, parmi lesquels la forme triangulaire est encore la moins rare.

Les petits basaltes (1) sont très-nom-

(1) Le mot *basalte* est très-embarrassant à employer; il a différentes significations dans les ouvrages des Naturalistes qui s'en sont servis: les uns l'ont appliqué à tous les cristaux prismatiques, soit que l'eau ou le feu les eût formés; les autres l'ont réservé pour les seuls produits du feu, qui ont eu un retrait régulier; d'autres enfin ne l'ont employé que pour désigner une lave noire compacte. Ce mot, qui n'est ni latin ni grec, appartient, dit-on, à la langue éthiopienne; il signifie noir ou brûlé. Pline s'en est servi le premier, pour désigner une pierre noire dont les Anciens ont fait des colonnes, des vases, & des statues; mais cette matiere n'est pas toujours uniforme ni par son grain ni par son origine: il y a des basaltes antiques, qui sont des schorls en masse, à grains fins ou à petites écailles; d'autres sont de vraies laves à grains fins & homogenes, ainsi que l'a très-bien observé M. de Faujas;

breux dans l'Ile Ponce; on les trouve dans une infinité d'endroits, & principalement

---

on restaure les statues qui en sont formées avec les laves compactes de *Capò di Bove*, auprès de Rome, & on donne à cette pierre le nom de basalte occidental, à cause de sa ressemblance parfaite avec l'antique, que l'on nomme oriental. Pline avoit aussi comparé les colonnes prismatiques des laves qui sont sur le bord du lac de *Bolzena*, aux basaltes d'Egypte. Si donc ce mot ne signifie qu'une lave noire compacte, il faut le réserver pour cette seule espece de lave; si on veut l'appliquer aux colonnes prismatiques, il ne doit alors signifier qu'une forme accidentelle, qui est absolument indifférente aux grains, à la couleur, & à la compacité des laves; car on en trouve de toutes especes qui ont acquis cette forme prismatique: celles de l'Ile Ponce, qui sont de vraies pierres ponces pesantes, ont la forme prismatique aussi réguliere que les laves compactes les plus noires. Parmi les laves de l'Etna, on trouve des colonnes formées de toutes les variétés des laves sorties de ce volcan. Les basaltes des monts *Euganiens* sont aussi de toutes couleurs. Le mot *basalte*, pris dans ce sens, ne désigneroit plus une lave compacte noire, mais une matiere quelconque qui a éprouvé ce genre de retrait régulier; tout comme le mot *schiste* ne désigne plus une espece de pierre particuliere, mais une pierre fissile. En général, quelle que soit sa nature, je n'ose pas décider à laquelle de ces deux significations les Naturalistes doivent se fixer; mais,

dans les escarpemens de *Chiar di Luna*, à gauche de la galerie souterraine; ils sont par milliers des deux côtés de la petite rade de Sainte-Marie, sur-tout dans la montagne qui est derriere les maisons. Ces petites colonnes prismatiques se détachent d'elles-mêmes, & s'écroulent dans la mer; il y en a qui sont d'une régularité parfaite, & on y trouve toutes les variétés de forme dont ils sont susceptibles; ils se présentent entassés de différentes manieres, mais plus souvent empilés horisontalement les uns sur les autres; & présentant leur sommet, ils forment des especes de murs qui ressemblent parfaitement aux murs des bâtimens antiques nommés *Opera reticulata;* plusieurs rangées ou murs, faits avec les prismes d'un pied à peu près de longueur, sont placés les uns derriere les autres.

La formation de ces prismes présente

jusqu'à ce qu'ils l'appliquent uniformément, il y aura toujours une grande confusion dans les ouvrages sur l'Histoire Naturelle des Volcans.

une queſtion curieuſe. Il paroît que les gros baſaltes en général doivent leur forme réguliere à un refroidiſſement ſubit, produit par le contact de l'eau; au moins tous les courans de laves qui ſont entrés dans la mer, y ont éprouvé ce retrait régulier qui produit les priſmes; mais ici aucun de ces petits baſaltes ne paroît avoir pu ſe former dans la mer; ils n'ont jamais coulé dans l'eau, & cependant leur régularité eſt parfaite: ils pourroient donc autoriſer des doutes ſur la maniere dont ont été produits les baſaltes en général, & indiquer que la Nature a plus d'un moyen pour opérer le même effet.

La poſition de ces priſmes, & le peu de largeur des eſpeces de murs qu'ils repréſentent, me font croire qu'ils ont été produits par des laves, qui, ſe répandant par deſſus les levres des crateres, couloient & pénétroient dans les fentes qui s'y trouvoient, & les rempliſſoient. On voit un phénomene ſemblable dans la montagne de *Somma*, derriere le Véſuve: il y a des murs de laves qui s'élevent perpendiculairement du milieu des autres matieres qui composent cette montagne, & ces murs sont également formés par de petits basaltes plus ou moins distincts. J'en ai également trouvé dans les fentes des tufs volcaniques de *Palagonia* en Sicile: ces fentes très-longues n'ont qu'un ou deux pieds de largeur.

Si, comme je n'en doute pas, le refroidissement subit suffit pour diviser les laves & leur donner la forme de colonnes prismatiques, celles qui ont coulé dans les fentes, ont éprouvé un refroidissement aussi prompt que celles qui se sont précipitées dans la mer; en contact des deux côtés avec les matieres au milieu desquelles elles pénétroient, elles se sont dépouillées de leur chaleur aussi promptement qu'elles l'auroient fait dans l'eau. Si les courans de laves qui coulent sur la surface de la terre avec très-peu d'épaisseur, ne cristallisent pas, ou n'éprouvent pas un retrait régulier, quoiqu'elles paroissent devoir s'y refroidir promptement, c'est qu'elles conti-

BIBLIOTHEQUE ROYALE

nuent à y brûler pendant long-temps; à la maniere des corps inflammables; qu'elles ne perdent que lentement cette chaleur produite par leur propre combustion; & qu'elles ont la propriété de se boursouffler beaucoup, & de se changer presque toutes en scories.

Je ne crois pas cependant que le retrait régulier soit toujours nécessairement produit par la coagulation des matieres que le feu rend fluides; il est possible que le dessechement des matieres délayées par l'eau produise le même effet. J'ai vu, dans les environs de Rome, des tufs volcaniques divisés en très-gros prismes réguliers, quoique certainement ces tufs n'aient jamais eu le genre de fluidité qui appartient aux laves.

On voit aussi des argiles desséchées prendre cette forme; les prismes d'une certaine mine de fer limoneuse de la Styrie, sont très-réguliers, quoique très-certainement cette mine de fer n'ait jamais été ramollie par le feu; on trouve aussi des géodes argilo-calcaires, qui, dans leur centre, renferment des prismes. Un calcul géométrique sur les lois de l'attraction, qui obligent une matiere qui se desseche, à prendre une forme réguliere, pourroit nous apprendre quelle est celle de ces formes qui doit être la plus commune, & nous verrions si le calcul est d'accord avec l'observation.

Quoique des colonnes prismatiques puissent être produites par des moyens qui n'ont aucun rapport avec les feux souterrains, il est cependant vrai que toutes les grandes colonnes de pierre noire, dure & compacte, que l'on a trouvées jusqu'ici, sont des produits des volcans; & les laves de l'Etna, qui parviennent à la mer sous une certaine épaisseur, & qui toutes s'y cristallisent ou s'y divisent en prismes réguliers, nous prouvent que le contact de l'eau, ou le refroidissement subit, est alors une cause essentielle à cet effet, puisque les laves dont nous connoissons l'âge, & qui ne sont jamais parvenues à la mer, n'ont éprouvé qu'un retrait irrégulier, & sont divisées en blocs informes.

TROISIEME ESPECE.

Laves ſilicées.

Il eſt une autre eſpece de lave auſſi ſinguliere que les laves blanches que je viens de décrire, & qui portent encore moins les caracteres que l'on attribue ordinairement aux matieres volcaniques : ce ſont les laves qui ont le grain, la dureté*, la caſſure, & l'apparence du ſilex; de toutes les productions volcaniques, il n'en eſt point qui s'éloignent davantage des pierres que le feu paroît avoir attaquées ; je parle de celles de ces laves qui ſont les plus parfaites dans leur genre, parce qu'il y a des nuances & des variétés intermédiaires, qui les lient avec les laves de pluſieurs autres eſpeces; il en eſt quelques-unes qui ont des pores qui ne peuvent convenir qu'à des matieres que le feu a traitées; il eſt même de ces laves ſilicées qui ſont corps avec d'autres laves, & qui ont évidemment coulé avec elles : alors il n'eſt plus poſſible de douter de leur origine.

Il faut bien remarquer que je ne confonds pas ces laves ſilicées avec les blocs de ſilex que les volcans peuvent rejeter ſans altération, telles que ſont les roches en morceaux iſolés, que l'on trouve dans la montagne de *Somma*, & dans les *Peperino* de Rome; ils n'y ſont qu'accidentellement, & ils ſont étrangers aux matieres volcaniques qui les renferment.

Les laves ſilicées ſont très-nombreuſes dans l'Ile Ponce; il y en a des blocs immenſes parmi les débris du mont *della Guardia;* on en trouve pluſieurs rochers ſur la crête des montagnes dites *del Frontone* & *del Core*, & généralement ſur toutes les ſommités de la partie ſupérieure de l'Ile. Ces laves ſont ſorties des crateres, & paroiſſent avoir coulé à la maniere des autres laves; elles rempliſſent quelquefois des fentes, & ſont diviſées en priſmes; ce qui prouve encore leur fluidité.

Pluſieurs variétés de ces laves ſilicées

ſe rapprochent beaucoup des laves granitiques de l'eſpece ſeconde ; on y trouve le même mica, & dans quelques parties elles ont un grain preſque ſemblable ; mais les morceaux bien caractériſés de l'une & de l'autre different eſſentiellement : il eſt très-difficile de déterminer préciſément quelle a été la baſe de ces laves, & ſi c'eſt par une demi-vitrification qu'elles ont pris l'apparence du ſilex ; je n'oſe le décider, cependant je crois que leur apparence ſilicée vient d'un arrangement de leurs parties conſtituantes, indépendantes de la vitrification (1).

(1) On trouve beaucoup de ces laves ſilicées parmi les produits des volcans du *Padouan* & du *Vicentin* ; ils y ſont en blocs iſolés, répandus parmi les laves & les ſcories de ces montagnes ; & je n'avois pas pu m'aſſurer qu'elles euſſent jamais appartenu à aucun courant ; il étoit poſſible de ſuppoſer qu'elles étoient ſorties des crateres, qui les avoient rejetées dans leur état naturel, ſans aucune altération ; mais dans l'Ile Ponce, il n'y a pas de doute qu'elles n'ayent réellement coulé.

Parmi ces laves du Vicentin, il en eſt qui reſſemblent

(A) Lave blanche, avec quelques écailles de mica noir; elle est très-dure, compacte & pesante; elle fait feu avec le briquet: sa cassure est celle du silex; son grain est fin, très-serré; elle ressemble parfaitemenr à la pâte de la belle porcelaine; elle est très-opaque, mais les bords très-minces des cassures ont une demi-transparence laiteuse.

On trouve cette lave en couches fort inclinées & presque perpendiculaires, sur le sommet de la montagne *del Core*, près de l'église; & en blocs, dans les débris du mont *della Guardia*.

(B) Lave grise opaque, avec quelques écailles de mica; elle ressemble parfaitement aux pierres à fusil, elle a la même dureté. Quelque fois cette lave

---

à la pierre de poix, ou ce sont même de vraies pierres de poix, qui en ont tous les caracteres, la légereté, la mollesse, & un peu de demi-transparence; mais je ne les regarde point comme de vrais produits de volcans; je supposerois plutôt qu'elles se sont formées postérieurement, par la décomposition des matieres volcaniques qui renfermoient beaucoup de magnésie.

a la fibre prolongée comme celle d'un verre qui a coulé; elle se trouve principalement sur les montagnes de Sainte-Marie, en couches inclinées.

(C) Lave rougeâtre avec quelques écailles de mica noir; sa cassure est encore celle du silex, mais sa pâte est moins fine; son grain est un peu marqué; elle n'a pas le luisant du vrai silex; elle a ordinairement des veines blanchâtres, dont le grain est plus terreux, & dans lesquelles on découvre des pores, & les fibres prolongées, semblables à celles de la pierre ponce.

Cette lave est commune dans les escarpemens *della Guardia.*

(D) Lave qui ressemble au poudingue; sa base silicée est blanche, grise, brune ou rougeâtre, & elle renferme des morceaux anguleux de lave granitique, de lave silicée, de pierre ponce, &c. Cette variété prouve évidemment que ce genre de silex a été fluide, puisqu'il a pu envelopper & renfermer dans sa pâte ces diverses substances.

Cette lave poudingue eſt aſſez commune dans les différentes montagnes de l'Ile Ponce.

QUATRIEME ESPECE.

Laves blanches & griſâtres, qui ont le grain & la caſſure terreuſe.

RIEN n'eſt plus difficile que de ranger ſyſtématiquement les productions du regne minéral: il faut faire des diviſions où la nature n'en a point mis; il faut ſéparer les productions qui naturellement ſont liées enſemble; cependant, ſans cet ordre artificiel, comment pourrions nous éviter la confuſion produite par la multiplicité des faits & des ſubſtances? En établiſſant cette quatrieme eſpece de lave dans les produits de l'Ile Ponce, je ſens tout l'inconvénient des diviſions; les laves qui y ſont compriſes ſe lient ſi étroitement avec les deux précédentes, qu'il eſt impoſſible de tracer une ligne intermédiaire qui les ſépare exactement, ſans choquer l'ordre naturel; ces laves n'ont cependant ordinairement ni la fibre prolongée de la seconde espece, ni la cassure silicée de la troisieme; je leur donne au contraire pour caractere distinctif, un grain plus ou moins fin & terreux, un toucher plus ou moins rude, une cassure irréguliere & grenue; malgré ces distinctions, qui paroissent suffisantes, il y a, parmi cette quatrieme espece, des variétés qui s'approchent infiniment des deux précédentes, parce que ce ne sont que des modifications des mêmes substances, & qu'il y a toujours entre elles des nuances intermédiaires, qui conduisent insensiblement des unes aux autres.

(A) Lave blanche ou grisâtre, quelquefois veinée; elle est dure, pesante, & compacte; son grain, dur & rude, est semblable à celui du grès. Cette lave est très-commune dans les différens escarpemens de l'Ile Ponce; elle ressemble beaucoup à la variété (I) de l'espece seconde, dont elle differe seulement parce qu'elle n'a pas la fibre prolongée de la ponce; mais elle a presque le même grain; elle a encore, comme elle, la propriété d'être presque toujours cristallisée en petits prismes de même grosseur & forme, & dans les mêmes circonstances que ceux que j'ai décrits.

(B) Lave grise compacte, pesante, d'un grain assez fin, mais rude au toucher; elle contient quelques écailles de mica; quelquefois elle a une teinte rougeâtre, & une cassure semblable à celle du proto-silex grossier: cette lave est très-commune; on la trouve en gros blocs dans tous les débris des montagnes; elle est quelquefois cristallisée en prismes.

Je réunis sous cette variété des échantillons qui different un peu entre eux par la dureté, la finesse du grain, & l'apparence plus ou moins terreuse; mais de nouvelles subdivisions seroient aussi ennuyeuses que peu instructives; on sait bien que dans la Nature il n'y a peut-être pas deux blocs de pierre qui se ressemblent exactement; je dirai seulement que parmi les laves que je place dans cette variété, il en eſt qui, par leur molleſſe, reſſemblent aux tufs volcaniques de cette même Ile; il en eſt d'autres qui à leur ſurface ont la fibre prolongée de la ponce, & dans leur intérieur le grain fin & terreux de la roche de corne. Ordinairement dans toutes ces laves on voit des eſpeces de veines contournées, telles celles des pierres fiſſiles.

(C) Lave blanche, avec des veines griſes, toutes prolongées dans la même direction que les eſpeces de pores & de fibres que l'on aperçoit dans ſa pâte; ſon grain eſt fin, mais rude au toucher; ſa caſſure eſt ſeche & un peu écailleuſe, comme celle du ſilex; elle renferme quelques lames de mica, & de petits grains de feld-ſpath: cette lave eſt aſſez communément criſtalliſée en priſmes de ſix à ſept pouces de diametre; on les trouve dans les débris des montagnes & dans pluſieurs eſcarpemens.

(D) Lave griſâtre, dure & compacte; ſon

quelles il agit, il eſt évident que toutes ces laves ont eu le genre de fluidité qu'acquierent les matieres vomies par les volcans, ſous la forme de torrens enflammés; elles ont toutes été ſuſceptibles de l'eſpece de retrait régulier qui produit les baſaltes, ce qui annonce un état de molleſſe & de diſſolution, qui, dans les circonſtances pareilles, ne peut leur avoir été donné que par le feu; ces laves prouvent qu'il n'y a point de caracteres généraux qui puiſſent infailliblement faire reconnoître une ſubſtance volcanique, ſans le concours de ces circonſtances locales.

Laves poreuſes, ſcories, pierres ponces, cendres & tufs de l'Ile Ponce.

Il eſt deux autres genres de productions volcaniques, qui ne laiſſent aucun doute ſur leur origine, & qui conſervent toujours évidemment les caracteres que le feu leur a donnés; ce ſont les laves poreuſes & les ſcories: mais ces matieres qui accompagnent toujours les laves compactes dans les volcans brûlans, dont la quantité surpasse celle de toutes les autres matieres, & qui forment à elles seules des montagnes considérables, disparoissent quelquefois entierement dans les volcans éteints; moins dures que les laves compactes, plus susceptibles de décomposition, leur quantité dans les volcans éteints est presque toujours en raison inverse de leur antiquité, & elle peut servir à indiquer comparativement l'époque plus ou moins éloignée de leur inflammation. Elles sont très-rares dans l'Ile Ponce, premierement, parce que l'inflammation de ces volcans doit remonter aux premiers âges du monde, & que beaucoup de causes & de révolutions ont pu concourir à leur destruction; secondement, parce que les laves poreuses & les scories noires sont des modifications de laves noires compactes, dont la base est la roche de corne, ou le schorl en masse, & que ce genre de lave est très-peu commun dans l'Ile

Ponce : nous avons dit qu'un ſeul cratere, & dans une ſeule époque de ſon inflammation, en a produit de ſemblables. Ce n'eſt auſſi que dans la montagne *della Guardia* que l'on trouve quelques morceaux de laves poreuſes ; ils ſont parmi les blocs des gros baſaltes qui forment ſon couronnement. Les ſcories noires y ſont plus rares encore, on en trouve quelques fragmens dans les fentes & dans les cavités des laves compactes ; elles y ont été à l'abri des cauſes de deſtruction qui ont fait diſparoître les autres.

Les eſpeces de roche qui ont ſervi de baſe à preſque toutes les laves de l'Ile Ponce, devroient y avoir rendu très-communes les pierres ponces ; mais ce genre de productions volcaniques, plus légeres encore que les ſcories, moins dures qu'elles, & plus ſuſceptibles de deſtruction, n'a pas réſiſté au travail combiné de l'eau & du temps, qui a cauſé toutes les dégradations de cette Ile. Les laves fibreuſes compactes de l'eſpece ſeconde ſont de vraies pierres ponces pesantes; mais les mêmes causes qui ont détruit les scories noires & les laves poreuses qui devoient recouvrir les laves noires, ont agi avec plus de puissance encore sur les pierres ponces légeres; il n'est donc pas extraordinaire qu'elles y soient en aussi petite quantité: on en trouve cependant des fragmens, connus sous le nom de *Rapillo Bianco*, dans presque toutes les montagnes; ils y sont dispersés parmi une cendre blanche farineuse, qui paroît elle-même avoir été produite par leurs débris triturés; ces cendres, & les fragmens de pierre ponce, foiblement aglutinés ensemble, forment une espece de tuf blanc argileux, extrêmement tendre, qui occupe le centre de toutes les montagnes, principalement de celles qui sont dans la partie supérieure de l'Ile; on trouve quelquefois, au milieu de ce tuf imparfait, & que la seule infiltration de l'eau a peut-être empâté, de petites géodes ferrugineuses, ou pierres d'aigles, avec des noyaux argileux.

Il est une autre espece de tuf plus

produiſent auſſi les verres de volcans, ou pierres obſidiennes, & les émaux: ces deux productions volcaniques ont beaucoup de rapport, quant à leur origine, avec la pierre ponce; elles demandent toutes trois une très-grande fuſibilité dans les ſubſtances que le feu attaque, & elles ſe trouvent preſque toujours réunies dans le même volcan. L'Etna, qui n'a point produit de pierre ponce, n'a jamais formé de verre noir parfait; ce verre au contraire eſt très-commun dans les Iles de *Vulcano* & de *Lipari*, dans l'Iſlande, & dans quelques volcans des environs de Naples, où les pierres ponces ſont très-abondantes. On les trouve auſſi dans l'Ile Ponce; on peut y établir deux variétés.

La premiere eſt un verre noir, opaque, dur, ſans apparence de grains; ſa caſſure eſt luiſante & bien nette; il fait feu avec le briquet; il eſt mêlé par couches avec de l'émail gris opaque; il ſe trouve en bancs preſque verticaux, au milieu du tuf de la montagne de la *Madone*, au-deſſus de la tour; il y eſt à la maniere des filons métalliques dans leur guangue ; il eſt quelquefois renfermé dans des couches d'émail gris, & de pierres ponces peſantes ; la poſition de ce verre indique qu'il a coulé dans les fentes que quelques ébranlemens avoient produits dans la la montagne, lorſqu'elle faiſoit partie d'un cratere.

La ſeconde variété de verre eſt moins dure & plus légere que la précédente ; ſa caſſure a le luiſant & l'apparence de la poix ; elle a un grain un peu fibreux, ou filandreux ; ſa couleur eſt noire & griſâtre, verdâtre ou jaunâtre ; ſes bords ſont demi-tranſparens. Ce verre n'eſt point aſſez dur pour faire feu avec le briquet ; il renferme beaucoup de grains blancs vitreux, quelquefois quadrangulaires, qui ſont des feld-ſpath demi-vitrifiés ; il contient auſſi quelques écailles de mica jaune ; ce qui prouve que ſa baſe eſt preſque la même que celle des laves fibreuſes de l'eſpece ſeconde.

Ce verre ſe trouve ſous forme de globes dans différentes parties de l'Ile

Ponce, au milieu des maſſifs de la lave fibreuſe granitique de l'eſpece ſeconde, & principalement dans les eſcarpemens de la cale dite *di Chiar di Luna*. Ces globes, qui ont depuis ſix lignes jusqu'à quatre pieds de diametre, reſſortent du milieu de cette eſpece de mur de laves granitiques, ſous la forme de gros mamelons noirs qui ſe détachent facilement des matieres qui les environnent; alors ils paroiſſent de vraies boules ſphériques, plus ou moins parfaites, qui ſe rompent facilement. Ces gros globes de verre noir ſont ordinairement enveloppés d'une écorce de terre blanche argileuſe, qui paroît un produit de leur décompoſition ſpontanée; l'intérieur paroît formé de couches concentriques, & les boules ont naturellement une diſpoſition à ſe diviſer en écailles, quoique ſous le choc du marteau elles ſe rompent en morceaux anguleux, irréguliers: leurs fragmens, expoſés à l'air, ſe couvrent d'une pouſſiere blanche, un peu ſemblable à l'eſfloreſcence des pyrites; ces petites boules reſſemblent à des bézoards, & elles se divisent en écailles concentriques très-minces & demi-transparentes; on en trouve beaucoup d'un à deux pouces de diametre dans les rochers nommés *Farillioni grandi.*

Il paroît que ces globes de verre doivent leur forme à la maniere dont ils sont sortis des volcans: lancés en l'air, à une très-grande hauteur, ils ont acquis pendant leur chûte la forme sphérique plus ou moins parfaite, que toute matiere molle ou fluide prend dans un milieu qui ne s'oppose point à l'attraction mutuelle de ses parties. La faculté de se diviser en écailles peut être un effet ou du refroidissement, ou de la décomposition spontanée de ce verre; ces boules ont pu, sans perdre leur forme, être enveloppées ensuite par les courans de laves granitiques que produisoient les mêmes irruptions.

On pourroit regarder aussi comme de vrais verres de volcans ces laves vitreuses que j'ai classées dans l'espece seconde; elles sont sûrement le produit d'une vitrification plus ou moins parfaite ; mais elles ſont ſi étroitement liées avec les laves fibreuſes granitiques, le paſſage des unes aux autres eſt ſi apparent, que je n'ai pas voulu ſéparer des matieres qui ont de ſi grandes relations entre elles.

Les émaux ſont moins communs que les verres, on en trouve cependant de différentes couleurs parmi les laves granitiques ; ſavoir, des verdâtres, des gris, des bleuâtres ; les uns en maſſes irrégulieres, les autres en boules ; ils ſont dans les mêmes lieux & avec les mêmes circonſtances que les boules de verre noir, dont ils ne different d'ailleurs que par leur parfaite opacité, qui vient d'une moindre fuſibilité dans les matieres conſtituantes ; ils ſont plus durs que les verres.

ILE DE PALMAROLA.

Les causes de dégradations qui ont agi sur l'Ile Ponce, ont exercé leur pouvoir destructeur avec plus de force encore sur l'Ile Palmarola ; beaucoup plus dégradée que l'autre, elle présente, d'une maniere plus frappante encore, l'image de la caducité & de la destruction. Rien n'y rappelle plus ni la forme ni l'état primitif : ce sont des ruines qui ont appartenu à un grand édifice, mais dans lesquelles on ne trouve rien qui en indique précisément l'usage.

L'Ile Palmarola est à quatre milles de distance de l'Ile Ponce, dans la partie de l'ouest ; elle est prolongée du nord au sud, sous une forme irréguliere ; sa longueur est à peu près de trois milles ; & sa largeur, qui n'est jamais de plus de cent cinquante pas, est encore plus resserée dans beaucoup d'endroits ; elle est escarpée dans tout son contour, & elle n'eſt abordable que par le petit port qui eſt dans la partie du nord-oueſt, encore ſon accès y eſt-il difficile. Cette Ile ne peut plus être conſidérée que comme un ſquelette décharné, à la deſtruction duquel les eaux travaillent encore puiſſamment.

Les montagnes qui la formoient, dévorées journellement par les flots, ne ſubſiſtent plus que dans leurs moindres parties; elles forment une chaîne d'inégale hauteur, terminée en dos d'âne, dans laquelle l'arête eſt ſouvent ſi aiguë, qu'on peut à peine y paſſer. L'extrémité du nord eſt la partie la plus haute & la plus émouſſée de toute l'Ile. Les pentes du talus, qui ſont alternativement d'un côté & de l'autre, ſont la plupart très-roides, & viennent ſe terminer à des eſcarpemens qui ſont autant de murs perpendiculaires, dont la mer baigne les pieds; il y a dans ces eſcarpemens un grand nombre de grottes ou cavités naturelles, qui preſque toutes ne ſont acceſſibles qu'aux oiſeaux de nuit qui viennent s'y réfugier.

Cette Ile est divisée en deux parties presque égales par un canal étroit qui la traverse vers la moitié de sa longueur, & dans lequel on passe en barque; cette coupure faite par les eaux a pu être facilitée par quelques fentes produites par des tremblemens de terre; d'ailleurs toutes les matieres qui composent cette Ile ne présentant presque aucune résistance aux efforts de la mer agitée, elle éprouve encore journellement de nouvelles dégradations; elle se divisera bientôt en plusieurs autres parties, & elle finira par être dévorée & détruite par la mer qui l'environne. Plusieurs rochers voisins de ses escarpemens, de même nature qu'eux, & que l'on nomme encore *Farillioni*, ont été détachés de cette Ile; ils sont des débris qui annoncent une plus grande étendue. D'ailleurs tout indique que cette Ile étoit autrefois réunie à l'Ile Ponce; leur peu de distance, la conformité des matieres qui les forment, les bas-fonds du canal qui les divise, les escarpemens qui ont l'apparence de se correspondre, & une

une infinité d'autres circonſtances concourent à prouver que ces deux Iles, & ſûrement encore l'Ile Zanone, ne formoient autrefois qu'un ſeul groupe volcanique, que les tremblemens de terre & l'agitation de l'eau ont diviſé, & dont les parties s'éloignent d'autant plus que l'étendue de chacune diminue journellement.

L'Ile de Palmarola, infiniment plus dégradée encore que l'Ile Ponce, conſerve encore moins de veſtiges de ſes crateres; on pourroit cependant en ſuppoſer un vers la pointe du ſud, & un autre dans l'emplacement circulaire du port. Les rochers détachés qui l'entourent, devoient faire partie de ſon contour.

Cette Ile eſt entierement blanche; peut-être quelqu'une des matieres qui la compoſent doivent-elles cette couleur à la décompoſition; mais en général elles ſont à peu près les mêmes que celles de l'Ile Ponce: il n'y a point de lave noire; mais on y trouve preſque toutes les variétés des laves blanches & blanchâtres, à grain rude, que j'ai décrites dans les especes 3 & 4; elles y sont aussi quelquefois cristallisées en prismes ou basaltes. Les escarpemens ne présentent presque par-tout qu'une espece de tuf blanc & tendre, formé de fragmens de pierres ponces & de cendre farineuse.

Cette Ile ne peut être ni habitée ni cultivée : les parties de sa surface, où les pentes sont un peu moins roides, sont couvertes de broussailles qui servent aux habitans de supports pour soutenir leurs vignes ; d'ailleurs on la suppose peuplée de diables ; le préjugé en est si fort, que ce n'est qu'avec crainte que les barques des pêcheurs vont passer la nuit ou dans son port, ou à l'abri de ses rochers ; ils prétendent qu'alors ils y entendent des hurlemens continuels & un fracas épouvantable. Les cris des oiseaux de nuit qui habitent les grottes, & les éboulemens continuels qui se font dans les escarpemens, & dont les débris tombent avec grand bruit dans la mer, peuvent avoir contribué à établir cette superstition.

ILE ZANONE.

L'ILE Zanone forme le dernier anneau de l'efpece de chaîne que j'ai fuppofé s'étendre depuis le cap *Circé* jufqu'au cap Miffene ; fituée entre l'Ile Ponce & la côte d'Italie, elle eft dans la direction de la longueur de Ponce, à quatre milles de diftance de la pointe du nord-eft. Dans le canal qui les fépare, & fur la même ligne, outre l'Ile de Calvi, il y a encore plufieurs autres rochers qui indiquent qu'autrefois ces deux Iles étoient réunies ; trois de ces rochers élevent leurs têtes hors de l'eau, & forment, à cinq cents pas les uns des autres, des écueils que la mer recouvre dans les gros temps, & contre lefquels elle frappe avec violence.

L'Ile de Zanone eft une efpece de maffif quadrilatere, qui, du côté du nord-oueft, s'éleve de plus de trois cents toifes au-deffus de la furface de la mer ; sa longueur est un peu plus d'un mille, & sa largeur un peu moins ; elle est escarpée dans presque tout son contour, & elle n'est abordable que dans la partie du sud, où une pente assez roide vient se terminer dans la mer ; on nomme cette côte *Cala del Varo* ; on y trouve un petit sentier qui conduit aux ruines d'un ancien couvent, situé sur le sommet de la montagne.

Si, séduit par l'analogie, on vouloit prévenir l'observation ; si, sans l'avoir visitée, on croyoit pouvoir former des conjectures vraisemblables sur la nature & la formation de l'Ile *Zanone*, on n'hésiteroit pas à dire, que cette Ile, très-voisine des autres Iles Ponces, dans la même mer, dans des circonstances presque semblables, ayant évidemment formé le même groupe, & paroissant avoir été anciennement réunie avec elles, doit être de même nature que les autres ; on la jugeroit donc entierement volcanique. Et portant plus loin cette analogie, on pourroit encore supposer que la montague qui forme le cap *Circé*, ſur la côte d'Italie, à l'extrémité des Marais *Pontins*, doit également ſa formation aux feux ſouterrains; elle eſt à peu de diſtance des Iles Ponces, & on pourroit la regarder comme le dernier anneau de cette eſpece de chaîne volcanique que l'on a ſuivie depuis le cap Miſſene juſqu'à la côte d'Italie, & qui paroît réunir les volcans des champs Phlégréens à ceux des campagnes de Rome (1); elle eſt iſolée, & ſa forme eſt celle qu'affectent ordinairement les

---

(1) M. l'abbé *Teſta*, maintenant Secrétaire du Nonce à Paris, a fait deux Diſſertations ſur les Volcans de cette côte d'Italie; il commente le paſſage de l'Odyſſée, où Homere conduit Ulyſſe chez la Magicienne Circé. Les flammes que le Héros grec voit conſtamment ſur cette côte, les prodiges que lui raconte la Déeſſe, ſont, dit-il, des phénomenes volcaniques, embellis des charmes de la poëſie; Homere n'a pu les décrire que parce qu'il connoiſſoit les volcans qui pour lors ravageoient cette partie de l'Italie. Ces Diſſertations ſont ingénieuſes, elles prouvent la grande érudition de M. l'Abbé Teſta, qui joint un goût très-vif pour l'Hiſtoire Naturelle, à une étude approfondie des Auteurs anciens.

montagnes ſoulevées par les volcans ; on peut même la regarder comme une eſpece d'Ile, puiſque la mer qui baigne la moitié de ſa baſe, la détacheroit en entier du continent, ſi elle s'élevoit ſeulement de quelques pieds (1). Cependant le *Mont Circeus*, ou cap Circé, eſt entierement calcaire ; on y a trouvé de très-belles carrieres d'albâtre, & l'Ile *Zanone* eſt partie calcaire & partie volcanique.

C'eſt une ſingularité remarquable, que la réunion des produits de l'eau avec ceux du feu, dans un eſpace auſſi peu étendu que l'Ile de Zanone ; c'eſt une ſurpriſe pour l'Obſervateur, lorſqu'il

---

(1) Le mont *Circé* paroît avoir concouru à la formation de la plaine où ſont les Marais *Pontins ;* il a préſenté un obſtacle à l'effort des courans, & un appui aux matieres qu'entraînoient les eaux des Apennins. Peu à peu s'eſt formé à ſa baſe cet atterriſſement qui ne s'éleve que quelques pieds au-deſſus du niveau de la mer, & que les travaux immenſes du Pape rendront difficilement à la culture, parce que les atterriſſemens, qui empêchent le cours des eaux, continuent au pied du cap Circé.

voit des matieres si différentes former le même corps de montagnes qu'il devoit croire être simplement un volcan. Un tiers de sa masse est calcaire, les deux autres tiers sont volcaniques; le lieu du contact ou de l'union de deux matieres d'origine si différente, seroit intéressant à observer; mais la surface de l'Ile est couverte d'un bois épais & presque impénétrable, & ce n'est que dans les escarpemens dont le pied est baigné par la mer, qu'on peut remarquer le passage de l'un à l'autre. Les escarpemens du nord sont calcaires, tous les autres sont volcaniques; mais il y a tant de désordre parmi les blocs entassés contre les escarpemens, que l'on ne peut pas voir d'une maniere bien précise laquelle des deux matieres, reposant sur l'autre, indique une formation postérieure; il paroît cependant que les rochers calcaires servent de base & de point d'appui aux matieres volcaniques, & le lieu de réunion paroît être marqué par une espece d'arête ou dos d'âne, qui s'éleve au-dessus de la face du nord, & domine toute l'Ile.

La portion calcaire qui, comme je viens de le dire, occupe le nord de l'Ile Zanone, eſt formée par un très-gros rocher noir, qu'il faut obſerver de quelque diſtance, afin de reconnoître que les fentes qui le diviſent ne ſont pas accidentelles & irrégulieres, mais qu'elles ſéparent des bancs paralleles, épais de ſept à huit pieds, preſque verticaux, & un peu inclinés du nord au ſud; la pierre calcaire en eſt extrêmement dure; elle fait feu avec le briquet; ſon grain eſt fin & très-ſerré, de maniere que l'acide nitreux n'y établit ſon effervescence qu'après pluſieurs ſecondes de temps; ce qui peut occaſionner une erreur, lorſqu'on la ſoumet à cette épreuve, & faire croire qu'elle n'eſt point attaquable par cet acide, dans lequel cependant elle ſe diſſout en entier. Une pellicule noire fuligineuſe ſurnage le diſſolvant; elle eſt formée par la matiere huileuſe qui donne à cette pierre une odeur d'urine de chat, qui ſe développe lorſqu'on la fracture. Cette pierre fait une excellente chaux; on la cuit dans des fours bâtis ſur le ſable du rivage, au pied des rochers, & on la tranſporte enſuite dans l'Ile Ponce.

Les blocs calcaires ſont ordinairement recouverts d'une écorce blanche, épaiſſe de deux ou trois pouces ; elle reſſemble à celle qui enveloppe certaines roches de corne, & qui eſt un produit de leur altération ; mais ici cette écorce ne provient pas uniquement de la décompoſition de la pierre calcaire, & quoiqu'elle faſſe une vive effervefcence avec les acides, elle ne contient cependant qu'une très-petite portion de matiere qu'ils puiſſent diſſoudre. Le reſte eſt un mélange de quartz & d'argile, qui devient pâteux, & que l'acide nitreux attaque plus difficilement ; je crois donc que cette incruſtation eſt formée par le dépôt de l'eau, qui a entraîné quelques parties des laves qui dominent le maſſif calcaire.

La portion volcanique, double par ſon étendue du rocher calcaire auquel elle eſt adoſſée, contraſte avec lui autant par sa couleur que par la diversité de son origine.

Les laves sont presque toutes blanches, & elles ont encore moins l'apparence volcanique que celles de l'Ile Ponce; leurs blocs, entassés confusément & amoncelés à une très-grande hauteur devant les escarpemens, empêchent de voir l'intérieur du massif, & de reconnoître si les matieres volcaniques ont entre elles quelques dispositions régulieres. La surface de l'Ile Zanone est inclinée de l'ouest à l'est; de petits côteaux paralleles, semblables aux côtes de melon, descendent du sommet de l'escarpement de l'ouest jusqu'à la mer: cette forme, commune à plusieurs montagnes volcaniques, entre autres à celle de *Somma*, du côté d'*Otaïano*, annonce que le cratere qui a produit les laves dont cette Ile est formée, étoit placé du côté de l'ouest. Ce qui existe de cet ancien volcan n'est donc encore qu'une très-petite portion d'un cône primitif, dont les autres parties, formées peut-être de matieres moins solides, n'ont pu résister aux causes de dégradations, dont nous avons observé les effets dans les autres Iles.

La plupart des laves sont d'une extrême dureté; elles donnent de vives étincelles sous le choc du marteau, & il faut les plus grands efforts pour écorner les blocs qui en sont formés; elles ont le grain & l'apparence du grès quartzeux, & ressemblent quelquefois à certaines pierres meulieres quartzeuses-silicées, dont on se sert dans les environs de Páris; elles ont, comme elles, des cavités irrégulieres, remplies de rouille ferrugineuse; leurs fentes sont tapissées par une écorce de quartz, produit évident d'une infiltration de l'eau, postérieure à la lave; quelques blocs seulement ont des pores arrondis qui ne laissent aucun doute sur leur origine; mais, sans la ressemblance exacte de la matiere qui forme ces blocs poreux, avec celle des masses compactes, on ne pourroit jamais supposer que de telles pierres appartinssent aux volcans; je ne crois pas même qu'elles soient toutes sorties des foyers ardens dans l'état où nous les trouvons aujourd'hui. Je présumerois que leur extrême dureté, & l'apparence quartzeuse de leur surface, viennent d'une décomposition & d'une recomposition; & que la portion d'argile, qui originairement étoit dans la lave, a été dissoute; le quartz, resté presque seul, s'est rapproché, s'est resserré par l'attraction mutuelle des parties semblables, & a acquis cette dureté & cette densité que la pierre volcanique n'avoit pas primitivement. La surface des blocs a en général une apparence plus quartzeuse, & plus de dureté que le centre; on y voit même des parties où le quartz est pur. Parmi les laves altérées des volcans de Lipari, on trouve également des blocs quartzeux, produits par la décomposition; ils sont le dernier résultat de l'analyse qu'opere le contact des vapeurs acides-sulphureuses, qui ont dissous & entraîné les parties avec lesquelles elles ont formé ou de l'alun ou du gypse.

J'ai trouvé aussi dans l'Ile Zanone

quelques petits prismes très-réguliers de la lave fibreuse blanche, telle que celle qui forme de petits prismes dans l'Ile Ponce; & quelques blocs de lave grise plus ou moins foncée, avec des crittaux de feld-spath blanc. L'intérieur de l'Ile Zanone renferme aussi des tufs blancs semblables à ceux des Iles voisines.

Cette réunion de deux matieres aussi différentes par leur origine que le sont celles qui forment l'Ile Zanone, est une circonstance des plus singulieres. La pierre calcaire ne contient point de coquilles; sa densité, sa dureté, son odeur fétide annoncent une origine ancienne; elle n'est point formée par un dépôt de nouvelle date; elle differe des pierres calcaires-coquillieres qui recouvrent les volcans du Padouan & du Vicentin, & de celles qui se sont mêlées avec les produits du feu, dans les volcans éteints de la Sicile: les laves ici reposent sur elle; elle paroît donc antérieure à l'époque des irruptions qui ont élevé les Iles Ponces. Par sa nature elle est semblable aux pierres du mont Circé, & à celles de l'intérieur de l'Apennin; il ſemble que cette portion de montagne calcaire, abſtraction faite des matieres volcaniques qui lui ſont réunies, a appartenu à quelques-unes des montagnes qui dépendent de la chaîne qui traverſe l'Italie; car il n'eſt pas poſſible que ni elle ni le mont Circé ayent été formés ſeuls & iſolés, ainſi que nous les voyons. Mais quand ont-ils été détachés? étoient-ils déjà iſolés lorſque les feux ont commencé la formation des Iles Ponces? ou ſeroit-ce la même révolution qui les auroit ſéparés du Continent, & qui a opéré le déſordre que nous voyons dans ces Iles volcanique? On ne peut former ſur toutes ces queſtions que des conjectures bien vagues. Les premiers temps de notre Globe ſont enveloppés d'une ſi grande obſcurité, il a ſouffert un ſi grand nombre de révolutions, qu'il eſt impoſſible de deviner quels peuvent être les accidens particuliers qui ont produit la plupart des phénomenes que nous obſervons. Mais on peut dire avec aſſurance que les trois dernieres Iles

Ponces paroissent évidemment avoir été réunies, pour ne former qu'un même volcan, avec une infinité de crateres différens; qu'elles sont toutes dans un état de destruction, qui fait prévoir qu'elles diminueront encore d'étendue, & qu'elles finiront par disparoître. Combien d'Iles, & peut-être même de portions considérables de nos Continens ont été détruits avant que leur existence ait été constatée par l'Histoire; avant l'âge où les hommes, réunis en société, eussent inventé les moyens de transmettre à la postérite les révolutions que la Nature faisoit éprouver à notre Globe, dont la surface a peut-être changé vingt fois de forme? Que deviendroit la race présente si les causes qui nous sont inconnues, renouveloient les catastrophes terribles dont nous trouvons les preuves dans les observations & dans l'Histoire de la Nature.

Fin du Mémoire sur les Isles Ponces.

CATALOGUE DES LAVES DE L'ETNA.

CATALOGUE DES LAVES DE L'ETNA.

AVANT-PROPOS.

Les volcans ont joué un trop grand rôle dans l'Histoire ancienne de notre Globe, ils ont trop contribué à la formation de nos continens & de nos montagnes, pour que tout ce qui dépend d'eux n'intéresse pas également le Physicien & le Naturaliste. Il est important de savoir quand, comment, & dans quelles circonstances ces volcans ont pu agir; il l'est encore de connoître toutes les matieres qui leur appartiennent, & de les distinguer de celles que la Nature a produites par d'autres moyens. On ne peut arriver à ces connoissances qu'en étudiant, dans le plus grand détail, les opérations des volcans brûlans, & en recueillant toutes les matieres qu'ils ont accumulées

accumulées au-deſſus de leurs foyers. Ce n'eſt qu'en obſervant les ſubſtances que les feux ſouterrains produiſent & modifient ſous nos yeux, & en les comparant aux matieres qui compoſent l'ancien Monde, que nous pouvons juger par analogie de ce qu'étoient les volcans dans les premiers âges, & ſavoir la part qu'ils ont eue à la formation de nos continens. C'eſt par les irruptions nouvelles que nous pouvons imaginer ce qu'étoient les anciennes inflammations: cette marche a été trop négligée, & nous voyons qu'on a ſouvent attribué aux feux ſouterrains, des matieres qu'ils n'ont jamais travaillées, & qui ne leur appartiennent ſous aucun rapport, ou qu'on a méconnu celles qui réellement leur doivent leur origine.

Parmi les volcans brûlans de l'Europe il n'en eſt point qui puiſſe, plus que l'Etna, ſervir de baſe aux recherches des Naturaliſtes. L'antiquité de ſon inflammation, l'immenſe quantité de matiere qu'il a entaſſée, l'étendue de ſes laves, la fréquence de ſes irruptions, & les phénomenes terribles qui les accompagnent, doivent le faire regarder comme le pere des volcans brûlans que nous sommes à portée d'observer; son foyer est un des plus vastes laboratoires que la Nature se soit formé dans l'intérieur du Globe; il est celui qui a le plus de rapport avec les volcans anciens, qui paroissent en général avoir eu infiniment plus d'activité que ceux qui subsistent encore; soit que, dans les premiers âges du Monde, il y eût, dans le centre de la terre, une plus grande quantité de matiere propre à entretenir leur inflammation, ou que d'autres circonstances contribuassent à animer leurs feux. J'ai donc cru me rendre utile à l'Histoire naturelle, lorsque j'ai rassemblé toutes les matieres, qui, sous quelques rapports, appartiennent à l'Etna; car, quoique souvent visitée, cette montagne est encore bien peu connue: le temps qu'employent les Voyageurs à s'élever jusqu'à son sommet, ne tourne presque jamais au profit de la Science; ils n'ont pour objet que de satisfaire une curiosité vague, d'accomplir une entreprise qui leur est annoncée comme pénible, & dont la difficulté augmente les attraits; ils jouissent de la singularité des objets qui se présentent à eux, & du contraste des différentes parties de la montagne, à raison de leurs différentes hauteurs; ils observent le passage d'une abondance & d'une fertilité surprenantes, à une stérilité absolue, & la transition du froid au chaud, en éprouvant subitement tous les degrés de températures; ils admirent & la beauté & l'étendue de la vue, & remarquent quelques phénomenes des irruptions; mais rarement ils fixent leur attention sur des détails qui intéressent plus particulierement le Naturaliste. Les collections qu'ils emportent ordinairement, soit qu'ils les fassent eux-mêmes, soit qu'ils les achetent de ceux qui sont dans l'usage d'en vendre aux étrangers, ne sont formées que de scories & de quelques autres matieres qui n'apprennent rien sur l'Histoire particuliere des volcans, parce que toutes les laves poreuses, les cendres, & les scories se ressemblent. M. le Chevalier dom Joseph Gisenni est le premier qui ait entrepris de rassembler les laves compactes de l'Etna ; elles avoient toujours été négligées, parce qu'elles portent moins les empreintes du feu qui les a produites, & dont on vouloit simplement montrer les effets ; il en avoit déjà réuni beaucoup d'especes dans son cabinet, lorsque je fus à Catagne en 1781 ; ce fut aussi de lui que je reçus les premieres indications intéressantes qui pouvoient me diriger dans mes recherches. Il étoit le seul de tous les Siciliens qui eût imaginé que l'Histoire de cette montagne ne se bornoit pas aux époques de ses irruptions. Depuis lors, cinq voyages que j'ai faits dans différens temps sur cette vaste montagne, plusieurs mois employés à la parcourir, & à faire deux fois le tour de sa base, & les secours de toutes especes que j'ai reçus du Chevalier de Gisenni, m'ont donné les moyens de faire une collection très-considérable des laves de ce volcan, & des autres matieres que ses feux ont prodűites ; ſi je ne me flatte pas de l'avoir complétée, c'eſt que la Nature eſt toujours inépuiſable dans ſes variétés, & qu'il faudroit habiter toute ſa vie ſur ce volcan, pour étudier toutes les matieres qui ont des rapports plus ou moins directs avec ſon Hiſtoire. Ce ſera au Chevalier de Giſenni, auſſi bon Naturaliſte que Phyſicien, qu'il appartiendra de compléter cette collection ; il habite continuellement au pied de la montagne ou ſur ſes flancs, & il a toute l'ardeur & les connoiſſances néceſſaires pour y faire d'excellentes obſervations (1).

---

(1) C'eſt un devoir que contractent tous les Voyageurs, c'eſt un plaiſir pour tout homme ſenſible, que de donner des témoignages publics de reconnoiſſance à ceux dont ils ont reçu des ſecours & des honnêtetés : je ne puis donc me diſpenſer, après avoir parlé des connoiſſances du Chevalier de Giſenni, de faire connoître ſes vertus morales ; ſous ce rapport il mérite encore les plus grands éloges : ſa douceur dans la Société, ſa probité, ſa franchiſe, & ſon extrême honnêteté pourroient ſeules détruire les préjugés que l'on a ſur les mœurs des Siciliens. J'ai reçu, dans ſa

Ce Catalogue ne devoit pas d'abord avoir toute l'extenſion que je lui donne; il n'étoit deſtiné qu'à ſervir aux envois que je fais à mes amis des produits de l'Etna. Je voulois m'éviter l'ennui de décrire chaque fois les pierres que je leur donne, & me borner à indiquer, pour chaque variété, le *numéro* d'un Catalogue général; mais en le formant je n'ai pu éviter d'y parler de quelques circonſtances locales, d'y faire entrer quelques généralités ſur les volcans, & il a acquis ainſi plus d'étendue que je n'avois projeté.

---

famille, l'hoſpitalité la plus franche & la plus accueillante; j'y ai vu une ſimplicité de mœurs, une honnêteté de principes, & une gaieté douce que l'on trouveroit difficilement chez les Nations qui ſe croyent les plus policées. Je pourrois faire une longue liſte de tous les Siciliens à qui je dois de la reconnoiſſance; je me réſerve de la leur témoigner lorſque je publierai mes Obſervations & mes Voyages dans l'intérieur de la Sicile; je me bornerai à nommer ici la Maiſon de Requezens, des Princes de la Pantellerie, de qui j'ai reçu mille bontés. Uune tendre amitié me lie au Commandeur de Requezens; perſonne ne ſent plus que lui le plaiſir d'obliger & d'être utile.

Sans différentes circonſtances dont il eſt inutile de fatiguer le Public, j'aurois joint à ce Catalogue une deſcription ſommaire de cette montagne ; j'aurois indiqué les principaux phénomenes qui peuvent intéreſſer les Voyageurs ; je les aurois conduits dans différens endroits qu'ils ne ſont pas dans l'uſage de viſiter, & qui cependant préſentent plus d'inſtruction que les ſables de ſon ſommet, ou que le gros châtaignier, qui eſt un des objets importans de leur courſe ; je leur aurois fait faire avec moi le tour de ſa baſe : mais forcé de dévouer tout mon temps à des querelles monacales, il ne m'en reſte plus pour des études qui demandent du calme dans l'eſprit, de la tranquillité, & de la liberté.

TOUS les volcans ont des productions qui leur ſont communes, qui ſe reſſemblent exactement, & que l'on doit regarder comme eſſentiellement les mêmes. Chacun d'eux en a quelques-unes qui lui sont particulieres; les premieres appartiennent à l'Histoire générale des feux souterrains; les autres ne sont dues qu'à des circonstances locales, & distinguent presque toujours un volcan de tous les autres. Il est donc nécessaire d'observer attentivement toutes les substances sorties des foyers embrasés, pour savoir les matieres que les feux souterrains travaillent le plus communément, & reconnoître celles qui ne sont qu'accidentelles dans leurs irruptions. L'étude des matieres volcaniques peut encore servir à indiquer les rapports qui existent entre les roches qui composent l'intérieur de la terre, & celles qui forment nos montagnes: car les foyers de volcans, tels que l'*Etna* ou le Pic de *Ténérif*, ont pénétré à une profondeur au-dessus de tous les efforts des hommes, & peut-être égale à la hauteur de ces montagnes. Les feux souterrains peuvent seuls mettre au jour des matieres, qui, sans leurs concours, auroient toujours été soustraites à nos observations.

Les matieres que rejettent les volcans, celles qu'ils entaſſent autour de leurs crateres, ne ſont pas toujours des produits qui leur appartiennent; elles n'ont pas toutes été modifiées ou altérées par le feu, quelques-unes en ſortent intactes; elles ſont, en quelque maniere, étrangeres au volcan qui les a projetées; elles étoient placées au-deſſus de leurs foyers, lorſqu'avec des efforts violens, ſe ſont faites les premieres irruptions; elles ont été réjetées, parce qu'elles s'oppoſoient à la dilatation des fluides élaſtiques, qui ſont les grands agens des inflammations ſouterraines. On ne doit donc regarder comme eſſentielles aux volcans, que les matieres qu'ils ont modifiées, ramollies, ou altérées d'une maniere quelconque.

Les foyers de tous les volcans paroiſſent s'être établis primitivement, & avoir réſidé long-temps dans le genre de roches qui renferment le ſchorl en maſſes, les roches de corne, & les chiſtes argileux; car preſque toutes les productions eſſentielles de leurs premiers âges appartiennent à cette classe de pierres, & en portent encore les caracteres; ce sont elles qui forment les laves noires, homogenes, poreuses ou compactes, & les scories noires; il sembleroit même que ces roches contiennent, presque exclusivement à toutes les autres, les substances propres à former une inflammation souterraine, soit qu'elles renferment plus communément des pyrites (1), soit que l'acide vitriolique qu'elles contiennent souvent, & qui y est plus ou moins développé, ait, en agissant spontanément & sourdement sur le fer phlogistiqué, qui est aussi une de leurs parties constituantes, la propriété d'y occasionner une fermentation qui finit par une inflammation, lorsque

(1) J'ai trouvé dans les Pyrénées & dans quelques autres chaînes de montagnes, une roche de corne noire, à grains fins & serrés, qui se divisent en grands rhombes, comme le trapp des Suédois; cette roche contient une très-grande quantité de pyrites, qui font partie constituante de la pierre, qui paroissent avoir été pétries avec elle, lorsqu'elle étoit molle, & qui se présentent en longs filets blanchâtres, paralleles les uns aux autres.

les autres circonstances y sont favorables (1); effet dont on voit un commencement dans ces schistes si communs, qui s'exfolient & se décomposent à l'air,

---

(1) J'ai vu, dans différentes parties des monts Neptuniens du *Val Demona* en Sicile, sur-tout auprès du village dit *Fundaco*, une roche noire fissile, faisant partie d'une très-grande montagne qui renferme des filons métalliques; cette roche transude, pendant l'été, du soufre jaune qui vient couvrir sa surface: ce soufre est dans un état presque savonneux, par un excès d'acide, & par son mélange avec des sels alumineux & martiaux. La fermentation intérieure, qui opere la formation du soufre & des sels qui y sont mêlés, occasionne quelquefois dans le massif de cette roche un degré de chaleur qui la fait fumer; l'eau qui en sort est chaude. Cette roche, avant d'éprouver cette décomposition spontanée, paroît de l'espece désignée par Valerius, sous le nom de *Corneus fissilis*; elle a un grain terreux, une odeur argileuse, & on n'y aperçoit aucune particule pyriteuse. Après la décomposition qui la fait déliter & tomber en fragmens, les habitans du village voisin s'en servent pour faire les teintures noires, auxquelles elle est aussi bonne que le vitriol de mars. Il n'est pas douteux que c'est à un effet semblable que sont dues les eaux thermales qui sortent des montagnes, dans lesquelles on n'aperçoit d'ailleurs aucun autre signe d'inflammation, telles celles des Pyrénées.

pour produire de l'alun, du vitriol vert, & du soufre (1).

Il arrive aussi quelquefois que les granits, & d'autres roches composées granitiques, en masses, ou fissiles, contiennent des pyrites, & se divisent par une décomposition spontanée, lorsqu'ils sont exposés à l'air (2); mais cet effet y est bien moins commun que dans les roches dont nous venons de parler; elles contiennent essentiellement moins

---

(1) Les roches qui s'exfolient à l'air portent le nom d'*Ampelites*, ou pierres attramentaires. Il en est beaucoup que l'on lessive pour en extraire l'alun.

(2) J'ai rencontré beaucoup de ces granits pyriteux dans les montagnes de Calabre, sur-tout dans celles auxquelles est adossée la ville de *Pizzo*, dans le golfe de *Sainte-Euphémie*. Il y a aussi de ces mêmes granits dans les montagnes de Bretagne, auprès des mines de *Huelgoat*; j'y ai vu percer, avec une peine & un travail infini, des massifs de ce granit, pour conduire des eaux par des galeries souterraines; & les mêmes blocs qui avoient paru les plus durs, qui avoient présenté le plus de résistance aux efforts des mineurs, se décomposoient en peu de temps, lorsqu'ils étoient exposés à l'air, & s'y reduisoient en fragmens.

de fer, qui paroît un agent important de ce genre de fermentation; car le fer, par l'abondance de son phlogistique, est une vraie substance inflammable qui brûle aisément avec le soufre (1). Les feux souterrains trouvent donc, en général, bien moins d'alimens dans les roches graniteuses que dans celles qui ont une base argileuse; ils y établissent rarement leurs foyers principaux; le plus souvent même ce n'est qu'accidentellement qu'ils font entrer des granits dans leurs irruptions; car des filons, ou des bancs de cette roche composée peuvent traverser des massifs de roche de corne, & se trouver entraînés par la fusion de cette pierre argileuse, y recevoir les modifications que le feu lui imprime, s'associer à elle dans une irruption, & ne

(1) Une pierre très-ferrugineuse, chauffée à blanc; & mise en contact avec un bâton de soufre, y éprouve un effet presque semblable à celui d'un morceau de fer, qui, dans les mêmes circonstances, brûle, se calcine, & devient fluide dans un instant par l'action du soufre sur lui.

plus reparoître dans les irruptions subséquentes.

Les roches auxquelles il paroît qu'il appartient d'entretenir l'inflammation souterraine, ayant peu de différences essentielles, il s'ensuit que tous les volcans fournissent des laves & des scories qui se ressemblent. Les laves noires, dont la base a un grain fin & terreux, & dans lesquelles on retrouve presque tous les caracteres des roches de corne & des schorls en masses, sont les plus communes des productions des volcans; mais ces roches peuvent admettre dans leur sein d'autres substances, telles que les schorls, les micas, les feld-spaths, les grenats qui sont cristallisés & distincts de la base qui les contient. Le nombre & la forme de ces corps, la réunion de plusieurs dans la même base, forment un grand nombre de variétés, qui toutes se rencontrent dans les laves (1). Ces mêmes

---

(1) Ces différens cristaux, en quelque sorte étrangers à la base qui les renferme, forment les roches

roches sont souvent traversées par des filons de différentes natures; ce qui produit encore des accidens nombreux dans les matieres travaillées & rejetées par les feux souterrains, qui peuvent ainsi traiter & s'approprier toutes les substances du regne minéral.

L'étude des montagnes dites primitives nous a appris que quoiqu'elles soient toutes composées à peu près des mêmes matieres, c'est-à-dire des roches composées, ou agrégées, il y a presque toujours, dans chacune d'elles, une substance qui est plus abondante, qui paroît même régner seule, en donnant l'exclusion à quelques autres. On trouve, par exemple, des montagnes de granit où le schorl est une des parties essentielles constituantes, à l'exclusion du mica, qui, dans d'autres grains, rem-

---

naturelles composées, connues sous les noms de *porphyres*, *ophites*, *roches glanduleuse*; celles désignées par Valerius sous le nom de *saxum trapezium*, *saxum ferreum*; & la roche *metallifere* de M. le Chevalier de Born.

place le ſchorl. On voit une portion d'une chaîne de montagnes, formée de roche, dont la baſe argileuſe renferme des grenats, lorſque dans la montagne voiſine elle ne contiendra que des feld-ſpaths. Ces diſſemblances, conſidérées en grand, forment, en quelque ſorte, les caracteres particuliers des chaînes, & de chacune des montagnes dont elles ſont compoſées; ces mêmes caracteres diſtinctifs ſe trouvent auſſi dans les volcans : dans le Véſuve, par exemple, les grenats abondent; dans l'Etna ce ſont les feld-ſpaths; les volcans éteints de Veniſe, ceux des Iles *Ponces* & *Lipari* fourniſſent beaucoup de laves granitiques, celles de l'Etna ſont ordinairement porphyritiques.

Les produits d'un volcan ne ſont pas non plus toujours les mêmes dans tous les temps de ſon inflammation : rien ne reſſemble moins aux produits actuels du Véſuve, que les matieres qui ont formé la montagne de *Somma ;* ils varient d'un moment à l'autre, par les raiſons qui nous ſont rencontrer, dans la même

montagne,

montagne, des bancs de différentes natures. Les foyers s'étendent, s'approfondissent, changent de place, & trouvent ainsi des matieres nouvelles qu'ils font entrer dans la composition de leurs laves; celles des premiers temps de l'inflammation d'un volcan sont en général plus simples que les autres. On peut aussi observer, dans les pays volcaniques, que les produits du feu sont d'autant moins variés, que les foyers sont plus éloignés des montagnes dites primitives. Les volcans éteints du *Val di Noto*, en Sicile, beaucoup moins voisins que l'Etna des monts Neptuniens, ont donné des laves plus homogenes.

Les roches que nous venons de désigner comme entrant le plus communément dans les produits des volcans, sont ordinairement noires; mais cette couleur cependant ne leur est point essentielle, elle varie: ces roches sont susceptibles d'avoir toutes les nuances; il en est même de parfaitement blanches; les feux souterrains ne les alterent pas plus dans leur couleur que dans leur texture, & dans leurs autres caracteres; ainsi, quoique nous rencontrions plus souvent des laves noires, cette couleur ne leur est pas non plus essentielle; elle appartient plutôt à la roche qui leur a servi de base, qu'à l'action du feu; nous avons des laves de toutes les nuances, nous en voyons de très-blanches, qui ont éprouvé la même fluidité des autres, & qui ne doivent point cette couleur à une altération produite par les vapeurs sulphureuses.

Les produits de l'Etna sont beaucoup moins variés que ceux du Vésuve: d'abord parce que le volcan de la Sicile ne rejette aucune matiere qui n'ait été travaillée & modifiée par les feux souterrains, ou qui ne leur ait servi d'aliment. Le Vésuve lance une infinité de substances intactes, qui ne lui appartiennent que parce qu'il les a arrachées des bancs dont elles faisoient partie, plutôt par la violence des courans de vapeurs élastiques, que par l'action immédiate du feu. Les laves de l'Etna ne renferment que des feld-spaths, des ſchorls noirs, & des cryſolites; celles du Véſuve contiennent de plus le grenat, le ſchorl de différentes couleurs, & les micas; l'addition de ces ſubſtances & leurs proportions peuvent fournir des variétés infinies dans les échantillons de laves. L'Etna paroît n'avoir jamais traité le granit; on n'y trouve point de pierres ponces proprement dites; il n'a produit aucune vitrification parfaite; il n'a eu aucune de ces éjections boueuſes qui ailleurs ont formé les *Tufla* & les *Peperino*. Les variétés de ſes produits ſont donc en bien moindre nombre que dans pluſieurs autres volcans; ils ſont auſſi plus conſtans, & ce qui dans les autres n'eſt qu'accidentel & ne ſe trouve qu'en morceaux iſolés, eſt chez lui en immenſes courans, & forme une eſpece eſſentielle.

Les produits des volcans, outre les variétés qui appartiennent aux matieres qui leur ont ſervi de baſe, en ont d'autres qui dépendent de la violence du feu, de ſon action plus ou moins longue, & des circonſtances des irruptions. Les premiers effets des volcans se manifestent par des tremblemens de terre, des tonnerres souterrains, des mugissemens violens; enfin il s'ouvre une bouche qui donne issue aux vapeurs élastiques, à la flamme, aux cendres, aux scories, & à des blocs de pierres enflammées qui sont projetées à une très-grande hauteur; les plus pesantes retombent autour du cratere, & élevent les montagnes coniques, dont le nombre, sur les flancs de l'Etna, est près de cent; les plus légeres sont portées, par les vents, à une très-grande distance, & ensevelissent quelquefois, sous une couche de plusieurs pieds, les campagnes dont elle font disparoître la fertilité. Après que la fermentation intérieure a augmenté progressivement, la coupe qui est au centre de la montagne se remplit d'une matiere fluide, qui, par un mouvement d'effervescence, s'éleve jusqu'à ses bords, se répand pardessus ses levres, coule sur les flancs de la montagne, & s'étend plus ou moins au delà de sa base; ces laves ſont ordinairement très-poreuſes. Enfin, lorſqu'il arrive que la matiere en fuſion eſt trop compacte & trop peſante pour être ſoulevée par l'action de l'efferveſcence, & pour remonter juſqu'au ſommet de la montagne, les mouvemens convulſifs redoublent, l'enfantement eſt plus difficile, & au milieu d'une grêle de pierres il s'ouvre un trou au pied du même monticule que l'accumulation des ſcories a formé, & il s'en échappe un torrent de matiere enflammée; cette lave, au moment où elle ſort des flancs du volcan, reſſemble, tant par ſa couleur que par ſa fluidité, & par la flamme qui s'en éleve, à la fonte du fer qui coule par le trou que l'on fait à l'œuvre d'un haut fourneau (1); elle s'étend & ſe dilate avec plus ou moins de prom-

(1) Le torrent de lave, qui, pendant l'irruption de 1669, traverſa la ville de Catagne & ſe précipita dans la mer, ſortit d'une ouverture qui ſe fit au pied du *Monte Roſſo*, lequel s'étoit lui-même formé dans les premiers jours de cette irruption; cette percée faite à ſa baſe n'a pas plus de trois pieds de diametre.

titude, à raiſon de ſa fluidité & de la pente qu'elle trouve (1); elle détruit & enveloppe tout ce qui eſt ſur ſon paſſage, ſurmonte les obſtacles qu'elle ne peut renverſer, & elle porte le ravage à plus de dix lieues de diſtance de l'ouverture qui lui a donné iſſue. Le refroidiſſement rend ſolides ces matieres que le feu avoit amollies, & ce torrent coagulé reſte hériſſé d'énormes rochers noirs, qui préſentent l'image du Tartare. Ces courans de laves, très-communs ſur l'Etna, y ont quelquefois acquis une étendue immenſe; il en eſt qui ont plus de trois lieues de large ſur dix de longueur. En s'emparant du pays le plus riche & le plus fertile, & le couvrant d'une croûte ſolide de pluſieurs centaines de pieds

(1) Une lave de l'Etna, qui coula à la fin du ſeizieme ſiecle, dans la direction de *Bronte*, parcourut, en vingt-quatre heures, un eſpace de plus de cinq lieues; ſur cette face la montagne a une pente très-roide qui facilitoit le mouvement progreſſif de la lave, mais lorſque le terrein ſur lequel coulent les laves, eſt à peu près horiſontal, leur marche eſt preſque inſenſible; elles mettent quelquefois plus d'un jour à parcourir une toiſe.

d'épaiſſeur, ils le dévouent à une ſtérilité qui ſeroit éternelle, ſans l'action du temps & les viciſſitudes de l'atmoſphere, qui, par une décompoſition lente, ramolliſſent cette ſurface demi-vitrifiée, & ſans les cendres argileuſes, qui quelquefois viennent y former une couche aſſez épaiſſe pour recevoir la végétation, qui alors y devient fort abondante. Les laves compactes occupent ordinairement le centre de ces vaſtes courans; elles ſont enveloppées de laves cellulaires ou poreuſes, & leurs ſurfaces ſont couvertes de ſcories de différentes denſités.

Le volcan, dans ces temps de calme, a un autre genre de production: il ſe ſublime, autour de ſes bouches, du ſoufre différemment coloré; il s'y forme auſſi des ſels de différentes eſpeces. Enfin il travaille en ſilence & tranquillement à dénaturer ſes propres produits, en les attaquant par ſes fumées d'acide ſulphureux volatil; il les décolore, & leur fait perdre leur dureté, & les autres caracteres que le feu leur avoit imprimés.

Ces produits des volcans, qui dépendent uniquement de leur inflammation, ne ſont pas les ſeuls qui intéreſſent le Naturaliſte; il doit encore connoître ce que peuvent ſur toutes ces matieres les viciſſitudes de l'atmoſphere, l'action de l'eau, les dégradations des temps; car quelle eſt la ſubſtance, quelque dure qu'elle ſoit, qui puiſſe réſiſter à ſa dévorante influence? Enfin, pour compléter l'Hiſtoire d'un volcan, il faut obſerver les matieres qui peuvent indiquer ſon antiquité & ſes révolutions; il faut raſſembler toutes celles qui peuvent apprendre quelques particularités ſur ſon Hiſtoire ancienne, ſur ſon état préſent, & ſur ſes révolutions futures.

En conſidérant l'Etna ſous ſes différens points de vue, je puis diviſer naturellement ſes productions en quatre claſſes: la premiere comprendra les matieres qui ſe forment pendant les irruptions, c'eſt-à-dire, les laves, ſcories, pouzzolanes, & cendres; la ſeconde renfermera les matieres qui ſe forment le plus ordinairement pendant l'état de tranquillité du volcan; ce ſont les ſels, les ſoufres, & les matieres attaquées par les vapeurs ſulphureuſes; la troiſieme ſera pour les produits qui ont ſouffert le genre de décompoſition lente qu'operent la ſeule influence du temps & les viciſſitudes de l'atmoſphere; j'y placerai les matieres que l'eau forme & infiltre lentement dans les laves, en extrayant quelques-uns de leurs principes conſtituans, en formant de nouveaux compoſés, & les raſſemblant dans leurs cavités: tels ſont les zéolites, les ſpaths calcaires, le quartz, &c. La quatrieme enfin ſera pour les matieres qui n'ont qu'une relation indirecte avec ce volcan, qui appartiennent à ſon Hiſtoire ancienne, ſans être dépendantes de ſon inflammation.

Je peux auſſi facilement établir, dans chacune de ces claſſes, des genres qui ſe ſubdiviſeront en eſpeces & en variétés.

Dans la premiere claſſe, je prendrai, pour caractere diſtinctif des genres, quelques qualités extérieures, telles que la densité, la compacité, & la dureté; elles suffiront pour les séparer les uns des autres: ainsi, je divise cette premiere classe, 1°. en laves compactes; 2°. en laves poreuses; 3°. en scories & pouzzolanes; 4°. en cendres, sables, & argiles.

PREMIER GENRE.

Laves compactes.

Les laves compactes sont les plus intéressantes de toutes les productions des volcans, & cependant elles sont les moins connues; on les a négligées par les raisons même qui auroient dû les faire observer avec le plus de soin. Peu altérées par le feu qui les a fait couler en torrens enflammés, elles conservent presque tous les caracteres des matieres qui leur ont servi de base; on y reconnoît les roches naturelles, qui ont contribué à leur formation; elles paroiſſent même quelquefois ſi intactes, qu'on a peine à les diſtinguer de celles qui n'ont jamais ſubi l'action du feu. Il y a une telle incertitude dans les caracteres avec leſquels on prétend reconnoître les laves compactes, que je crois que l'œil le plus exercé peut commettre des erreurs, lorſqu'il néglige le concours des circonſtances locales. La couleur noire, l'action ſur l'aiguille aimantée, & toutes les autres apparences extérieures n'appartiennent pas excluſivement aux laves; on les trouve dans pluſieurs roches de corne, trapps, &c.; & mêmes ces caracteres ne ſont pas dans toutes les laves, puiſqu'il en eſt pluſieurs qui n'exercent aucune action ſur l'aimant, & qui ont différentes couleurs; l'analyſe chimique eſt également inſuffiſante, puiſqu'elle n'extrait des laves que des principes qui ſe trouvent également dans les roches naturelles.

Quoique je ne connoiſſe point de moyens qui puiſſent, dans un bloc iſolé de roche noire & compacte, faire reconnoître un produit de volcan; lorſqu'on ignorera abſolument toutes les circonſtances locales (1), il eſt cependant vrai qu'en général les laves ſont plus peſantes, plus dures, plus ſonores, plus fuſibles, & plus attirables à l'aimant que les roches naturelles dont elles ont été formées; le feu leur a donné un grain plus fin & plus de denſité, en leur faiſant éprouver un retrait par un plus grand deſſechement; il a revivifié en partie le fer qui les colore: mais ces effets généraux ont tant de modifications, que ſouvent ils ne fourniſſent pas des caracteres ſuffiſans pour diſtinguer les vrais produits de l'inflammation.

Les laves compactes ſont plus communes, & paroiſſent plus abondantes dans

(1) Dans les pierres noires employées dans les monumens antiques ſous le nom de *baſaltes*, les unes ſont des laves, les autres des roches de corne, ou des ſchorls en maſſe; mais il eſt ſouvent impoſſible de décider affirmativement à laquelle de ces deux claſſes elles appartiennent, & l'on peut également reſtaurer les monumens qui en ſont formés par des laves ou par des trapps.

les volcans éteints, que dans ceux dont l'inflammation subsiste encore. A l'Etna, par exemple, elles ne sont peut-être pas la millieme partie de la masse de cette vaste montagne ; on peut les regarder comme une charpente qui soutient un volume énorme de laves cellulaires & de scories, pendant que l'on trouve, dans le Vivarais & l'Auvergne, des montagnes presque entierement formées de basaltes : ce n'est pas cependant que les volcans anciens aient vomi en plus grande proportion les laves compactes que les scories ; mais c'est parce que les unes ont été respectées par la main du temps, pendant que les autres, n'ayant pu résister à une infinité de causes de dégradations, se sont détruites ou ont été entraînées par les eaux. On pourroit presque toujours calculer l'âge d'un volcan, par la quantité respective des laves compactes & des scories.

Les laves compactes, long-temps ensevelies sous les scories qui les couvrent, & ne portant presque aucune empreinte de leur origine, finissent par être méconnues. A Naples, où tout est volcanique, comme l'a très-bien prouvé M. le Chevalier Hamilton, où presque toutes les pierres qui servent, soit à paver, soit à bâtir, appartiennent à d'anciens courans, on ne croit pas qu'elles doivent leur formation aux feux souterrains ; on les nomme *pierres de Nature*, pour les distinguer de celles qu'on attribue aux volcans. Le Pere *la Torre* est tombé lui-même dans une semblable erreur (1) ; il ne regarde comme

(1) Le Pere *la Torre*, dans son Histoire du Vésuve, dit, parlant des matieres rejetées par ce volcan, « qu'il » ne faut pas le confondre, comme beaucoup l'on fait, » avec les pierres naturelles des carrieres, qui servent » pour les bâtimens de Naples, & qui se tirent sous » terre, tant à Naples qu'aux environs, jusqu'à la dis- » tance de quelques milles, & qu'on trouve placées » par couches naturelles, en creusant la terre ; ces deux » sortes de pierres s'employent pour les bâtimens, & » sont presque de la même forme ; mais les naturelles » sont compactes & pesantes, au lieu que les pierres du » Vésuve sont spongieuses & légeres, & se conservent » toujours telles ».

Dans le Catalogue des matieres appartenantes au

volcaniques que les laves poreuſes & légeres, parce que, dans les courans de nouvelles dates, ce ſont les ſeules qui ſe préſentent à l'obſervatiou.

Les laves compactes ne different pas eſſentiellement des laves poreuſes qui leur ſont unies; elles ont ſouvent le même grain, la même couleur, & des propriétés ſemblables; on ne peut pas même dire à quoi il tient qu'une lave ſoit bourſoufflée, ou qu'elle reſte compacte; le dégagement des vapeurs élaſtiques, auxquelles ſeules on peut attribuer les pores, eſt un effet accidentel, momentané, dont on ne connoît pas la cauſe. Un courant avancera pendant quelque temps avec lenteur, ſa ſurface plate & unie annonce une fuſion tranquille, lorſque ſubitement on voit la matiere ſe bourſouffler, s'élever à une très-grande hauteur, & alors il s'en

Véſuve, publié par M. l'abbé Galéani en 1772, il n'eſt preſque point parlé des laves compactes; il n'y en avoit pas un ſeul échantillon dans le Cabinet du feu Prince de Biſcari.

est dégagé avec sifflement une quantité assez considérable d'air; après cette effervescence instantanée, la matiere se raffaisse un peu; mais toute cette partie du courant donne des laves caverneuses, pendant que dans les parties voisines elles sont compactes; il est des courans où elles sont toutes cellulaires, d'autres où presque toutes les laves sont compactes. En général, les courans qui ont éprouvé un refroidissement subit, tels ceux qui ont coulé dans les eaux de la mer, sont plus compactes que les autres; parce que cette coagulation prompte empêche le mouvement d'effervescence intérieure, qui produit le dégagement des vapeurs. Voilà pourquoi les laves qui ont éprouvé le retrait régulier, qui ressemble à une cristallisation, & qui forme des colonnes prismatiques, sont ordinairement compactes.

Si un courant peut différer de lui-même dans ses différentes parties, par la densité des matieres qui le forment, il peut en différer encore par la nature même de ces matieres; il n'est pas toujours

toujours composé de laves de même espece ; on y trouve quelquefois des dissemblances qui étonnent, & qui prouvent que toutes les matieres que fournit une irruption, n'ont pas été tenues ensemble en fusion ; que le foyer des volcans ne ressemble pas à un vaste creuset, où tout ce qui y est contenu se mêle pendant la fusion, mais que l'action qui produit la fluidité, agit de proche en proche & successivement. Cependant on peut dire que chaque courant a un caractere général qui le distingue, & ordinairement ses échantillons n'offrent que quelques variétés de couleur & de grain, ou une abondance plus ou moins grande des corps hétérogenes qui se trouvent dans les laves : c'est-à-dire, un courant de laves porphyritiques renfermera toujours des cristaux de feld-spath, mais ils y seront plus ou moins nombreux & de différentes grosseurs ; les nuances n'en seront pas toujours les mêmes, & cependant on y reconnoîtra presque par-tout le porphyre primitif qui a été mis en fusion ;

rarement on y trouvera des laves où le ſchorl remplace le feld-ſpath.

Les laves ſont rarement homogenes, celles de l'Etna contiennent ordinairement des ſchorls, des feld-ſpaths, & des cryſolites; ces corps criſtalliſés ſont ou ſeuls, ou aſſociés deux à deux, ou tous réunis dans la même baſe. Je me ſers de ces corps étrangers pour établir différentes eſpeces de laves compactes, & je ne regarderai que comme des variétés, les diſſemblances qui proviendront de la couleur du grain, de la dureté de la baſe, & de l'abondance des corps hétérogenes qu'elle renferme; celui de ces corps qui dominera dans la lave, en déterminera l'eſpece, quoiqu'il s'y trouve quelquefois mêlé avec un ou pluſieurs autres.

Je ne fais point de diviſion particuliere pour les laves qui ont éprouvé un retrait régulier, & qui ſont figurées en priſmes ou en boules; ces formes ne ſont qu'accidentelles, elles n'appartiennent pas à une eſpece particuliere de laves, toutes ſont ſuſceptibles de les recevoir; il n'eſt pas même néceſſaire qu'elles ſoient compactes. Je connois des priſmes très-réguliers, formés de laves poreuſes; & l'Etna n'a pas une eſpece de laves qui n'ait été modelée en colonnes priſmatiques; mais comme ce phénomene dépend du refroidiſſement ſubit, & de quelques autres circonſtances qui ſont étrangeres à l'inflammation, j'en parlerai lorſque je ferai connoître l'effet de l'eau ſur les laves & leurs dégradations.

Toutes les laves que je place dans ce genre, ne jouiſſent pas de la même denſité & de la même compacité. La totalité des blocs n'eſt pas toujours exempte de pores; s'il en eſt quelques-uns qui, ſous un volcan immenſe, ſont entierement compactes, il en eſt d'autres qui, quoique denſes & ſolides, ont de petites cavités rondes, diſtantes les unes des autres, & le nombre des pores augmentant, on voit inſenſiblement les deux eſpeces ſe lier enſemble, & prouver ainſi qu'elles ne different que par une circonſtance particuliere; mais comme il faut cependant tracer une ligne de démarcation entre les deux genres, je regarderai comme laves compactes, toutes celles qui, dans leur maſſif, auront des eſpaces de pluſieurs pouces carrés ſans poroſités: quoique cette diviſion ne ſoit pas bien préciſe, elle me ſuffit; & d'ailleurs il importe peu ſi une variété intermédiaire eſt plutôt placée d'un côté que de l'autre, pourvu qu'on la trouve avec ſes caracteres.

Je dois dire auſſi que la poſition d'un bloc de lave dans un courant, influe ſur ſa couleur; elle eſt d'autant plus foncée, qu'il eſt plus éloigné du centre & plus rapproché de la ſurface ſupérieure; il ſemble alors que le fer colorant de la lave ait reçu une ſurabondance de phlogiſtique. Il arrive quelquefois cependant un effet abſolument contraire: les laves de l'extérieur du courant ſont rouges, pendant que l'intérieur eſt gris ou noirâtre: mais ce ſecond effet, qui eſt aſſez rare, eſt produit par une vraie calcination qui a privé le fer de ſon phlogiſtique; car alors il n'agit plus ſur l'aiguille aimantée.

PREMIERE ESPECE.

Laves compactes, ſimples ou homogenes.

LES laves homogenes, c'eſt-à-dire, celles qui ne renferment aucun corps étranger dans leur baſe, ſont très-rares parmi les produits de l'Etna, ſi on les compare à la quantité immenſe de laves compoſées. Je connois peu de courant qui en ſoit entierement formé; & c'eſt parmi les plus anciennes productions de ce volcan que j'ai trouvé les blocs les plus conſidérables de cette eſpece. Les variétés que je vais décrire ont été priſes dans les courans qui deſcendent des montagnes de la *Cirita*, au-deſſus du village de *Piedimonte*, & dans les laves des environs de *Paterno*. Ces variétés ſe réduiroient encore à un plus petit nombre, ſi je voulois en exclure toutes les laves qui, vues à la loupe, laissent apercevoir des ébauches de cristallisation de schorl, de quartz, ou de feld-spath.

Les laves homogenes ont la ressemblance la plus parfaite avec les roches de corne & avec les schorls en masse à grain fin (1); elles présentent les mêmes caracteres extérieurs, & les mêmes résultats chimiques; je dois seulement faire observer qu'en général elles ont un peu plus de dureté que les roches de corne; presque toutes font feu avec le briquet. Il est encore à remarquer que celles qui exhalent une odeur argileuse, étant humectées avec le soufre, ne sont pas les moins dures. Il en est qui font feu avec l'acier aussi vivement que

---

(1) Elles ressemblent aux especes désignées par *Valerius* sous le nom de *Corneus rigidus nitens & non nitens apparenter lamellis parallelis*, *corneus nitens*, *corneus fissilis*. Spe. 169, 170.

Corneus durus particulis minimis terreis in fragmenta rhomboidalia fissus, *corneus trapezius*. Spe. 172.

Basaltes particulis subtilissimis, *solidus*, *basaltes solidus*. Spe. 148.

le silex, & qui cependant, lorsqu'elles sont mouillées, donnent une odeur des plus fortes; toutes ces laves agissent sur l'aiguille aimantée, & ce n'est pas l'intensité de leur couleur noire qui indique toujours la force de cette action, puisqu'il y a des laves grises & blanchâtres qui ont cette propriété à un degré bien supérieur aux laves les plus obscures.

Il est essentiel de bien connoître la nature des laves homogenes simples, parce que nous les verrons ensuite servir de base à toutes les laves composées; c'est donc sur elles que j'ai multiplié les expériences, pour connoître précisément à quels genres de pierres elles peuvent être rapportées.

Toutes ces laves, de quelque couleur qu'elles soient, donnent une poudre grise blanchâtre, lorsqu'elles sont broyées ou pilées; l'action d'un feu ouvert les rend rougeâtre, mais dans des vaisseaux clos: celles qui sont grises noircissent un peu; le degré de feu nécessaire pour les fondre differe presque dans chaque variété, & le verre qu'elles forment est plus ou moins boursoufflé.

L'analyse de ces laves ne donne jamais des résultats parfaitement semblables, même lorsqu'on essaye deux morceaux qui ont les mêmes apparences extérieures ; on y trouve toujours quelques dissemblances dans les proportions des principes constituans; ce ne sont pas toujours les plus dures qui donnent le plus de terre silicée, ni les plus colorées & les plus attirables à l'aimant, qui contiennent le plus de fer. Les proportions de la terre de magnésie & de la terre calcaire, sont encore celles qui proportionnellement varient le plus. En général, celles qui exhalent une plus forte odeur argileuse, contiennent une plus grande portion de magnésie, qui cependant ne passe jamais $\frac{12 \text{ ou } 16}{100}$; dans quelques autres on a peine à y en trouver $\frac{3}{100}$. Rarement la terre calcaire excede $\frac{5}{100}$, souvent on a peine a en extraire $\frac{1 \text{ ou } 2}{100}$; dans quelques-unes la terre silicée excede $\frac{60 \,\&\, 66}{100}$; d'autres n'en donneront que $\frac{40}{100}$. Le fer arrive quelquefois à $\frac{25}{100}$, quelques autres fois il est au-dessous de $\frac{6}{100}$: toutes ces dissemblances prouvent que les analyses faites par différens Chimistes, de quelques laves, ne conviennent qu'à l'échantillon même qui a été essayé, & ne peuvent s'étendre sur toute l'espece en général; les produits de ce même genre d'analyse sont également variés, lorsqu'on essaye les variétés de la classe des pierres qui renferment les schistes argileux, trapps, roches de corne, & schorls en masse.

Variétés.

N°. I. Lave homogene d'une couleur noire obscure : elle est très-dure & très-compacte; son grain fin & très-serré n'a cependant aucune apparence vitreuse, il est plutôt terreux; sa cassure est conchéide, comme celle du pétro-silex; sa pesanteur est très-grande; ses fragmens, très-minces sur leurs bords, opposés au jour, ont quelqueſois une couleur verdâtre, avec une eſpece de demi-tranſparence; elle fait feu avec le briquet, & elle agit fortement ſur l'aiguille aimantée; elle eſt ſuſceptible d'un poli vif & brillant: tous ces caracteres la font reſſembler au *baſaltes ſolidus particulis ſubtiliſſimis* de *Valerius*. Spe. 148. Cette lave a cependant une peſanteur ſpécifique beaucoup plus grande; elle eſt à celle de l'eau à peu près comme 4 à 1.

Cette belle lave ſe trouve au-deſſus de *Piedimonte*, dans les courans qui deſcendent des montagnes de la *Cirita*.

N°. II. Lave homogene noire: ſon grain eſt fin & ſerré, il eſt un peu brillant, comme micacé, lorſqu'on le préſente au Soleil; ſa caſſure nette & ſeche eſt conchéide comme celle du ſilex; ſa peſanteur égale la précédente; elle fait feu avec le briquet, & agit fortement ſur l'aiguille aimantée; ſon grain paroît homogene & terreux, lorſqu'on ne le fait pas chatoyer à la lumiere; mais lorſqu'on l'examine au microſcope, il paroît un aſſemblage de lames de ſchorl;

moins apparentes sur un sens de la cassure que sur l'autre; réduite en poudre, elle paroît grise, blanchâtre. Cette lave, qui n'a pas la plus légere apparence de pores, est parfaitement semblable à la roche *corneus solidus nitens*, spe. 169, de *Valerius*, qui est un vrai schorl en masse; & ses lames luisantes sont une ébauche de la cristallisation du schorl.

Cette lave se trouve dans les grands courans descendus des montagnes de la *Cirita*, vers la partie de *Piedimonte*; elle y est associée à la précédente.

On la voit encore dans la montagne de la *Trezza*, où elle a la forme de colonnes prismatiques; mais celle-ci n'est pas aussi exactement compacte; elle y a quelques pores arrondis, distant les uns des autres de quatre ou cinq pouces; ils ont une ou deux lignes de diametre; ils sont bleus dans leur intérieur, & ils renferment ordinairement des mamelons & des cristaux de zéolite.

N°. III. Lave homogene grisâtre, dont le grain fin, serré & luisant, ne differe absolument de la précédente que par sa couleur; elle a d'ailleurs tous ses autres caracteres, & elle se trouve dans les mêmes courans; à l'analyse elles ont une légere dissemblance; lorsqu'elles sont mises toutes deux en digestion dans l'acide nitreux, & exposées à la chaleur du soleil, elles se dissolvent en partie; mais le précipité gélatineux qui se forme par l'addition de l'alkali fixe végétal, est de couleur jaune rougeâtre dans le N°. II, & il est blanchâtre dans le N°. III; cependant le résultat de l'analyse fournit à peu près la même quantité de fer.

Il y a des blocs qui offrent quelques légeres dissemblances dans l'apparence extérieure; cependant je n'ai pas cru devoir multiplier le nombre de variétés; il me suffira de dire que quelques blocs different entre eux par leur teinte & par une apparence plus ou moins luisante: la pâte de quelques-uns, vue à la loupe, au lieu d'écailles brillantes, renferme des aiguilles très-fines, également luisantes.

Ces trois belles variétés de laves compactes, les plus denses que je connoisse, ont absolument besoin de toutes leurs circonstances locales pour être reconnues production de volcan; une fois détachées des courans auxquels elles appartiennent, elles n'ont aucun caractere qui ne convienne aux schorls en masse, ou aux trapps des montagnes primitives; elles ont peut-être seulement un peu plus de pesanteur; elles ont une très-foible odeur argileuse, lorsqu'elles sont humectées. Dans différentes analyses que j'en ai faites, j'ai trouvé qu'elles contiennent à peu près $\frac{60}{100}$ de terre silicée, de $\frac{25 \text{ à } 30}{100}$ d'argile, de $\frac{8 \text{ à } 10}{100}$ de fer, très-peu de terre calcaire & de magnésie. Dans quelques essais, le fer m'a paru beaucoup plus abondant, aux dépens de la terre silicée, qui n'est plus que de $\frac{50}{100}$, lorsque le fer monte à $\frac{20}{100}$ (1).

(1) Il peut arriver souvent qu'une partie de la chaux de fer reste dans le résidu siliceux, parce que, lorsqu'elle est entierement déphlogistiquée, elle n'est plus attaquable par les acides, & elle ne peut plus être réduite.

Les blocs ou les colonnes prismatiques formés de ces laves sonnent quelquefois comme le bronze; elles reçoivent le plus beau poli, toutes prennent une couleur plus foncée par le lustre qu'on leur donne; & quelques unes, qui sont naturellement grises, paroissent alors presque noires. C'est toujours dans leurs cassures fraîches qu'il faut examiner leur grain, qui disparoît par la trituration, ou par le plus léger frottement.

N°. IV. Lave homogene grisâtre; son grain est fin & serré; son apparence est terreuse, un peu luisante, ou micacée; sa cassure est moins seche que celle des numéros précédens, & sa pesanteur moins considérable; elle fait feu avec le briquet, & agit sur l'aiguille aimantée; elle n'exhale aucune odeur argileuse, étant humectée avec le souffle. Je crois qu'elle dépend encore du *basaltes solidus* de Valerius.

Cependant, examinée à la loupe, ses petites écailles luisantes m'ont paru plutôt appartenir au feld-spath qu'au schorl; d'ailleurs dans son analogie elle paroît contenir plus de terre silicée & moins d'argile que dans les variétés précédentes.

Cette lave se trouve dans plusieurs parties de l'Etna; un grand courant auprès de *Paterno* en est presque entierement formé; un autre auprès de *Mascali*: dans celui-ci le grain est plus terne, moins luisant, quoiqu'aussi dur; elle y a quelques dispositions à se diviser en laves ou couches minces.

N°. V. Lave homogene noire; son grain est très-fin & serré; sa cassure est conchéïde, elle paroît luisante dans quelques parties, comme si elle étoit micacée; elle a tous les caracteres apparens du N°. II; mais on lui trouve une distinction remarquable, en l'examinant plus attentivement; car les petits points luisans, observés à la loupe, au lieu d'être des écailles de schorl, sont de petits grains de quartz jaunâtre.

Cette lave se trouve parmi les colonnes prismatiques de la montagne de la *Motte*, près *Catagne*; elle y est ordinairement mêlée avec la lave de l'eſpece cinquieme, qui contient de petites cryſolites.

N°. VI. Lave homogene noire, dont le grain eſt plus gros & plus marqué que celui des variétés précédentes; il eſt à peu près ſemblable à celui du grès; ſon tiſſu eſt auſſi moins ſerré; elle eſt un peu luiſante au ſoleil; elle fait difficilement feu avec le briquet: les morceaux les plus compactes ne ſont pas exempts de quelques petits pores arrondis que l'on n'aperçoit bien qu'avec la loupe; elle exhale une odeur argileuſe aſſez forte, lorſqu'elle eſt mouillée; le même bloc de cette lave préſente ordinairement quelques variétés dans la groſſeur du grain, & dans la couleur, qui quelquefois eſt bleuâtre, plus ou moins foncée.

Tous les blocs de cette lave éprouvent à leur ſurface une eſpece de décompoſition, qui, ſans changer beaucoup leur dureté, altere leur couleur, & rend le grain plus apparent & plus lâche; cette altération pénetre plus ou moins dans l'intérieur l'intérieur du bloc, ou des colonnes prismatiques qui en sont formées; quelquefois elle arrive jusqu'au centre, & la lave, de noire bleuâtre qu'elle étoit, devient brune; on la prendroit alors pour une variété essentiellement différente; dans quelques blocs, le centre conserve un noyau de la couleur naturelle, qui forme une tache obscure plus ou moins large sur le fond brun de la pierre. Lorsque nous traiterons de l'altération des laves, nous verrons que c'est le fer colorant qui, dans ce genre de décomposition, est le premier attaqué; qu'il y éprouve une espece de rouille qui lui fait perdre presque toute son action sur l'aiguille aimantée; il arrive aussi quelquefois que la couleur du centre de ces blocs augmente d'intensité, par la pénétration d'un partie du fer soustraite de l'écorce.

Tous les caracteres de cette lave indiquent encore qu'elle appartient à une espece de roche de corne; telle est le *rowly ragg* de Kirwan. Sp. 19.

Cette variété est la plus commune

des laves homogenes de l'Etna ; elle ſe trouve dans différentes parties de cette montagne, principalement dans les irruptions qui paroiſſent appartenir au premier âge de ce volcan ; elle eſt criſtalliſée en priſmes à *Licodia*, à *Aderno*, auprès de *Bronte*, à *Yarcicale*, à la *Motte* de Catagne, &c. C'eſt elle qui forme les belles colonnes priſmatiques des Iles Cyclopes : on aura peine à la reconnoître dans celles de ces colonnes qui ſont à l'extérieur des groupes, & que leur poſition expoſe à toutes ſortes de dégradations, & ſur-tout à celles occaſionnées par le battement des flots, & par la corroſion des eaux de la mer ; leur ſurface alors devient caverneuſe, & le grain en paroît plus groſſier. C'eſt dans le ſein de cette lave que ſe forment les beaux criſtaux de zéolites tranſparentes, que nous décrirons dans la troiſieme claſſe des produits de l'Etna.

N°. VII. Lave homogene griſe, d'un grain fin & ſerré, avec une infinité de très-petites pointillures d'une couleur plus claire ; ces points, vus à la loupe, présentent un tissu plus lâche que dans les endroits plus foncés; souvent même il y a quelques porosités dans leur centre. Je crois que cette lave appartient à un genre de roche mélangée de schorls en masse & de roche de corne, dont les parties se distinguent par une différence dans leur densité & leur dureté; tel est le *saxum trapezium*, spe. 210, de *Valerius*. Cette lave humectée exhale une forte odeur argileuse; broyée, elle prend une couleur blanche; elle n'a presque aucune action sur l'aiguille aimantée.

Cette lave se trouve dans la montagne de la Motte, & dans les blocs de laves qui sont au pied de ses escarpemens.

Toutes les laves homogenes qui forment cette premiere espece, peuvent être regardées comme de beaux & vrais basaltes, en conservant même à ce nom l'acception que lui donne Pline, qui, en parlant d'une pierre à peu près semblable, dit, *invenit eamdem Ægyptus in Æthiopiâ, quem vocant basaltem, ferrei coloris atque duritiæ, unde & nomen ei dedit.* Lib. XXXVI, c. 8. Ces laves ont, par leur couleur & leur dureté, presque égales à celle du fer, tous les caracteres des pierres auxquelles on donne cette dénomination dans les monumens antiques; on pourroit même dire qu'elles le méritent à plus juste titre que les laves de Bolzena & de Rome, que l'on nomme ainsi, en y ajoutant l'épithete d'*occciden-tales*, lorsqu'on les employe pour restaurer les statues égyptiennes; car elles sont plus belles qu'elles, elles ont le grain plus fin, elles ont plus de densité, plus de dureté, & l'apparence plus métallique; cependant on doit observer qu'en appliquant ce nom à toutes les pierres qui ont la couleur & la dureté du fer, sa signification devient vague & incertaine, puisqu'il convient également aux pierres de deux genres qui ont une origine si différente, & qui ne peuvent être distinguées pendant l'absence des circonstances locales. Les laves homogenes à grain fin, & les pierres naturelles de même grain & de même couleur, ont tant de ressemblance, malgré la différence des agens de la formation, que la plupart des Auteurs systématiques les ont confondues dans leurs Traités de Minéralogie. *Valerius* a réuni le *lapis lidius*, qui est souvent une lave, avec le *schistus niger particulis subtilissimis*, qui est une roche de corne naturelle. *Cronsted* & *Valerius* ont classé dans la même espece le *basaltes solidus particulis subtilissimis impalpabilibus figurâ indeterminatâ*, qui est un schorl en masse, avec le *basaltes figurâ columnari cristalisatus*, qui est une lave qui a éprouvé un retrait régulier pendant son refroidissement. Ces Auteurs avoient d'autant plus de raison de les rapprocher, que l'apparence extérieure & les produits de l'analyse étant les mêmes, & ne connoissant point les particularités des lieux où étoient pris les échantillons qu'on leur envoyoit, ils devoient croire que toutes ces pierres étoient de même espece, ayant entre elles une ressemblance parfaite.

M. l'abbé *Caluso*, Secrétaire de l'Académie royale des Sciences de Turin,

Savant d'une immense érudition, & qui a une connoissance très-étendue des langues orientales, m'a envoyé une Dissertation très-bien faite sur l'étymologie du mot *basaltes*; il s'éloigne de l'opinion de Pline, & prétend que ce mot n'a jamais pu signifier *fer*, ni en langue copte, ni en égyptien, ni en éthiopien; il en cherche la racine dans l'hébreu, le syriaque, le caldéen & l'arabe; & dans toutes ces Langues, un mot à peu près semblable signifie cuit, brûlé, grillé; enfin il conclut que le mot *bselt*, *basalt*, est, en éthiopien, le féminin de l'adjectif *bsul*, qui signifie cuit; & (en sous-entendant le mot *ebn*, pierre) la dénomination *bselt* ou *bsalt*, veut dire pierre brulée ou cuite; il appuye cette étymologie de la signification qu'a ce mot dans les livres éthiopiens qui nous sont connus, & du concours des différentes Langues orientales, entre autres de l'hébreu. Selon cette nouvelle application, ce nom conviendroit à toutes les pierres des volcans, sur-tout aux laves poreuses & aux scories, qui ont plus l'apparence brûlées que les laves compactes; mais comme dans l'emploi d'un mot il suffit de se faire entendre, les Naturalistes feront bien de suivre l'exemple de M. de Faujas, & de l'appliquer aux laves compactes à grains fins, quelles que soient leurs formes, au risque même qu'on se servît quelquefois du même nom pour les trapps, lorsqu'on ne saura pas les circonstances de leur formation.

SECONDE ESPECE.

Laves spathiques.

Je nomme laves spathiques toutes celles qui, dans leur pâte, renferment des laves ou écailles de même couleur que le fond de la pierre; ces écailles seroient peu ou point apparentes, sans le luisant & l'espece de chatoyement qu'elles ont, lorsqu'on les présente à la lumiere; quoiqu'elles ayent ordinairement plusieurs lignes d'étendue, il faut les observer dans les cassures fraîches, pour bien les distinguer, autrement elles se confondent avec la base, dont elles ont parfaitement la couleur.

Les laves ou écailles que l'on distingue dans cette espece de lave, sont de la nature du feld-spath; elles ne different que par la couleur de celles qui forment les porphyres; j'ai cru cependant devoir en faire une espece particuliere, parce que la dénomination de *porphyre* a été affectée jusqu'à présent à la seule roche composée, sur le fond de laquelle le feld-spath forme des taches d'une couleur distincte de la base.

Les laves spathiques sont très-nombreuses sur l'Etna: elles ont formé d'immenses courans dans toutes les parties de son contour; elles different entre elles par leur couleur, par le nombre des lames de feld-spath, & par la forme de ces lames ou écailles, que l'on peut regarder comme des ébauches de cristaux plus ou moins parfaits; dans quelques-unes, l'abondance de ces écailles est telle, que la pierre paroît en être entierement formée; elles y sont croiſées & entrelacées de différentes manieres; de ſorte que le tiſſu de la lave reſſemble à celui du feld-ſpath en maſſe, qui forme la baſe des granits; d'autres en contiennent en moindre quantité; mais pluſieurs lames réunies enſemble y forment des eſpeces de criſtaux irréguliers, qui ont à peu près une ligne d'épaiſſeur, avec une ſurface qui a quelquefois plus de ſix lignes de diametre: ces criſtaux applatis ſont ordinairement diſpoſés ou placés dans le même ſens, de maniere que lorſqu'on rompt la lave dans une direction particuliere, ils préſentent leurs larges ſurfaces, & la pierre paroît preſque entierement formée d'écailles; lorſque les caſſures ſe font dans le ſens oppoſé, on ne voit plus que les tranches minces, le nombre des criſtaux de feld-ſpath paroît être beaucoup moindre, & n'étant pas auſſi luiſans que ſur leurs faces, ils ſont plus difficiles à diſtinguer. Le ſens des fractures peut donc y produire l'apparence de beaucoup de variétés qui eſſentiellement n'exiſtent pas. Enfin il est d'autres laves où la cristallisation du feld-spath est plus parfaite ; il y est en forme de cylindre ou prisme quadrangulaire, tel qu'on les voit dans les porphyres & les serpentins antiques.

Les laves spathiques servent de base à beaucoup de laves composées, c'est-à-dire, à beaucoup de celles qui renferment des schorls & des crisolites ; & il est très-peu de laves dans l'Etna où on ne retrouve quelques-unes de ces écailles de feld-spath. En suivant les nuances qui font passer les laves simples au rang des laves spathiques, on voit ordinairement que les écailles & les cristaux de feld-spath ne sont point étrangers à la roche qui les contient, qu'ils n'y ont point été enveloppés accidentellement, mais qu'ils sont nés dans son sein, & qu'ils s'y sont formés par le rapprochement des parties similaires, pendant que la matiere étoit assez molle pour permettre ce mouvement (je parle de la fluidité que devoit avoir la roche dans sa premiere formation par la voie humide, & non de la mollesse que lui avoit donnée le feu du volcan). Cette même obſervation peut ſe faire ſur preſque toutes les eſpeces de porphyres. On voit que les criſtaux de feld-ſpath s'y ſéparent graduellement de la baſe dans laquelle ils étoient comme diſſous. Tant que la criſtalliſation eſt imparfaite, le feld-ſpath participe de la couleur du fond, qu'il ſoit noir, rouge ou vert; lorſque les criſtaux ſont mieux formés, ils ſont ordinairement blancs ou rougeâtres; ils deviennent graduellement plus durs, moins argileux, moins fuſibles, juſqu'à ce qu'ils aient acquis la demi-tranſparence, caractere qui indique leur pureté ; on pourroit même dire que beaucoup de roches de corne ſeroient devenues des porphyres, ſi leur deſſechement n'avoit pas été auſſi prompt; car ce genre de pierres contient, en diſſolution, toutes les matieres qui peuvent former les feld-ſpaths, & il ne leur auroit fallu, pour paroître, que les circonſtances favorables à leur rapprochement. Les laves ſpathiques ne different donc des laves porphyritiques de l'eſpece ſuivante, que parce que le feld-ſpath y eſt moins pur, plus argileux, & y participe plus de la fuſibilité de la baſe; car, dans les laves porphyritiques, les criſtaux réſiſtent plus à la fuſion que la pâte qui les renferme.

Les laves ſpathiques préſentent à l'analyſe un peu plus de quartz que les laves homogenes ordinaires, & moins de fer; elles ſont en général plus fuſibles, moins attirables à l'aimant; elles ne donnent point, ou preſque point d'odeur argileuſe, lorſqu'elles ſont humectées; mais les laves homogenes du N°. IV leur reſſemblent parfaitement, relativement aux produits de l'analyſe; elles ne different que par le rapprochement du feld-ſpath, qui s'eſt fait dans les unes, & qui n'a pu avoir lieu dans les autres.

Les laves ſpathiques, ordinairement fort denſes, ſont preſque toutes ſuſceptibles d'un beau poli; mais alors elles perdent le caractere extérieur qui les diſtingue des laves ſimples, parce que le feld-ſpath y devient moins apparent,

& que même on ne peut plus l'appercevoir qu'en cherchant à le faire chatoyer à la lumiere ; cette circonstance m'a déterminé à faire de ces laves une espece distincte des laves porphyritiques.

J'ai dit que les laves changeoient de couleur, selon la place qu'elles occupent dans les courans ; cet accident est plus marqué dans cette espece que dans toutes les autres, parce que le feu qui le produit, n'agit pas également sur toutes les parties qui composent cette lave ; il augmente l'intensité de la couleur de la base ; ordinairement il la noircit, & il blanchit au contraire les cristaux & les lames de feld-spath ; par cet effet, la lave spathique devient un vrai porphyre, & paroît appartenir à l'espece troisieme. Si c'est par la calcination du fer que le feu rougit cette base, le feld-spath, qui contient moins de fer, résiste à cette action, & paroît encore former un autre genre de porphyre. La décomposition enfin produit encore un effet presque semblable, soit qu'elle ait lieu par la ſeule influence de l'air, ſoit qu'elle vienne de l'action des vapeurs acides; dans le premier cas, le fer ſe rouille, la baſe devient brune, & le feld-ſpath blanchit; dans le ſecond, la baſe blanchit, & le feld-ſpath reſte gris. Nous indiquerons plus particulierement tous ces accidens, lorſque nous traiterons de la décompoſition des laves; il nous ſuffit de les indiquer ici, pour convaincre que les laves ſpathiques ont un très-grand rapport avec les laves porphyritiques.

Les grands courans des laves ſpathiques ſont recouverts de moins de ſcories que les autres, les laves ſont moins bourſoufflées; leurs ſurfaces, moins raboteuſes, plus unies, prennent une teinte griſe blanchâtre, qui de loin les fait reſſembler aux pierres calcaires.

Variétés.

N°. I. LAVE entierement formée de grandes écailles de feld-ſpath gris, entrelacées de différentes manieres; elle reſſemble, par ſon tiſſu & ſa dureté, au ſchorl écailleux en maſſe, nommé *Horn-blende;* elle étincelle vivement ſous le choc du briquet; elle n'a preſque aucune action ſur l'aiguille aimantée: cette lave eſt très-fuſible. Lorſque le feu eſt actif, il en forme un verre noirâtre, preſque opaque; moins violent, il la change en émail gris très-opaque.

Je ne ſais pas s'il y a des courans particuliers entierement formés de cette variété; elle a été trouvée par le Chevalier de Giſenni en morceaux iſolés auprès de *Bronte;* un des blocs étoit à moitié vitrifié, effet extrêmement rare ſur l'Etna.

N°. II. Lave ſpathique griſe; quelquefois un peu rougeâtre, formée par une très-grande quantité de criſtaux écailleux de feld-ſpath de différentes forme & grandeur, ordinairement applatis, réunis par une pâte de la nature du ſchorl en maſſe; ils y ſont placés de maniere que le ſens de leur caſſure change leur forme; on y voit auſſi quelques criſtaux de ſchorl noir, mais en trop petit nombre pour former un caractere particulier. Dans cette lave, le feld-ſpath paroît faire plus des deux tiers de la maſſe, & il ne ſe diſtingue du fond que par le chatoyement de ſes lames; elle fait beaucoup de feu avec l'acier, & elle a peu d'action ſur l'aimant; elle eſt ſuſceptible d'un beau poli; le luſtre y fait preſque diſparoître ſon apparence ſpathique, & la rend ſemblable à une lave griſe homogene; quelquefois le même morceau a deux ou trois teintes différentes.

Cette lave ſe trouve dans différentes parties de l'Etna, principalement parmi les énormes blocs qui forment le ſol de la plaine des *Giarre*, au-deſſous de *Maſcali*; elle forme des courans dans les environs de Catagne, auprès de *Nicoloſi*, de *Paterno*, d'*Aderno*, & dans les cavités au pied du *Monte Roſſo*.

N°. III. Lave ſpathique noire ou griſâtre, formée d'une grande quantité de lames de feld-ſpath croiſées dans différens ſens, & renfermée dans une pâte de roche de corne de même couleur; elle

elle eſt moins dure que les précédentes; elle a une foible odeur argileuſe lorſqu'elle eſt humectée, & elle agit aſſez fortement ſur l'aiguille aimantée; elle contient auſſi quelques écailles & criſtaux de ſchorl; cette lave forme de grands courans dans différentes parties de l'Etna.

N°. IV. Lave ſpathique noire, ou grisâtre foncée, formée par des écailles, ou plutôt par des priſmes poliedres très-courts, de feld-ſpath écailleux, placés dans une baſe à grains fins, de la nature de la roche de corne ou du ſchorl en maſſe: car quelquefois elle a l'odeur argileuſe lorſqu'elle eſt humectée; d'autres morceaux ont une caſſure plus ſeche, & n'exhalent aucune odeur; les tronçons de priſmes de feld-ſpath qui caractériſent cette lave, ſont preſque tous placés dans le même ſens; de ſorte que, lorſque la pierre ſe caſſe ſelon la direction des lames, elle paroît preſque entierement compoſée de feld-ſpath; lorſqu'au contraire ces criſtaux préſentent leurs tranches, ou ſont rompus ſelon la longueur des prismes, ils paroissent moins nombreux, & on a plus de peine à les distinguer au milieu de la pâte qui les renferme; c'est principalement dans celle-ci que la surface blanchit à l'air; on en trouve de gros blocs au sommet de l'Etna, qui paroissent parfaitement blancs extérieurement, quoique gris foncé dans le centre.

N°. V. Lave spathique noire foncée, avec une teinte un peu verdâtre, sur-tout sur les bords des éclats minces qui ont une sorte de demi-transparence; elle est extrêmement pesante, dure, & compacte; sa base a un grain fin & serré, sa cassure est nette & seche, souvent conchoïde; elle contient une infinité de petites écailles rondes, & des aiguilles de feld-spath de même couleur que le fond, & qui ne s'en distinguent que par leur luisant; elle donne un peu d'odeur sous le souffle. Cette lave, une des plus denses, des plus dures, & des plus pesantes de l'Etna, fait feu avec le briquet, & agit fortement sur l'aiguille aimantée; elle contient à peu près

près $\frac{15}{100}$ de fer, souvent un peu plus; le quartz y est à peu près dans la proportion de $\frac{48}{100}$; le reste est argile & terre de magnésie: elle est assez fusible.

Cette lave est sous la forme de grosses colonnes prismatiques dans la montagne de *Paterno*; ces colonnes, & les blocs de cette lave exposés à l'air, s'y revêtent d'une écorce brune, d'un tissu lâche & d'une moindre dureté, qui provient d'une décomposition semblable à celle qui se fait sur certaines roches de corne dans les montagnes primitives.

Si on vouloit saisir toutes les petites dissemblances, on pourroit augmenter le nombre de ces variétés; mais ce seroit inutilement, puisqu'elles ne présenteroient plus rien d'essentiel: nous voyons reparoître ces mêmes laves spathiques, comme formant la base de quelques variétés, dans les especes suivantes.

TROISIEME ESPECE.

Laves porphyritiques.

Je nomme ainſi toutes les laves qui renferment des criſtaux de feld-ſpath, lorſque ces criſtaux ſont d'une couleur différente de la baſe qui les contient, & qu'ils y forment des taches.

Cette eſpece eſt la plus commune : elle forme à elle ſeule plus de la moitié des laves compactes de l'Etna ; on peut même dire que le porphyre eſt la baſe eſſentielle de preſque toutes les laves de ce volcan ; qu'il caractériſe principalement les produits de l'Etna, & qu'il le diſtingue des autres volcans, où ordinairement les porphyres ſont plus rares.

La grandeur, le nombre, la forme des criſtaux de feld-ſpath, & la couleur de leur baſe diſtingueront les variétés de cette eſpece ; mais je ne regarderai point comme variétés les accidens des caſſures, qui, ſelon leur ſens, préſentent des dissemblances dans la forme & la grandeur du feld-spath, sur-tout lorsque les cristaux sont très-applatis & ressemblent à une piece de monnoie.

Le feld-spath n'est pas toujours seul dans ces laves, il y est souvent accompagné de schorl noir, & quelquefois de crysolites; on trouve également l'une & l'autre de ces substances dans quelques porphyres antiques.

La base, ou le fond de toutes ces laves porphyritiques est semblable aux laves simples décrites dans l'espece premiere; quelques-unes sont cependant sujettes à se boursouffler davantage, & à avoir un grain plus vitreux; d'ailleurs le feld-spath n'est jamais altéré ni dans sa forme, ni dans son organisation, quelquefois seulement il est un peu gercé. On observe en général que plus les laves ont éprouvé une violente action du feu, plus le feld-spath y a blanchi; effet qu'on peut produire en exposant au feu le porphyre vert, ou serpentine antique, dont la base noircit pendant que le feld-spath blanchit; il acquiert alors la propriété d'agir plus fortement ſur l'aiguille aimantée.

La plupart des laves porphyritiques ſont ſuſceptibles de recevoir un beau poli, qui augmente toujours l'intenſité de leur couleur; alors elles ont autant d'éclat & de beauté que les porphyres naturels, & elles pourroient leur être ſubſtituées; il n'y a que le porphyre à fond pourpre & celui à fond vert, que l'on n'y trouve pas, parce que ces deux couleurs noirciſſent à un degré de feu encore moindre que celui des volcans.

Variétés.

N°. I. Lave porphyritique, dont le fond eſt d'un vert griſâtre, avec des taches blanches; ſon grain eſt ſec, fin & ſerré; ſa caſſure eſt conchoïde, & ſa dureté eſt ſemblable à celle du jaſpe; elle fait feu avec le briquet; elle a une très-forte action ſur l'aiguille aimantée, & n'exhale point d'odeur ſous le ſouffle; ſes taches ſont formées par des criſtaux oblongs, quadrangulaires, rhomboïdaux de feld-ſpath: ces criſtaux ont depuis quatre lignes de largeur jusqu'à une extrême petitesse; ils sont répandus irrégulierement dans la pâte où ils sont clair-semés. Cette lave très-compacte est semblable à quelques porphyres antiques, employés dans les monumens de l'ancienne Rome; elle ressemble encore plus à plusieurs porphyres de la vallée du *Niolo en Corse.*

Sans les circonstances locales, je n'aurois jamais pu croire que cette belle lave fût un produit du feu; mais elle a éte trouvée au nombre de deux seuls échantillons, par M. le Chevalier Gisenni, parmi des laves arrondies par le battement des flots, sur le bord de la mer à Catagne; nous ignorons donc à quel courant elle a appartenu.

N°. II. Lave porphyritique, dont le fond est noir grisâtre, avec des taches blanchâtres; sa base a le grain fin & serré de la roche de corne, mais plus sec & plus dur; elle fait feu avec le briquet, & elle exhale, sous le souffle, une odeur d'argile; les cristaux de feldspath y sont répandus en grande quantité; mais étant d'une forme applatie, & présentant une grande surface sur peu d'épaisseur, le sens de la cassure fait varier la grandeur & la forme des taches, qui sont rondes selon une direction, & oblongues selon l'autre; ce qui peut former l'apparence de différentes variétés dans le même bloc, selon la direction des cassures. Cette lave, très-compacte & pesante, est susceptible d'un beau poli; mais la couleur des taches n'est jamais tranchante, parce qu'elles sont d'un blanc sale; elle contient aussi quelques cristaux de schorl.

Cette lave est très-commune dans les irruptions de l'Etna; elle a beaucoup de rapport avec la lave spathique du N°. II; elle forme de grands courans au dessus de *Licodia*, auprès de *Mascali*, & dans beaucoup d'autres lieux; ces courans ne paroissent pas d'une époque très-ancienne; car je n'en connois aucun qui soit cristallisé en basaltes, & un seul qui ait éprouvé ces grandes déchirures, communes dans les laves anciennes, qui mettent leur intérieur parfaitement à découvert; c'est celui auprès de *Mascali*, qui a été ouvert par un torrent qui le traverse; les autres sont encore presque entierement enveloppés dans leurs laves cellulaires, qui y sont très-abondantes: car il paroît que ce genre de lave s'est toujours beaucoup boursoufflé.

N°. III. Lave porphyritique à fond noir très foncé, avec des taches blanches; sa base a une cassure seche & un peu vitreuse, un grain fin & serré, à peine apparent; elle fait plus vivement feu avec le briquet que la précédente; elle agit davantage sur l'aiguille aimantée; mais elle exhale une même odeur argileuse; ses cristaux de feld-spath sont plus blancs & plus tranchans sur le fond de la lave que dans le numéro précédent; mais ils sont absolument de même forme, & offrent les mêmes particularités. Cette lave, quoique dure, se rompt aisément sous le marteau, & s'y divise en fragmens aigus, comme les vitrifications.

Cette lave est essentiellement la même que celle du N°. II, & elle fait portion des mêmes courans; la ſeule poſition eſt ce qui produit les diſſemblances dans le grain, la caſſure, la dureté, & la couleur; placée dans la partie ſupérieure des courans, elle y a éprouvé une action du feu plus longue & plus vive, qui lui a fait ſubir dans ſa baſe une eſpece de demi-vitrification à laquelle le feld-ſpath n'a point participé; il s'y eſt ſeulement un peu fendillé.

Cette lave eſt ſuſceptible d'un beau poli; ſciée ſelon les tranches des criſtaux de feld-ſpath, elle repréſente le porphyre antique, dit ſerpentin noir antique; on pourroit l'employer dans les arts, & on en trouveroit de gros blocs parfaitement ſolides & compactes dans les environs de *Licodia.*

Je regarde comme inutile de décrire chaque petite diſſemblance qui ſe trouve dans les courans des laves porphyritiques des deux numéros précédens; elles dépendent du nombre des criſtaux, du grain, de la teinte, & de la dureté de la baſe; je me contente de les indiquer.

N°. IV. Lave porphyritique d'un fond noir grisâtre, avec beaucoup de petites taches irrégulieres, blanchâtres, dont la couleur ſale ſe détache peu de celle du fond; ſon grain eſt fin & ſerré; ſa caſſure ſemblable à celle de la roche de corne, & elle exhale, comme elle, une odeur argileuſe, lorſqu'elle eſt mouillée, quoiqu'elle ſoit aſſez dure pour faire feu avec le briquet: le feld-ſpath y eſt très-nombreux & de forme variée & irréguliere, mais un peu plus gros que dans le porphyre vert & dans le porphyre noir à petits points; elle contient ordinairement quelques grains de cryſolites & des criſtaux de ſchorl noir.

Cette lave, très-compacte & très-ſolide, forme pluſieurs grands courans; elle ſe trouve dans différentes parties du contour de l'Etna; elle eſt configurée en ſuperbes colonnes priſmatiques, pentahedres & hexaedres, dans les montagnes au-deſſus du village de la *Trezza*; j'y en ai trouvé d'une forme parfaite, d'un à deux pieds de diametre ſur une longueur de plus de vingt, & qui, sous le choc du marteau, rendent un son aussi clair & aussi métallique que le bronze; on la trouve aussi en blocs énormes que l'on pourroit employer comme le porphyre, étant aussi dure, & comme lui susceptible de poli; mais elle seroit moins belle, parce que les taches étant d'un blanc sale, elles tranchent peu sur le fond gris noirâtre de la pierre.

N°. V. Lave porphyritique d'une couleur noire très-foncée, avec de nombreuses taches blanches; sa cassure est seche & un peu vitreuse; son grain très fin est peu apparent; le feld-spath y est en petits cristaux irréguliers. Cette lave est essentiellement la même que le numéro IV; elle fait partie des mêmes courans, elle en occupe la surface; elle a reçu, ainsi que celle du N°. III, une espece de demi-vitrification, qui a augmenté l'intensité de ses couleurs, & qui la fait différer des laves qu'elle recouvre. Les blocs solides & compactes sont rares dans cette variété, elle se trouve plus fréquemment cellulaire.

Il faut observer que dans ces quatre dernieres variétés, ainsi que dans les suivantes, le fer qui les colore n'y est pas dans le même état; il est plus phlogistiqué & approche plus de l'état métallique dans celles qui sont noires, & qui ont le grain & la cassure vitreuse. Dans les numéros II & IV, où la roche paroît dans son état naturel, il n'a alors qu'une action très-foible sur l'aiguille aimantée; & dans les numéros III & V, il agit avec presque autant de force que dans le fer pur.

N°. VI. Lave porphyritique à fond noir brun, avec de très-nombreuses taches ou pointillures blanches, de forme irréguliere, plus petites que celles des numéros précédens, pareilles à celles des porphyres antiques rouges, verts & noirs; sa pâte a un grain fin & serré; elle est pesante & très-compacte; elle fait feu avec le briquet, & cependant elle exhale une odeur argileuse lorsqu'elle est humectée; étant pilée, elle donne une poudre grise; mais la terre qui résulte de la décomposition de cette lave eſt rouge; ce qui prouve que, dans cette altération, le fer ſe rouille.

Les courans de cette lave ſont au deſſus de *Licodia*; leur intérieur fourniroit de très-gros maſſifs parfaitement compactes, qui pourroient remplacer le porphyre noir antique, lui étant ſemblable en dureté & en beauté; la ſurface des courans a un grain plus ſec, une caſſure plus vitreuſe, & une couleur plus noire.

N°. VII. Lave porphyritique dont le fond eſt noir, avec des taches ſemblables, par leur grandeur, à celles du numéro précédent, mais moins blanches & moins apparentes; ſon grain, plus fin, eſt preſque vitreux; elle eſt très-dure, cependant elle donne encore l'odeur argileuſe qui caractériſe les roches de corne. Ce qui différencie cette lave de la précédente, avec laquelle elle paroît avoir de grands rapports, c'eſt qu'elle appartient à un courant de lave ſpathique dont elle occupe la ſurface, & dont l'intérieur paroît homogene, lorſque la lumiere ne fait pas briller les écailles de feld-ſpath, qui ſont de même couleur que la baſe. Je ne rappellerois pas cette variété, que j'ai indiquée dans l'eſpece ſeconde, ſi, pendant les irruptions qui forment les courans ſpathiques, il ne ſortoit pas de la bouche du volcan des blocs iſolés de cette lave, dans leſquels le feld-ſpath eſt devenu apparent par la blancheur acquiſe dans cette circonſtance; & ſans ce rapprochement on croiroit que les couleurs de cette lave lui ſont naturelles & indépendantes de l'action du feu.

N°. VIII. Lave porphyritique extrêmement compacte, d'une couleur noire, avec des pointillures extrêmement fines, d'un blanc ſale; elle eſt très-dure & très-peſante; elle fait feu avec le briquet, agit ſur l'aiguille aimantée, & donne l'odeur argileuſe; elle contient auſſi quelques lames & criſtaux de ſchorl noir.

Cette lave dépend encore des courans de laves qui paroiſſent homogenes; elle en occupe la partie ſupérieure: ſes très-nombreuſes & très-petites écailles de feld-ſpath ſont très-difficilement apparentes dans la baſe, avant que l'altération produite par le feu ait noirci la pâte & un peu blanchi le feld-ſpath. Cette apparition du feld ſpath dans les laves qui paroiſſent homogenes, prouve que la baſe de preſque toutes les laves de l'Etna eſt réellement un porphyre plus ou moins parfait.

N°. IX. Lave porphyritique à fond gris obſcur, avec des taches blanches, irrégulieres, oblongues, clair-ſemées, & diſtantes de plus de ſix lignes les unes des autres; le feld-ſpath qui les forme, y eſt, ainſi que dans les variétés ſuivantes juſqu'au numéro XV, en priſmes irréguliers, longs de pluſieurs lignes, & la grandeur des taches dépend du ſens de ſes caſſures; de maniere cependant que ſur la même face il y a des taches de différentes grandeurs. Le grain de cette lave eſt très-fin, mais il a une apparence terreuſe un peu luiſante, comme celui du *corneus nitens;* comme lui elle ne fait point feu avec le briquet, & cependant elle n'exhale point d'odeur argileuſe, étant humectée; ſa ſurface devient

devient terreuſe par une eſpece de décompoſition à l'air, & elle prend une couleur griſe plus claire.

N°. X. Lave qui ne differe de la précédente que par la teinte rougeâtre de ſa baſe, par un peu moins de dureté, & par un grain encore plus terreux ; elle a cependant deux autres caracteres plus eſſentiels, elle exhale une odeur argileuſe, & la décompoſition de ſa ſurface fournit une terre rouge : j'ignore à quoi ſont dus ces deux effets, car dans l'analyſe elles m'ont paru avoir auſſi peu de fer l'une que l'autre, & la même quantité d'argile qui va à $\frac{30}{100}$.

N°. XI. Lave porphyritique à fond gris, avec des taches blanches, rondes ou oblongues, très-diſtantes les unes des autres ; ſa baſe a le grain, la caſſure, & la dureté du jaſpe, qui forme le fond de quelques porphyres antiques. Cette lave, ſuſceptible d'un très-beau poli, ſeroit difficilement priſe pour une production du feu, ſans quelques petits pores qu'elle conſerve encore dans les blocs les plus compactes ; elle a d'ailleurs une reſſemblance parfaite avec certains porphyres des hautes montagnes de Corſe & des Pyrénées.

N°. XII. Lave porphyritique griſe, avec des taches blanches ſemblables au numéro précédent; ſon grain fin, ſa caſſure ſeche & conchoïde, & ſa dureté, ſont, ainſi que dans l'autre, ſemblables à celle du jaſpe; elle en differe uniquement, mais eſſentiellement, par une infinité de petites taches d'une couleur griſe plus claire, qui pointillent la baſe; ces pointillures, regardées à la loupe, ſont formées par des parties, ou petits eſpaces, dont le grain eſt plus terreux & le tiſſu plus lâche; dans le cenrre de chacune il y a un petit pore arrondi ou oblong; elle exhale encore une odeur argileuſe que l'autre n'a point.

La baſe de cette lave a beaucoup de rapport avec la roche trapézoïde, décrite par Mr. de Sauſſure, *ſpe.* 169, produite d'un mélange de roche de corne & de ſchorl; dans la partie qui appartient à la roche de corne, elle a éprouvé une petite bourſouſflure, par un dégagement de fluide élaſtique, qui n'a point eu lieu dans le ſchorl.

Je dois obſerver que les laves & leurs courans ſont d'autant plus poreux & bourſoufflés, qu'elles contiennent plus d'argile & de magnéſie: c'eſt-à-dire, qu'elles ſe rapprochent plus de la roche de corne; celles dont la pâte reſſemble plus au ſchorl ſont ordinairement plus compactes.

La lave de cette variété a des blocs très-gros & très-ſolides, dont la teinte differe; elle eſt plus obſcure dans quelques-uns, & paſſe par toutes les nuances du gris au noir, mais en conſervant toujours les pointillures terreuſes & plus claires, qui forment ſon principal caractere; la décompoſition de leur ſurface produit une terre rougeâtre.

N°. XIII. Lave porphyritique, qui differe de la précédente par la couleur brune foncée de ſa baſe, dont les petites pointillures ſont rougeâtres; ces points terreux, qui ont également de petits pores dans leur centre, ont un peu l'apparence micacée; l'odeur argileuſe eſt d'autant plus forte, que les points terreux ſont plus nombreux.

Ces deux dernieres variétés de laves porphyritiques prennent un beau poli, & leur feld-ſpath, qui eſt blanc, demi-tranſparent, & clair-ſemé, fait un bel effet ſur la couleur un peu tigrée de la baſe.

Le paſſage de cette lave compacte à l'état de lave cellulaire, ſe fait par une ſuite inſenſible dans l'agrandiſſement des pores qui occupent le centre des parties terreuſes; alors ils prennent une forme prolongée, & ils ont la même direction que le courant a eu dans ſa marche.

Ce qui ne laiſſe aucun doute ſur le rapport de cette lave avec la roche trapézoïde, ou *ſaxum trapezium* de *Valerius*, ſpe. 210 (1), c'eſt que, malgré le feu qui la fait couler en torrens enflammés, & qui auroit dû changer ſon organiſation intérieure, elle conſerve encore

---

(1) J'ai déjà déſigné cette même roche comme formant la baſe du N°. VII des laves homogenes.

la propriété de se diviser en rhombes; le retrait par le refroidissement y a opéré le même effet que celui par le dessechement; les fentes qui divisent l'intérieur du massif, y figurent des rhomboïdes, & le marteau, qui les subdivise, y produit encore quelquefois des rhombes; cette propriété de cette lave est remarquable.

N°. XIV. Lave porphyritique d'une couleur très-noire, avec des taches blanches, oblongues, distantes les unes des autres de près de six lignes; son grain est très-fin, un peu luisant, comme micacé; sa cassure est seche & conchoïde. La base de cette lave paroît, dans quelques blocs, en état de demi-vitrification, & alors son grain disparoît, mais elle conserve son odeur argileuse; elle donne, sous le choc du briquet, d'aussi vives étincelles que le silex; son feld-spath blanc, demi-transparent, y est en cristaux quadrangulaires rhomboïdaux ou irréguliers, & il n'a éprouvé d'autre effet que beaucoup de gersures; quoique sa couleur soit du plus beau noir, lorsqu'elle eſt broyée ou pilée, ſa poudre eſt blanche.

Cette lave eſt la plus belle de toute cette eſpece ; elle eſt ſuſceptible d'un poli très-brillant; le feld-ſpath y forme des taches très-diſtinctes, diſpoſées avec une ſorte de régularité, dont l'effet eſt fort agréable ; il eſt rare d'en trouver de gros blocs aſſez compactes & aſſez ſolides pour les employer dans les Arts.

Cette lave, ainſi que toutes les variétés précédentes, depuis le N°. IX, peuvent être regardées comme appartenantes à une eſpece particuliere de porphyre, dont le caractere ſeroit la diſtance des criſtaux de feld-ſpath, éloignés les uns des autres de près de ſix lignes, longs depuis une ligne juſqu'à quatre, & répandus dans la baſe avec une ſorte de régularité; nous avons un porphyre antique preſque ſemblable, connu à Rome ſous le nom de *ſerpentino nero antico*.

Toutes ces variétés viennent du même courant, qui aboutit dans l'eſcarpement, au-deſſus duquel eſt bâti la ville d'*Yarci-Reale*; il eſt difficile de déterminer ſi les différences de grains & de couleurs qui les diſtinguent, ſont l'effet du feu, ou dépendent de la nature même de la roche qui leur a ſervi de baſe: je ſerois d'opinion que la roche, dans ſon état naturel, avoit à peu près les mêmes diſſemblances, qui provenoient de la différence de proportion dans le mélange de la roche de corne & du ſchorl, & que l'action plus ou moins vive du feu n'a fait que les rendre plus ſenſibles.

Chacune de ces variétés a des laves bourſoufflées qui lui correſpondent, & qui, contre la regle générale, n'ont pas pris une teinte plus foncée que les laves compactes; ce qui indique encore que chaque variété eſt eſſentielle. Je n'ai pas pu obſerver l'ordre que ces laves différentes obſervent entre elles, parce que leur courant eſt recouvert & enſeveli ſous un grand nombre d'irruptions poſtérieures.

Les variétés IX & X, qui ont le grain terreux, n'ont point d'action ſur l'aiguille aimantée; les autres agiſſent fortement, mais également, quelle que ſoit leur teinte; dans leur analyſe, je n'ai pu en extraire plus de $\frac{4 \text{ ou } 5}{100}$ de fer; ce qui prouve que ce n'eſt pas toujours l'abondance de ce métal qui augmente l'intenſité de ſa couleur, car nous n'avons point de lave plus noire que le N°. XIV.

C'eſt dans ce courant que l'on trouve les écailles de mines de fer micacées dont nous parlerons plus bas.

N°. XV. Lave porphyritique à fond gris, avec des taches nombreuſes & irrégulieres de feld-ſpath blanc, de pluſieurs lignes de longueur; ſa baſe a un grain fin & ſerré; elle eſt dure, très-compacte, & ſuſceptible d'un beau poli; le feld-ſpath y eſt preſque demi-tranſparent, en priſmes irréguliers, & la grandeur des taches qu'il forme dépend du ſens de ſa caſſure; elle contient quelques petits criſtaux de ſchorl.

Cette lave agit fortement ſur l'aiguille aimantée, & donne peu d'odeur argileuſe; elle forme un vaſte courant à coté de *Biancavilla;* elle eſt exploitée pour bâtir & paver cette petite ville. Comme dans tous les autres courans, cette lave compacte en occupe le fond, & elle eſt enſevelie ſous une très-grande quantité de lave cellulaire caverneuſe, qui, plus facile à travailler, & plus légere, quoiqu'auſſi ſolide, eſt employée de préférence dans les bâtimens.

N°. XVI. Lave porphyritique à fond rouge aſſez vif, avec des taches blanches nombreuſes, ſemblables à celles du numéro précédent: cette lave eſt eſſentiellement la même que la derniere, & appartient au même courant; c'eſt la calcination du fer qui a produit la diſſemblance de leur couleur; cette lave, dans cet état, n'agit plus ſur l'aiguille aimantée; elle eſt également ſuſceptible d'un beau poli, & reſſemble alors à un ſuperbe porphyre; il y a des nuances intermédiaires entre les couleurs de ces variétés. M. le Chevalier de Giſenni a fait ſcier & polir de gros blocs de cette lave, dont le centre a une bande, ou zône griſe foncée, entre deux bandes rouges qui vont jusqu'aux surfaces; ce qui produit un bel effet, dont on pourroit tirer avantage dans les ouvrages de placages.

Cette calcination du fer dépend de la maniere particuliere dont brûle la lave; le phlogistique d'une de ces laves se dissipe pendant l'incandescence; il se conserve dans l'autre, soit parce qu'il n'est pas en contact avec l'air, soit par d'autres causes que je ne connois pas; car ce n'est pas toujours une plus violente action du feu qui produit cet effet, & nous voyons, dans quelques parties de ce même courant, les laves poreuses des surfaces qui sont restées grises, d'autres qui y sont devenues noires & plus attractives par l'aimant; elles étoient cependant placées dans le lieu où le feu agit le plus fortement, & où la calcination devoit être la plus complette; la quantité du soufre qui est mêlée dans la lave pendant qu'elle est fluide, & qui s'y consume avant la coagulation, peut contribuer à cet effet.

N°. XVII. Lave porphyritique à

fond gris, d'un grain fin & ferré, renfermant de nombreux criftaux de feld-fpath blanc & rouge, & quelques criftaux de fchorl noir; le feld-fpath y eft en prifmes plus ou moins réguliers & de différentes groffeurs, depuis une demi-ligne jufqu'à fix lignes; le centre des gros criftaux eft rouge, l'écorce blanche; dans les petits les uns font entierement rouges & les autres blancs; j'ai vu, en Baujolois, un porphyre abfolument femblable.

Je n'ai pas pu découvrir le courant de cette fuperbe lave; il doit être voifin de la ville de *Bronte*, puifque j'ai trouvé dans fes environs plufieurs blocs de cette variété, dont quelques-uns étoient cellulaires; peut-être ce courant a-t-il été couvert par des irruptions poftérieures.

N°. XVIII. Lave à fond gris obfcur, avec de nombreufes taches blanches arrondies, qui n'ont pas plus d'une demi-ligne de diametre; fon grain eft fin, ferré, mais terreux, & elle exhale une forte odeur argileufe lorfqu'elle eft humectée; cependant elle fait feu avec le briquet, & elle prend un beau poli; elle renferme quelques petits criſtaux de ſchorl noir, & de petites taches couleur de rouille de fer, ſemblables au fer terreux réſultant de la décompoſition des pyrites, par la diſſipation de leur ſoufre; je l'ai trouvée en gros blocs dans le lieu dit *la Foſſe des Calandres*, auprès de la grande déchirure.

N°. XIX. Lave porphyritique d'une couleur griſe obſcure, avec des taches blanches, nombreuſes, petites & irrégulieres, de moins d'une ligne de diametre; elle contient auſſi beaucoup de petits grains de ſchorl noir; ſon grain eſt plus fin, plus ſerré, plus dur, & moins terreux que dans la précédente; elle agit ſur l'aiguille aimantée, fait feu avec le briquet, & donne l'odeur argileuſe.

N°. XX. Lave à fond gris rougeâtre, ou mêlé de rouge, avec de nombreuſes & petites taches de feld-ſpath blanc & de ſchorl noir; le grain en eſt fin & ſerré, un peu écailleux: examiné avec attention, on voit que la couleur rougeâtre eſt donnée par une infinité de petites lames ou écailles de feld-ſpath rouge mêlé avec la pâte. Cette belle lave eſt ſuſceptible de poli; il y a dans les montagnes de Corſe un porphyre preſque ſemblable : comme ſa couleur lui eſt propre, & ne vient pas de la calcination du fer, elle agit fortement ſur l'aiguille aimantée.

Il y a des blocs dont le grain eſt moins ſerré & plus terreux; d'autres dont le fond gris eſt d'une teinte plus claire, preſque blanchâtre, & où les criſtaux de feld-ſpath qui forment les taches, ſont rougeâtres.

Ces deux dernieres variétés appartiennent au même courant, près la foſſe des *Calandres*, dans l'excavation & les grands eſcarpemens que les eaux y ont faits; elles y ſont en blocs très-volumineux & très-compactes; on pourroit en faire de très-beaux ouvrages.

N°. XXI. Lave à fond gris blanchâtre, avec de petites & très-nombreuſes taches de feld-ſpath blanc & de ſchorl noir; le feld-ſpath y eſt moins apparent que le ſchorl, parce que ſa couleur eſt moins diſtincte de celle de la baſe.

Les différens blocs de cette lave préſentent toujours quelques légeres diſſemblances par les groſſeurs des taches & par la teinte de la baſe; dans quelques-unes la pâte eſt abſolument blanche; le ſchorl & le feld-ſpath y ſont ſi petits, qu'ils ſe laiſſent à peine diſtinguer; dans d'autres, le ſchorl & le feld-ſpath ſont des taches mal terminées, qui paroiſſent moitié diſſoutes dans la baſe: malgré ſa couleur blanche, cette lave agit fortement ſur l'aiguille aimantée. J'ai encore trouvé des porphyres ſemblables dans les montagnes de Corſe, au val de *Niolo*.

Cette lave dépend des mêmes courans que les deux précédentes; ces trois variétés appartiennent à une eſpece de porphyre, dont le caractere diſtinctif ſe trouve dans la petiteſſe & le grand nombre des taches de feld-ſpath mêlées avec celles du ſchorl, qui y eſt preſque en égale quantité, & dans l'eſpece de diſſolution où ces ſubſtances étrangeres ſont dans la pâte qui les renferme.

N°. XXII. Lave à fond gris, avec de très-petits criſtaux de feld-ſpath blanc peu diſtincts, & moins nombreux que dans les précédentes, preſque diſſous dans leur baſe, & de petites aiguilles de ſchorl noir; ſon grain fin, un peu écailleux, paroît un compoſé de roche de corne & de feld-ſpath en très-petits élémens. Cette lave fait feu avec le briquet, agit ſur l'aiguille aimantée, & donne l'odeur argileuſe lorſqu'elle eſt humectée; ſans les circonſtances où elle ſe trouve, on ne pourroit jamais ſoupçonner qu'elle eût été ſoumiſe à l'action du feu volcanique. Il y a en Corſe une roche ſemblable. Il y a pluſieurs courans de cette lave, l'un auprès de la *Foſſe des Calandres*, l'autre auprès d'*Aderno*, & on en trouve des blocs arrondis ſur le rivage de Catagne.

N°. XXIII. Lave à fond gris: ſon grain très-fin & ſa caſſure conchoïde reſſemblent au pétro ſilex; elle fait vivement feu avec l'acier, & cependant elle a une forte odeur argileuſe; elle contient quelques taches blanches très-petites, peu apparentes, le feld-ſpath étant preſque diſſous dans la baſe; & quelques grains de ſchorl noir, qui quelquefois paroiſſent rouillés & terreux.

Cette lave forme un immenſe courant qui deſcend du vieux cratere de l'Etna vers Maſcali; il a été mis à découvert par un torrent qui a creuſé un ravin entre le châtaignier des cent chevaux, & le village Saint-Jean; elle eſt enſevelie ſous des laves cellulaires que l'on exploite, & d'où on tire des pierres de taille pour les angles, portes & fenêtres du village de *Giarre*, au-deſſous de *Maſcali*; dans quelques parties de ce courant la lave ſe diviſe en feuilles plates comme le ſchiſte.

On trouve beaucoup de plaques, ou feuilles minces & plates de cette lave, ſur le ſommet de l'Etna, ſur-tout dans la plaine qui eſt entre la tour du Philoſophe & *Monte-Nuovo;* leur ſurface eſt preſque blanche: cette lave paroît appartenir

appartenir à l'eſpece de roche de corne que Vallerius nomme *corneus rigidus non nitens apparenter lamellis parallelis*, *corneus fiſſilus*, ſpe. 170. Elle contient une ſi petite quantité de feld-ſpath, elle a ſi peu l'apparence d'un porphyre, que je doutois devoir la mettre dans cette eſpece; mais elle ne convient pas mieux aux laves homogenes; d'ailleurs peu importe où elle ſoit placée, pourvu que je faſſe connoître ſes caracteres, qui ſont aſſez curieux.

N°. XXIV. Lave à fond noir très-foncé, avec des taches blanchâtres de différentes formes & grandeurs; ſon grain eſt ſec, un peu vitreux: elle contient des criſtaux de ſchorl plus calciné que dans les autres laves, & des grains de cryſolites; elle agit fortement ſur le barreau aimanté. Cette lave ſe trouve en blocs iſolés, plus ou moins ſcorifiés à leur ſurface, autour de différens monticules volcaniques de l'Etna; il paroît qu'elle a été arrachée à d'anciens courans, & chauffée une ſeconde fois par le feu qui s'eſt ouvert un paſſage au milieu d'anciennes laves ſpathiques.

N°. XXV. Lave à fond rouge, d'un grain ſec & terreux, avec de nombreuſes taches de feld-ſpath blanc de différentes formes; étant polie elle reſſemble au porphyre rouge; elle n'agit point ſur l'aiguille aimantée.

Cette lave ſe trouve en gros blocs au pied du *Monte Roſſo;* leur ſurface eſt ordinairement ſcorifiée, & leur centre rarement compacte; quelques-unes renferment une terre d'un rouge vif, ſemblable au colcotar; on pourroit y trouver pluſieurs variétés dépendantes de la couleur, du nombre, & de la grandeur des criſtaux de feld-ſpath, & du ſchorl qui y eſt ordinairement altéré & preſque ſcorifié: il me ſuffit d'indiquer l'effet qui peut avoir lieu ſur toutes eſpeces de laves qui éprouvent une ſeconde calcination, & qui reçoivent des modifications relatives à leur nature & à l'ardeur du feu qui de nouveau les attaque; car il eſt évident que ces blocs iſolés, qui ſont au pied du *Monte Rosso*, ont appartenu à d'anciens courans, au travers lesquels s'est fait jour l'irruption de 1669, & qu'ils ont subi une seconde calcination qui a réduit leur fer colorant en état de chaux. Ces laves recuites pourroient former une classe particuliere, dans laquelle on pourroit observer de singuliers effets d'un feu bien différent de celui qui leur avoit donné leur premiere fluidité: dans le premier cas, elles étoient devenues fluides par le mélange d'une substance unie avec elles, & qui brûloit à la maniere des combustibles; dans le second cas elles ont été chauffées par un feu qui leur étoit étranger; tel le bois qui se consume, sans vitrifier la cendre que produit sa combustion, mais qui peut vitrifier par sa flamme une cendre déjà faite, qui sera placée au-dessus de son foyer.

Je cesse ici l'énumération des variétés des laves porphyritiques de l'Etna; en multipliant les recherches, on en trouvera beaucoup d'autres. J'avertis que toutes celles que j'ai décrites ne sont pas des morceaux accidentels, mais des variétés conſtantes ; & à l'exception de deux numéros dont je n'ai pas retrouvé les courans, les autres ſe trouvent en immenſe quantité.

Quoique toutes les variétés que j'ai décrites ſoient très-diſtinctes, & qu'on pût même les regarder comme des eſpeces, je n'ai pu faire ſentir toutes les diſſemblances qu'elles préſentent à l'œil, qui dépendent d'une différence de grain, de teinte, du nombre & de la grandeur du feld-ſpath : ces diſſemblances ſe voyent, mais ne peuvent pas ſe rendre ſans une deſcription trop minutieuſe ; on trouvera peut-être même que je me ſuis trop étendu ; mais ceux qui étudieront l'Etna, verront que je ſuis cependant bien loin d'avoir indiqué tout ce qui y doit fixer l'attention du Naturaliſte Lythologiſte.

QUATRIEME ESPECE.

Laves qui contiennent des criſtaux de ſchorl noir.

Nous avons déjà vu paroître le ſchorl noir dans quelques laves porphyritiques ; mais dans cette eſpece je range les laves qui contiennent, ou excluſivement ou abondamment, des criſtaux de ſchorl, dans une baſe quelconque, où il n'eſt point aſſocié avec le feld-ſpath blanc, & qui par conſéquent ne peut pas être conſidéré comme un vrai porphyre.

Cette eſpece eſt aſſez commune ſur l'Etna ; pluſieurs courans modernes en ſont formés, entre autres celui de 1669, qui eſt remarquable par ſa vaſte étendue, & par les ravages qu'il cauſa. Je diſtingue les variétés par la différence des baſes qui renferment les criſtaux de ſchorl, & quelquefois par leur quantité.

Tous les ſchorls de l'Etna ſont de la même eſpece : ils ont tous la même couleur, & à peu près la même forme; ils sont noirs, leur forme est prismatique, exhaedre, applatie; quelques troncatures, & le renversement qui produit les maeles, occasionnent quelques différences dans la forme de leurs sommets; nous en donnerons les détails lorsque nous parlerons des cristaux de ce genre qui se trouvent isolés parmi les scories; car dans ceux qui sont dans l'intérieur des laves, il est très-difficile de juger exactement leur forme; ils sont tellement corps avec leur base, qu'il est impossible de les en arracher sans les rompre; on n'y voit donc que leurs fractures.

Il n'est plus besoin de réfuter l'opinion de ceux qui ont cru que les schorls des laves étoient un produit du feu; qu'ils s'y étoient formés ou pendant la fusion, ou pendant leur refroidissement; il est trop évident qu'ils préexistoient à la fusion de la lave, & qu'ils étoient essentiels à la roche primitive que les feux ont attaquée; ils ne se trouvent dans les laves que parce qu'ils étoient également dans la roche qui en eſt la baſe. Mais il eſt une autre queſtion dont la ſolution eſt plus difficile. Lorſque la roche primitive s'eſt elle-même formée par un dépôt fait au milieu de l'eau, les ſchorls y exiſtoient-ils déjà? étoient ils antérieurs à leur baſe? ont-ils été ſimplement enveloppés par l'eſpece de vaſe argilo-quartzeuſe, qui eſt devenue leur matrice au moment où elle s'eſt précipitée de l'eau qui la tenoit en ſuſpenſion? ou eſt-ce pendant le deſſechement de cette vaſe, que les criſtaux de ſchorl ſe ſont formés par le rapprochement des parties propres à les conſtituer tels qu'ils ſont? Je n'oſerois décider affirmativement ſur ces différens problêmes. Il eſt certain que, dans les porphyres, les criſtaux de feld-ſpath n'exiſtoient pas avant l'époque de la précipitation de leur baſe: on y ſuit les progrès ſucceſſifs de leur formation; on voit que peu à peu les ſubſtances qui leur ſont propres ſe rapprochent, s'épurent, & prennent les formes qui conviennent à leurs molécules; ils étoient comme en diſſolution dans leurs matrices, & ils ont d'autant plus de facilité à se joindre, que la fluidité a été plus parfaite, & que le dessechement a été plus long. Mais dans les laves qui contiennent l'espece de schorl bien cristallisé, on ne voit point cette progression de formation; les cristaux sont tous parfaitement configurés; quelques-uns, il est vrai, ne sont pas entiers & parfaits, mais on y reconnoît plutôt des fragmens de cristaux qui ont été rompus, qu'une ébauche de cristallisation. D'ailleurs quelle que soit leur adhérence dans leur base, les surfaces de ces schorls sont lisses, leurs angles bien terminés; circonstances qui n'existeroient pas, si leur cristallisation s'étoit faite dans un milieu aussi épais que devoit être cette vase, ou ce dépôt des eaux, au moment où il s'est formé. Je crois donc que ces schorls préexistoient à la formation de la vase quartzeuse qui les a enveloppés; mais ce n'est point cependant une regle générale; je ne parle ici que des roches qui contiennent des cristaux de schorl bien configurés, dont les faces sont lisses,

& la ligne des angles bien droite; car il en eſt d'autres où le ſchorl eſt de formation poſtérieure à ſa baſe. Je connois beaucoup de roches dans l'intérieur deſquelles le ſchorl s'eſt évidemment formé. J'ai vu, dans les Pyrénées & dans les montagnes de Corſe, des trapps & roches de corne dans leſquels on pouvoit ſuivre les progrès de la formation du ſchorl: d'abord de petites écailles à peine perceptibles & diſtinctes de leur baſe, enſuite des aiguilles, enfin des criſtaux plus ou moins parfaits: il y a de ces roches noires, qui, dans leurs caſſures & dans leurs grains, n'offriront pas la moindre apparence de ſchorl, mais qui cependant contiennent déjà l'ébauche de leurs criſtaux, ainſi qu'on le voit ſur leurs ſurfaces, ſoit qu'elles ſe décompoſent à l'air, ou qu'elles ſoient arrondies & uſées par le cours des eaux. Les criſtaux imparfaits de ſchorl, plus durs que le reſte de la baſe dont ils ont commencé à ſe ſéparer, en reſſerrant ſur eux-mêmes les molécules qui leur ſont propres, réſiſtent plus à la deſtruction, & forment de petites protubérances ſur la ſurface des roches, à peu près ſemblables à celles de la pierre variolite : ces mêmes variétés ſe trouvent dans les laves ; il y en a où la criſtalliſation du ſchorl n'eſt qu'ébauchée, & s'eſt ſûrement commencée dans le centre de la roche primitive.

On a remarqué avec raiſon que les roches qui contiennent des ſchorls criſtalliſés, ſont très-rares dans les montagnes primitives, & très-communes dans les laves, & que quelques eſpeces de ſchorl appartiennent excluſivement aux laves ; on a tiré, de cette circonſtance, une objection contre la préexiſtence des ſchorls dans les laves ; j'y répondrai en diſant que les feux ſouterrains travaillant à une profondeur extrême, doivent y trouver des matieres rares ſur les ſurfaces ; & d'ailleurs plus la Lythologie ſe perfectionnera, plus on trouvera de roches qui contiendront des ſchorls. Combien de variétés nouvelles, dans les pierres compoſées, n'a pas découvertes M. de Sauſſure ? Le zele infatigable de cet illustre Naturaliste lui a fait quadrupler nos richesses dans ce genre, & cependant il est possible qu'il y ait encore un grand nombre de combinaisons qui nous soient inconnues. Il y a bien peu de temps que nous avons soupçonné que nos montagnes renferment beaucoup de porphyres. Auroit-on été autorisé à dire autrefois que le feld-spath des laves étoit un produit du feu; parce que nous le trouvions rarement dans les roches naturelles?

Nous avons vu, dans les laves porphyritiques, que le feld-spath n'a perdu, pendant leur fluidité, ni sa forme extérieure, ni son tissu ou sa contexture lamelleuse, ni sa position respective avec sa base; mais il sera plus extraordinaire encore de reconnoître que le schorl, cette substance extrêmement fusible, n'a éprouvé aucune altération; qu'il y a conservé sa dureté, ses angles, son tissu intérieur, & généralement toutes ses propriétés. Comment cette seule observation n'a-t-elle pas indiqué que la fusion des laves n'avoit aucun rapport avec la fusion vitreuse que nous opérons dans un fourneau? Comment n'a-t-on pas vu qu'une lave qui conserve le grain terreux qui appartient à la roche qui lui a servi de base, qui contient des substances très-fusibles, qui, en coulant, a respecté l'ordre & la maniere d'être des corps qu'elle renferme; comment n'a-t-on pas voulu remarquer, dis-je, qu'une pareille lave n'a point eu une fluidité comparable, ni à celle du fer, ni à celle de nos verres? Comment a-t-on pu croire à la violence & à l'intensité d'un feu qui n'étoit pas capable de fondre des matieres que nous scorifions dans le feu de nos cheminées? Quand nous remettons dans nos fourneaux ces mêmes laves, où le schorl & le feld-spath sont contenus, leur fusion entraîne celle des corps étrangers qu'elles renferment, ils se fondent & se dissolvent dans leur pâte: le verre est homogene; le tissu de la pierre a entierement changé, & son grain a disparu; la même chose arrive lorsqu'on traite des porphyres naturels, & des roches qui contiennent des ſchorls criſtalliſés : quel rapport cet effet a-t-il avec ceux que produiſent les feux volcaniques ? Je ne ſaurois donc trop le répéter, la fluidité des laves n'eſt point une vitrification ; elles coulent parce qu'elles ſont entraînées par une ſubſtance extrêmement fuſible, qui brûle en même temps ; & lorſqu'elles ſe coagulent, c'eſt moins par la ceſſation de la chaleur qui leur a été communiquée, que par l'entiere combuſtion & diſſipation de la matiere qui opéroit leur molleſſe.

Variétés.

N°. I. Lave brune, dont la baſe eſt à grain fin, peu ſerré & un peu luiſant ; elle donne une forte odeur d'argile lorſqu'elle eſt humectée ; & elle a tous les autres caracteres de la roche de corne ; elle renferme quelques criſtaux irréguliers de ſchorl noir, & un très-petit nombre d'écailles ou criſtaux imparfaits de feld-ſpath, qui y forment des taches blanchâtres à peine apparentes. Les laves où le ſchorl ſe trouve dans une baſe de roche de corne, ſont très-rares dans l'Etna; le ſchorl y a preſque toujours pour baſe une lave ſpathique, ou un ſchorl en maſſe. Cette variété ſe trouve au-deſſus de *Maſcali*.

N°. II. Lave griſe dont la baſe a un grain fin, très-ſerré, & compacte, abſolument ſemblable à la lave homogene, N°. I & II: elle contient quelques aiguilles ou priſmes longs & minces de ſchorl noir, répandus avec irrégularité & en très-petit nombre; elle ſe trouve dans les courans des laves homogenes de la partie de *Piedimonte*.

N°. III. Lave griſe d'une couleur plus ou moins foncée; ſa baſe, très-dure & compacte, a un grain fin, avec de très-petites lames ou écailles de feld-ſpath de même couleur, & croiſées dans tous les ſens; elle contient quelques criſtaux exhaedres & quadrilateres de ſchorl noir, diſtans les uns des autres de plus de ſix lignes; ce qui eſt ſon caractere particulier, qui la diſtingue des variétés ſuivantes. Il eſt difficile de bien juger la forme des criſtaux de ſchorl contenus dans cette lave, parce que le même criſtal, ſelon le ſens de ſa caſſure, peut paroître ſous une forme différente.

Cette lave, qui eſt extrêmement compacte & ſolide, ſe trouve dans beaucoup d'endroits ſur les flancs de l'Etna, principalement dans le lieu dit la *Cava ſeca ;* elle eſt criſtalliſée en priſmes dans les montagnes de la *Trezza* & dans celles de la *Cirita ;* la ſurface de ces colonnes a éprouvé la dévorante influence du temps, elle s'eſt uſée ; mais le ſchorl, plus dur, a réſiſté, & il eſt reſté en relief ſur les faces des priſmes ; on voit alors diſtinctement la forme de ces criſtaux : ils ſont de même eſpece que ceux qui ſe trouvent parmi les cendres & les ſcories de l'Etna.

Dans les colonnes priſmatiques des montagnes de la *Trezza*, le ſchorl eſt chatoyant, de différentes couleurs dans ſa fracture ; cet effet a également lieu dans quelques grains de cryſolites qui y ſont mêlés; cet accident eſt peut-être dû à l'effet d'un coup de feu.

N°. IV. Lave griſe dont la baſe reſſemble à la lave de l'eſpece ſeconde, N°. IV; elle eſt, comme elle, formée d'une pâte de roche de corne griſe, à grains fins, mêlée d'écailles & criſtaux de feld-ſpath de même couleur; elle contient un très-grand nombre de criſtaux de ſchorl noir, & des grains de cryſolites jaunes: les uns & les autres quelquefois chatoyans, de différentes couleurs dans leurs fractures; difficilement pourroit-on reconnoître la forme du ſchorl contenu dans cette lave, ſi on ne trouvoit pas ſes criſtaux iſolés dans les ſcories du *Monte Roſſo*.

Cette lave a une caſſure ſeche, & un grain rude, ſur-tout dans le centre des courans; c'eſt là auſſi où elle a toujours conſervé une couleur plus claire, qui doit être celle de ſa baſe; ſur les bords & les ſurfaces elle s'eſt fort noircie; elle y a acquis une aſſez forte action ſur l'aiguille aimantée, que celle du centre

centre n'a presque point; quoique dure & compacte, elle n'a pas la même densité & la même pesanteur que les variétés des numéros précédens; elle fait difficilement feu avec le briquet, & elle exhale une odeur argileuse lorsqu'elle est humectée. Le même courant fournit aussi quelques dissemblances relatives au nombre, plus ou moins grand, des cristaux de schorl & des grains de chrysolites.

Cette lave, qui se trouve dans différens courans, forme entre autres l'intérieur de celui qui, en *1669*, s'ouvrit un passage au pied du *Monte Rosso*, & vint se précipiter dans la mer, après avoir enseveli une partie de Catagne (1).

---

(1) J'avois, dans les premiers temps, considéré cette lave comme appartenante au granit : le schorl, le feld-spath, & la chrysolite, qui ressemble au quartz, sont les matieres qui forment ordinairement ce genre de roche composée; & leur réunion dans cette lave m'avoit fait tomber dans l'erreur, ainsi qu'on peut le voir dans le Catalogue des laves de l'Etna, imprimé dans la *Minéralogie des Volcans* de M. de Faujas,

Il y a quelques-autres courans qui doivent se rapporter à cette même variété, quoiqu'ils en different par une couleur plus ou moins obscure, & par un fond spathique plus ou moins écailleux; elle est cristallisée en plusieurs endroits en colonnes prismatiques, dont quelques-unes sonnent comme le bronze.

N°. V. Lave noire très-obscure, formée d'une base très-compacte & très-pesante, qui contient de petites écailles de feld-spath, dans une pâte d'un grain très-dur & très-fin, & d'une couleur un peu verdâtre dans les fractures fraîches; elle renferme de nombreux cristaux irréguliers de schorl noir, & quelques grains de chrysolites; le schorl se distingue à peine dans la fracture de

n°. 3. Mais un examen plus réfléchi m'a convaincu que cette lave ne sort point de la classe des roches composées, qui, comme le porphyre, ont une base commune qui enveloppe les corps étrangers; & ici cette base, ou pâte commune, est du genre de la roche de corne.

cette lave, à cause de la couleur obscure du fond; mais lorsqu'elle est polie, le schorl devient plus apparent, parce qu'il prend un lustre plus éclatant: quoique cette lave soit extrêmement dure, compacte, & pesante, sa surface se décompose facilement à l'air; elle prend un grain terreux rougeâtre, & une écorce qui paroît ferrugineuse.

Cette lave forme de grandes colonnes prismatiques dans la montagne de *Paterno;* elle est aussi en blocs arrondis, qui paroissent roulés, à *Licatia*, & autres lieux de la base de l'Etna.

N°. VI. Lave grise noirâtre, plus ou moins obscure, d'un grain fin & spathique; elle contient des cristaux de schorl noir qui ont deux ou trois fois le volume des précédens, c'est à-dire, qui ont jusqu'à un pouce de longueur, sur quatre ou cinq lignes d'épaisseur; leur forme est prismatique exagone, avec les faces égales.

Cette lave a été trouvée, par M. le Chevalier de Gisenni, auprès de la *Rocca di Musara.*

CINQUIEME ESPECE.

Laves qui contiennent des grains de chryſolites.

J'AI déjà fait mention de pluſieurs laves de la troiſieme & quatrieme eſpece, qui contiennent quelques grains de chryſolites; mais j'ai réſervé pour cette eſpece les laves où les chryſolites ſe trouvent ſeules, & celles où elles ſont en beaucoup plus grande quantité que toutes les autres ſubſtances.

Les chryſolites ainſi que les ſchorls ſe trouvent dans deux circonſtances différentes, qu'il eſt eſſentiel de diſtinguer: dans la premiere, il paroît que les molécules propres à la former étoient éparſes, comme diſſoutes dans la pâte qui lui ſert de matrice, & c'eſt par leur rapprochement, lors de la molleſſe de leur baſe par la voie humide, que ſe ſont rendus apparens les grains de chryſolite qui ſe trouvent dans certaines laves; ils ſont corps avec la baſe, & ne peuvent point en être séparés; les grains sont alors très-petits, moins purs, moins transparens, & moins durs que les autres; les grains des seconds sont gros, leur couleur est jaune verdâtre, de différentes teintes; ils sont très-durs & assez transparens; ils se détachent avec facilité du fond de la pierre qui les renferme, & ils y laissent exactement leur empreinte.

On voit donc que cette chrysolite étoit formée avant d'être renfermée dans sa matrice actuelle, comme des grains de quartz l'ont été dans certaines roches porphyritiques des Pyrénées; c'est de la même maniere que des grains de sable quartzeux sont encore journellement enveloppés par la vase argileuse des bords de la mer, & font partie de la masse après son dessechement. J'ai trouvé, dans quelques laves, des grains de cette chrysolite qui avoient une pyramide réguliere à six faces, & qui laissoient dans la lave une empreinte exacte de sa forme; j'ai vu des grains de quartz de même forme dans la pâte de plusieurs roches des montagnes primitives; cette cristallisation réguliere n'a pu avoir lieu dans un milieu aussi épais que devoit l'être la pâte qui les a renfermés; il est donc nécessaire qu'elle se soit formée dans des circonstances particulieres, avant d'être enveloppée dans l'espece de vase qui a formé la base de ce genre de roche.

On n'a pas encore déterminé exactement la nature des grains vitreux qui se trouvent dans les laves, & que l'on nomme *chrysolites;* il est inutile de réfuter l'opinion de ceux qui ont cru qu'ils étoient produits pendant la fusion des laves, & qu'ils étoient une espece de vitrification; les chrysolites des volcans se comportent au feu à peu près comme le quartz; cependant lorsqu'il est très-violent, elles s'alterent & se fondent; toutes n'ont pas la même couleur & la même forme; la majeure partie est en grains informes, anguleux ou arrondis, dont la grosseur peut aller jusqu'à plus d'une ligne de diametre: ils sont plus ou moins transparens; quelquefois ils ont un nuage laiteux qui leur donne un chatoyement, tel qu'on le voit dans quelques berils; quelques-uns ſont priſmatiques quadrangulaires, d'autres exagones, avec une pyramide; ils ſont en général plus durs que le quartz, mais moins que les autres pierres précieuſes, excepté le péridot: dans leur caſſure, il y a des diſſemblances; les uns l'ont quartzeuſe ou vitreuſe, c'eſt-à-dire conchoïde, ſans grains ni lames; les autres l'ont lamelleuſe comme les gemmes, & ce ſont celles qui ſont priſmatiques quadrangulaires. Je croirois donc qu'on réunit ſous le même nom deux eſpeces de pierres ſemblables par leur couleur, mais diſtinctes par leur nature; l'une eſt ſimplement quartzeuſe, colorée accidentellement en jaune; l'autre eſt une vraie gemme, ſemblable au beril & aux chryſolites naturelles.

Il eſt ſingulier que l'on trouve autant de laves contenant des chryſolites, & que ces corps ſoient auſſi rares dans les roches naturelles, ou même qu'ils ne s'y trouvent point; on a donc cherché à concilier cette discordance, en supposant que la chrysolite des volcans étoit peut-être un corps sous une autre forme & d'une autre nature, avant d'avoir subi l'action du feu, qui peut, dit-on, lui avoir donné sa transparence & sa dureté; je combattrai cette supposition, en disant que les chrysolites sont un corps quartzeux, qui avoit nécessairement sa forme cristalline ou irréguliere, avant la fusion de la lave, puisqu'elles y laissent exactement leur empreinte; qu'elles contiennent trop de terre silicée, pour avoir pu recevoir une altération à une chaleur qui n'a pu attaquer le schorl; & que la forme prismatique & la texture lamelleuse de quelques-unes ne permettent pas de douter qu'elles ne soient une vraie gemme; & pour expliquer la raison pourquoi on ne les trouve pas dans les roches naturelles, je répéterai ce que j'ai dit en parlant des schorls: nous sommes encore bien loin de connoître toutes les roches composées, & les feux souterrains vont les chercher à une profondeur au-dessous de tous nos efforts, & plusieurs n'auroient jamais vu le jour sans eux.

Variétés.

N°. I. Lave noire d'un grain très-fin & très-serré, un peu terreux, comme celui du jaspe; sa cassure est seche & conchoïde; elle fait vivement feu avec le briquet; elle exhale une odeur argileuse sous le souffle, & agit fortement sur l'aiguille aimantée; elle contient une infinité de très-petits grains de chrysolites jaunes, quelquefois si petits qu'ils sont à peine apparens.

Cette lave, extrêmement dure, compacte, & pesante, reçoit le poli le plus vif; elle a pour lors l'apparence d'une agate noire; elle forme les belles colonnes prismatiques de la montagne de la *Motte*, près Catagne, & plusieurs des gros blocs qui sont à ses pieds.

N°. II. Lave noire qui ne differe de la précédente que parce que sa base contient de petites écailles brillantes, comme micacées ; d'ailleurs elle a la même dureté, la même compacité, & elle contient les mêmes petits grains de chryſolites ; elle ſe trouve dans la même montagne : la baſe de l'une & de l'autre ſe rapporte aux variétés I & II des laves homogenes. Il y a, dans ces deux variétés des blocs moins obſcurs. Quelque durs & compactes que paroiſſent les blocs & les colonnes formés par ces laves, ils n'en ſont pas moins ſujets à l'altération, qui diminue leur denſité & leur dureté, & qui les couvre d'une écorce brune ferrugineuſe & terreuſe, que nous avons déjà fait remarquer pluſieurs fois.

N°. III. Lave noire plus obſcure encore que les précédentes, d'un grain très-fin, mais ſec, d'une caſſure conchoïde ; ſa dureté & ſa denſité ſont plus grandes que dans aucune autre lave ; elle donne de vives étincelles ſous le briquet, & agit plus fortement ſur l'aiguille aimantée ; elle exhale une odeur argileuſe très-forte ; elle contient beaucoup de petits grains de chryſolites jaunes.

Ce qui diſtingue principalement cette variété des précédentes, c'eſt la ſurabondance de l'argile qu'elle contient, qui monte à plus de quarante centiemes; il paroît qu'à la maniere de toutes les pierres argileuſes, elle a éprouvé, dans le feu du volcan, une eſpece de cuiſſon pendant laquelle s'eſt fait un retirement, ou retrait, ſur elle-même, qui a augmenté ſa denſité & ſa dureté: tel celui qui arrive aux poteries connues ſous le nom de *grès*. Cette lave a preſque un grain ſemblable à celui des porcelaines; ſon poli eſt ſuperbe; elle ſe trouve avec les précédentes parmi les colonnes priſmatiques de la montagne de la Motte.

N°. IV. Lave dont la baſe eſt une roche griſe pointillée, ou avec de petites taches d'une teinte claire; elle contient de petits grains de chryſolite jaune, qui ſont dans le centre des petites taches. Cette lave appartient encore à la roche trapezoïde mélangée de roche de corne & de ſchorl. Il ſemble que la cryſolite qui s'eſt formée dans les parties de roche de corne, l'ait été aux dépens du quartz qui étoit également répandu & dissous dans toute la masse, mais qui, soustrait ensuite à quelques portions de cette masse par le rapprochement de ses molécules, établit la différence de proportion qu'il y a, dans la matiere silicée, entre le schorl & la roche de corne.

Cette lave se trouve dans la montagne de la Motte, à *Aderno*, dans les cailloux roulés sur le rivage de la mer, à Catagne, & dans la plaine de *Giarre*.

Ce qui distingue particulierement ces premieres variétés de celles qui suivent, c'est que la chrysolite des numéros précédens paroît avoir pris naissance dans la roche qui sert de base à ces laves, par la réunion des molécules qui lui sont propres : les chrysolites sont donc essentielles à cette base, & elles lui sont intimement unies; mais dans les variétés suivantes, la chrysolite paroît être accidentellement renfermée dans sa base; ses grains, plus gros, plus transparens, & plus durs, paroissent presque tous avoir été roulés, & s'être arrondis par le frottement; ils ont été enveloppés, tout formés, dans la pâte qui les contient; ils n'y ont pas une aussi forte adhérence, & ils y laissent leur empreinte ou leur moule, lorsqu'on les en détache.

N°. V. Lave grise d'un grain fin, serré & terreux, exhalant une forte odeur argileuse, faisant difficilement feu avec le briquet, & agissant sur l'aiguille aimantée; elle contient en très-grande quantité des grains arrondis ou un peu anguleux de chrysolites jaunes verdâtres, quelques-uns ayant une ligne de diametre; la fracture de quelques-unes de ces chrysolites est lamelleuse, chatoyante, pareille à celle des gemmes.

Cette lave, qui renferme aussi quelques lames de feld-spath & de schorl, se trouve dans différentes parties de l'Etna; il y en a des courans auprès de Catagne.

N°. VI. Lave qui ne differe absolument de la précédente que par sa couleur & un peu plus de dureté; elle agit aussi plus fortement sur l'aiguille aimantée.

On trouve la même chryſolite dans différentes baſes plus ou moins terreuſes ou luiſantes, comme micacées : c'eſt-à-dire, dans toutes les eſpeces de roches qui forment les laves ſimples que nous avons décrites dans l'eſpece premiere.

N°. VII. Lave contenant de la chryſolite jaune verdâtre, dans une baſe à grains écailleux, luiſans, d'une couleur noire verdâtre ; elle eſt d'une extrême dureté & compacité : nous avons déjà parlé de cette lave au N°. V de l'eſpece premiere, & au N°. V de l'eſpece quatrieme : dans l'une, je l'ai conſidérée comme homogene, parce qu'elle a des blocs qui ne contiennent rien d'étranger à ſa baſe ; dans l'autre, comme renfermant du ſchorl ; mais les blocs qui contiennent des chryſolites, ſont les plus nombreux. Quelquefois ces deux ſubſtances étrangeres ſe trouvent réunies dans la même pâte en différentes proportions, dans leſquelles la chryſolite domine ordinairement. Nous avons dit que cette lave ſe décompoſe & ſe couvre d'une écorce ferrugineuſe & terreuſe ; la chryſolite ne participe pas à cette décomposition qui pénetre de plus d'un pied; elle y résiste bien plus que le schorl.

N°. VIII. Lave grisâtre presque entierement formée de petits grains de chrysolites jaunes, réunis par une base de roche de corne à grains terreux.

SIXIEME ESPECE.

Lave qui contient des grains de mine de fer terreuse.

TOUTES les laves contiennent du fer dans différentes proportions; c'est lui qui les colore; il y est ordinairement dans un état de phlogistication qui lui permet d'agir sur l'aiguille aimantée; c'est par lui que commence l'altération des laves; ce n'est pas de ce fer, partie constituante essentielle des laves, que je veux parler dans cette espece, mais de quelques grains *occracés* qui se trouvent accidentellement dans la base de quelques laves compactes, & qui y forment des taches jaunes, sans que cette lave paroiſſe avoir ſouffert aucune altération ; ces grains ſont répandus dans la pâte, à peu près comme le font les ſchorls & les chryſolites ; ils y ont une apparence terreuſe & peu de dureté. Ces grains de mine de fer ſont-ils naturels? ont-ils été produits par la décompoſition de quelques corps dans leſquels ce métal abondoit? ſeroient-ils le réſidu de quelques pyrites dont le ſoufre s'eſt diſſipé pendant la fuſion de la lave ? Voilà autant de queſtions ſur leſquelles je ne répondrai point d'une maniere préciſe, & les échantillons qui ſuivent, prouveront que chaque opinion peut être vraie dans quelques circonſtances.

Variétés.

N°. I. Lave noire d'un grain fin & ſerré, ſemblable aux roches de corne, contenant une grande quantité de grains bruns jaunâtres de mine de fer terreuſe; quelques-uns ont la forme quadrangulaire des pyrites, & ils ont quelquefois la caſſure de la mine de fer ſpathique. Il

Il paroît que ces grains étoient anciennement pyriteux, & que le soufre s'étant dissipé, a laissé sa terre. J'ai trouvé en Corse une roche naturelle qui lui est semblable; elle se trouve principalement dans les environs de Paterno.

N°. II. Lave grise spathique à base de roche de corne, avec des grains souvent quadrilateres de mine de fer terreuse, dans le centre desquels il y a une chrysolite; il sembleroit qu'ici cette terre ferrugineuse est un produit de la décomposition; mais comment se pourroit-il que ce genre de carie eût attaqué la chrysolite sans toucher à la lave? Comment la chrysolite, qui contient à peine cinq ou six centiemes de fer, pourroit-elle former autant d'ocre martial? M. de Faujas a trouvé une lave, avec des chrysolites dans le même état, aux environs de Rochemaure; il croit que c'est la destruction de la chrysolite qui a produit la terre ferrugineuse. Voyez *Minéralogie des Volcans*, page 147.

N°. III. Lave grise spathique, à base de roche de corne, avec des grains à peu près quadrilateres de mine de fer terreuse, dans le centre desquels sont des cristaux de schorl qui paroissent corrodés, & avoir fourni, par leur décomposition, la terre martiale dont ils sont enveloppés. La lave est parfaitement intacte, & rien n'y annonce la plus légere altération. Ces deux variétés, quoiqu'assez rares, se trouvent dans plusieurs patties de l'Etna.

Ceux qui ne pourront pas croire que la chrysolite & le schorl se décomposent aussi facilement, sans que la base qui les renferme participe à cette espece de carie, & qu'ils aient pu donner autant de terre martiale, pourront supposer que ces deux substances étoient enveloppées ou contenues dans une pyrite ferrugineuse, qui s'est décomposée pendant la chaleur de la lave, & qui a laissé la terre de sa base.

C'est ici que je terminerai l'énumération des laves compactes de l'Etna; j'aurois pu la rendre plus étendue, si j'eusse voulu avoir égard à toutes les petites dissemblances; mais je ne les ai pas jugées assez importantes pour en faire une mention particuliere. Il y a quelques laves où on aperçoit des écailles de mica; mais elles y sont en si petit nombre, qu'il n'étoit pas nécessaire d'en parler. Dans les laves compactes, je n'ai rencontré aucun autre corps étranger qui dût y être pendant leur inflammation ; ceux qui s'y sont formés après appartiennent à une autre classe.

SECOND GENRE.

Laves poreuses, cellulaires, ou caverneuses.

Les laves cellulaires portent avec elles des caracteres qui ne permettent pas de les méconnoître pour des produits de volcans; elles indiquent plus sûrement l'existence & le travail des feux souterrains, que ne le font les laves compactes; ce sont elles qui ont fixé l'attention des Naturalistes, & qui leur ont fait rechercher & trouver une infinité d'anciens volcans, dans les lieux où ils n'étoient pas ſoupçonnés, parce que leur inflammation, fort antérieure aux temps de notre Hiſtoire, ne laiſſoit aucun autre indice de ſes effets. Quelque facile cependant qu'il paroiſſe de reconnoître une lave cellulaire, l'Obſervateur doit encore être circonſpect, & examiner avec attention les circonſtances locales, avant de décider affirmativement ſur la nature d'une pierre poreuſe qu'il rencontrera; cette apparence extérieure peut encore le tromper: il eſt différentes roches qui, par leur décompoſition, acquierent des pores, quoiqu'elles n'ayent aucun rapport avec les volcans. J'ai vu des ſerpentines dont une partie ſe détruit à l'air, pendant que le fond ſe conſerve, & il s'y forme des cavités, ou rondes ou irrégulieres, qui reſſemblent parfaitement aux pores des laves; on en trouve dans les montagnes de l'*Inbrunetta*, près de Florence, qui peuvent faire l'illuſion la plus complete; j'aurois pu même être induit en erreur, ſans les circonſtances locales, & ſans les progrès de cette décompoſition, dont j'avois les différens états sous les yeux. J'ai trouvé aussi dans les Pyrénées une roche noire, écailleuse, extrêmement dure, de l'espece appelée *hornblende*, dont la surface, alterée par les vicissitudes de l'atmosphere, contient autant de cellules & de cavernosités, que certains blocs de laves lancés par les volcans.

Les laves cellulaires sont en beaucoup plus grande quantité dans les volcans brûlans que dans les volcans éteints; plus sujettes que les laves compactes aux différentes causes d'altération & de décomposition, plus exposées par leurs positions aux influences de l'air & aux dégradations des pluies, ce sont elles qui les premieres éprouvent cette transmutation en terre végétale & argileuse, qu'une longue suite de siecles opere sur les laves; & lorsque les courans qu'elles recouvroient sont dépouillés de cette espece d'écorce, ils perdent le principal caractere qui pouvoit indiquer leur origine.

Cependant un courant ne peut jamais

entierement être privé de ses laves poreuses; il en est, qui, cachées dans leur intérieur, s'y conservent pour attester toujours la nature de l'agent qui les a formées: mais pour faire connoître le rôle que jouent, dans les volcans, les laves poreuses & autres matieres cellulaires, il faut remarquer quelques phénomenes des irruptions.

Lorsque les tremblemens de terre, les tonnerres souterrains, & des especes de mugissemens violens ont annoncé que le volcan est en travail, la fumée qui sort presque continuellement de son sommet, augmente; cette fumée, souvent noire, quelquefois blanche, est si dense, qu'elle paroît compacte; elle s'éleve, en colonnes perpendiculaires, jusqu'à une très-grande hauteur: trop pesante alors pour se soutenir dans une partie de l'atmosphere, dont l'air est plus rare, abandonnée par le courant de vapeurs dont l'impulsion l'a portée si haut, elle retombe sur elle-même, elle s'amoncele, & forme une grosse tête ronde qui ressemble au sommet d'un pin (1); le vent change l'apparence de cet arbre, détruit la perpendicularité de sa tige, & porte à une grande distance cette fumée sous la forme d'un nuage épais & pesant qui chemine lentement, & qui laisse une longue traînée de temps à autre; il s'échappe du cratere des bouffées de cette même fumée, sous la forme & l'apparence de balles de coton, ou de laine noire, & elles sont quelquefois si pesantes, qu'elles ne peuvent monter dans l'atmosphere, & qu'elles retombent & ont l'air de rouler sur la croupe de la montagne (2); sa flamme paroît

(1) *Nubes oriebatur, cujus similitudinem & formam non alia magis arbor, quam pinus expressit; nam longissimo veluti trunco elata in altum, quibusdam ramis diffundebatur, credo quia recenti spiritu erecta, dein senescente eo destituta, aut etiam pondere suo victa in latitudinem evanescebat; candida interdum, interdum sordida & maculosa, prout terram cineremve sustulerat.* Plin. Lib. VI, ep. 16.

(2) Dans les irruptions de l'Etna, on voit sa fumée de Malte, qui est à peu près à quarante lieues de distance.

également par bouffées; elle colore la tige de l'arbre de fumée, pendant que son sommet, sillonné par des éclairs, paroît lancer la foudre (1). La projection des cendres, des scories, & des pierres enflammées annonce le progrès de l'effervescence; elles sortent en divergeant, comme les gerbes des feux d'artifices, & elles retombent autour de la bouche. Enfin il s'éleve, du fond de l'entonnoir, une matiere liquide, semblable au métal en fusion, qui brûle à sa surface; elle remplit toute la capacité de la coupe,

(1) La fumée des volcans peut être chargée d'une excès d'électricité, sans que l'électricité contribue à l'inflammation souterraine, & sans qu'elle manque d'équilibre dans le centre de la montagne. Toutes les vapeurs, ainsi que l'a prouvé M. *de Volta* par une belle suite d'expériences, s'élevent chargées d'électricité aux dépens du corps dont elles sortent, qui, s'il est isolé, donne des signes de cette perte; ces vapeurs se réunissant, elles diminuent de capacité pour la contenir, & l'électricité, resserrée dans un petit espace, fait effort pour s'échapper: de là viennent les éclairs qui serpentent dans les colonnes de fumée, lorsqu'elles sortent des crateres.

arrive jusqu'aux levres, & déborde par la partie qui est la plus basse; cette matiere en fusion est couverte d'une grande quantité de scories qui se soutiennent sur la surface; & comme elle a dans la coupe des mouvemens alternatifs d'élévation & d'abaissement, ces scories ressemblent aux flotteurs que l'on met sur le mercure dans les barometres, pour indiquer son élévation dans le récipient; de même on voit ces scories s'élever au-dessus du cratere & y redescendre successivement. Cependant la matiere fluide coule sur les flancs du cône; mais étant très-épaisse, en quelque sorte glutineuse, peu pesante, & étant soutenue encore par un mouvement d'effervescence intérieure, elle ne se précipite pas toujours avec autant de violence, que l'on devroit attendre de l'inclinaison du sol sur lequel elle chemine; elle coule quelquefois assez lentement: en creusant une fosse dans les scories légeres qui forment l'extérieur du cône, elle les aglutine autour d'elle, & elle va gagner doucement le pied du monticule, où alors elle se dilate; son mouvement de progression se fait de deux manieres; la premiere, en se roulant sur elle-même, & retournant en dessous la matiere qui étoit dessus; l'autre se fait en sortant de dessous les scories dont elle est couverte, comme la tête de la tortue sort de dessous son écaille: dans ce second cas, qui est le plus commun, la surface du courant est couverte de scories, qui, en s'aglutinant entre elles & avec le sol, forment une écorce solide sous laquelle coule la lave comme sous un pont; & pour peu qu'on soit familiarisé avec les irruptions, on traverse, sans crainte & sans dangers, les courans enflammés, en marchant sur cette écorce, qui, quoique gersée & fendillée de toutes parts, est assez solide pour supporter le poids d'un homme. Malgré la fumée qui s'éleve de tous côtés, & la légere flamme qui sort des fentes par lesquelles on voit couler la lave, on n'éprouve pas un sentiment de chaleur aussi fort qu'on devroit le craindre dans une semblable circonstance. Une irruption de ce genre peut durer très-longtemps, couler même assez tranquillement pendant plusieurs mois, & ne fournir qu'une très-petite quantité de matieres qui sont toutes poreuses, & quelquefois si boursoufflées, que l'on est étonné de l'immensité de leur volume comparé à leur poids (1); rarement il y a quelques portions de ces courans qui renferment des laves compactes : telle est cependant la majeure partie des irruptions du Vésuve ; mais dans l'Etna il est très-rare que la lave s'éleve jusqu'à son sommet, & qu'elle parvienne à remplir son cratere; plus communément elle sort par les flancs de la montagne ; elle se forme alors sept à huit ouvertures par lesquelles elle coule en petits courans, qui, comme des ruisseaux, se réunissent à peu de dis-

(1) Il y a des blocs énormes de ces laves ou scories cellulaires, sur la montagne de Paterno à l'Etna; lorsqu'on considere leur volume & leur position, on croiroit qu'ils n'ont point eu assez de pesanteur pour vaincre une petite adhérence latérale & celle qu'ils ont avec le sol, & pour être entraînés plus bas, où la pente semble les appeler.

tance de leur origine, pour former un fleuve : telle fut l'irruption de l'Etna en Avril 1780; elle n'éleva aucun monticule ; la lave s'échappa par plusieurs petites fissures, sans se faire précéder par des scories ; mais ordinairement lorsque le volcan déchire ses flancs pour accoucher de la matiere dont l'effervescence cause ses convulsions, il ouvre une grande fosse ronde de plus de cent pieds de diametre, & il rejette, à une très-grande distance, toutes les matieres qui font obstacle à la dilatation de ces vapeurs; plus la résistance est grande, plus l'effort est violent, & on a vu des énormes massifs de laves compactes, appartenantes à d'anciennes irruptions, pesant plusieurs milliers de livres, être projetés à plus d'une demi-lieue de distance ; tous ces gros blocs ainsi lancés sont à peine chauffés par l'irruption qui les souleve ; & on reconnoît qu'ils n'ont point de rapport avec les laves qui sont pour lors en fusion ; il sort ensuite de cette cavité une quantité immense de scories & de pierres qui s'accumulent autour de ce foyer d'explosion, & qui s'entassent jusqu'à former en peu de jours des montagnes de plus de mille pieds de hauteur (1); différentes circonstances, entre autres la violence des vents qui regnent ordinairement pendant les irruptions, alterent souvent cette forme, en dirigeant de différens côtés la chûte des sables & des scories, & ordinairement le sommet & le cratere de ces montagnes prennent une forme ovale, relevée au deux bouts qui figurent deux cornes réunies par deux croissans (2). Enfin au pied de cette

(1) Je n'entreprends pas de décrire tous les phénomenes des irruptions, ils sont étrangers au sujet que je traite; je n'ai pour objet que de faire connoître comment se forment les matieres cellulaires, sur-tout les laves poreuses, & de combattre, par cette explication, l'opinion de ceux qui croyent que les laves poreuses ne sont que d'anciennes laves compactes remaniées par le feu, & de ceux qui pensent qu'elles ne sont cellulaires que parce qu'elles n'ont éprouvé que le premier & le moindre degré de fusion. Voyez M. de Faujas, *Minéralogie des Volcans*, chap. *des laves poreuses*; & *Minéralogie de Kirwan*, page 138.

(2) Il arrive quelquefois que les vapeurs élastiques sortent de ces ouvertures, comme un vent violent, sans

nouvelle montagne, se fait une percée par où s'échappe avec violence un fleuve enflammé (1), qui creuse & sillonne le sol à la maniere d'un torrent; étroit à son issue, il se dilate dans tous les sens à mesure qu'il s'avance; son mouvement progressif s'accélere ou se ralentit selon l'inclinaison du sol, la fluidité & la tenacité de la matiere, & sa disposition à se boursouffler (2). Les courans de

lancer aucune scorie, sans rien accumuler autour de ces creux circulaires; alors ils ressemblent aux excavations faites par l'explosion d'une mine. On voit beaucoup de ces cavités sur les flancs de l'Etna; une des plus remarquables est au pied du *monte Rosso*, elle communique à une galerie souterraine, inclinée de 45 degrés, que les vapeurs ont ouverte dans un ancien courant de lave solide; on peut calculer, par la résistance qu'elles ont dû trouver, quelle peut être leur force.

(1) Les montagnes qui se forment ainsi ne sont pas toujours accompagnées d'un courant de lave; il arrive même quelquefois que ses scories s'accumulent sur un des flancs de la montagne, pendant que la lave sort de l'autre.

(2) Le courant de lave de 1669 parcouroit quelquefois un mille en quatre heures, quelquefois il mettoit

laves qui ſortent ainſi des flancs de la montagne, ſont plus denſes & plus compactes que ceux qui ſont ſoulevés juſqu'à ſon ſommet; ils ſeroient même exempts de ſcories & de laves poreuſes (car ils ſortent ſous l'apparence d'un métal en fuſion, en laiſſant derriere eux toutes les matieres cellulaires qui les couvroient), ſi un mouvement d'effervefcence intérieure, appartenant à la lave elle-même, n'y en reproduiſoit pas toujours de nouvelles; mais il faut voir cheminer ce torrent, pour concevoir comment ces matieres poreuſes ſe forment, & comment elles s'incorporent dans les laves compactes.

Après donc que ce premier jet a ſillonné le terrain (1), & que le ſol ne

---

quatre jours à faire quelques pas. Voyez Tedeſchi, *Irrup. de l'Etna.*

En 1614, un courant ſortit de l'Etna en ſe dirigeant vers *Randazzo;* il ne parcourut que deux milles en dix ans que dura l'irruption.

(1) L'impétuoſité du torrent au moment où il ſort des flancs de la montagne, eſt quelquefois ſi grande,

présente pas une pente trop rapide, le mouvement de progression se ralentit; la matiere, couverte d'une fumée blanche épaisse, & d'une flamme bleuâtre & diversement colorée, coule quelquefois comme un rouleau de ruban qui se développe, d'autres fois en présentant toujours une tête nouvelle qui souleve le courant pour sortir de dessous: dans le premier cas, la matiere fluide, en se pelotonnant ou se retournant ainsi sur elle-même, porte dessous ce qui étoit dessus, & par conséquent ensevelit sous elle les scories & les laves poreuses, qui avoient commencé à se former à sa surface, ou qu'elle avoit apportées avec elle en sortant de la montagne; & c'est ainsi que ces matieres cellulaires peuvent se trouver au milieu des laves compactes,

---

qu'il entraîne, renverse, & détruit tout ce qui est sur son passage; on en a vu percer des monticules de scories, les soulever & les emporter avec eux; lorsque l'obstacle est trop solide pour être détruit ou renversé, la lave quelquefois, au lieu de se détourner, monte & passe par-dessus.

quoique

quoiqu'ordinairement formées sur les surfaces exposées au contact de l'air. En coulant de cette maniere, les laves enveloppent & pétrissent avec elles les corps qu'elles rencontrent, & se les incorporent : tels sont quelques blocs de ces laves anciennes, ou autres pierres étrangeres à elles, que l'on trouve dans leur centre; ils y sont toujours associés à des matieres poreuses; il est d'autres corps que l'on trouve, dans le centre des courans, incorporés dans les laves compactes, & que l'on suppose avoir été également saisies par la lave fluide; mais pour ceux-ci on est dans l'erreur : les uns, tels que les agates, les géodes de quartz & de calcédoine, s'y sont formés après le refroidissement, ainsi que les spaths calcaires & les zéolites; les autres, tels que les groupes de chrysolites, de feld-spath, & les noyaux de granit, existoient dans la roche avant d'être mis en fusion (1).

(1) On voit des roches naturelles, telles que les roches de corne & les trapps, qui contiennent des

La ſeconde maniere dont cheminent les grands courans eſt la plus commune, & voici ces principaux phénomenes : la lave s'avance en brûlant, quelquefois en ſilence, d'autres fois en pétillant comme un feu d'artifice, lançant de tous côtés des éclabouſſures de laves rouges & brillantes, ſemblables à celles du fer rouge & blanc ; elle entraîne avec elle des ſcories qui nagent à ſa ſurface comme les glaçons ſur un fleuve ; il s'y forme, en peu de temps, une croûte, ſoit par le refroidiſſement des parties en contact avec l'air, ſoit par la combuſtion du ſoufre qui contribuoit à ſa fluidité, ou par l'aglutination des ſcories : cette écorce chemine avec le courant juſqu'à ce qu'elle s'attache des deux côtés au ſol que la lave envahit ; alors elle forme une eſpece de pont, ſous lequel paſſe la matiere fluide ; cette croûte a quelquefois le temps de s'épaiſſir & de ſe conſolider aſſez pour être

---

noyaux de granit & d'autres pierres étrangeres à leur compoſition.

aussi forte qu'une voûte, & résister aux efforts de la lave qui coule dans l'intérieur (1); mais avant d'arriver à cette

(1) Quelqufois la lave coule tranquillement, & pendant long-temps, sous cette espece de voûte; elle y conserve toute sa fluidité, de maniere que pour peu qu'il y ait de pente dans le sol, elle est aisément entraînée plus bas; & lorsque la source supérieure vient à tarir, cette longue voûte reste vide; il se forme ainsi de longues galeries qui ont souvent plus de trente pieds de hauteur, sur une vingtaine de largeur; leurs murs & leurs voûtes sont quelquefois aussi réguliers que s'ils étoient les ouvrages de l'Art. Il est de ces galeries souterraines, dans l'intérieur des courans, qui ont plusieurs lieues de longueur; elles sont nombreuses sur l'Etna; on les perfectionne encore pour les faire servir de magasin où l'on conserve la neige. Quelquefois une lave nouvelle pénetre dans ces galeries anciennes, & disparoît dans leurs cavités; il en est une au-dessus de *Piedimonte*, qui est entrée dans une de ces anciennes galeries, & qui s'est ouvert dans la voûte plusieurs soupiraux pour l'issue des vapeurs élastiques; on voit donc sur la même ligne, à quelques distances les unes des autres, sept monticules de scories, hautes d'une vingtaine de pieds, qui ont une cheminée dans leur centre.

Cette écorce qui se forme sur les courans, peut empêcher le refroidissement du contact de l'eau, &

solidité, il peut lui arriver bien des accidens. Si la matiere fluide diminue de volume, la croûte s'affaisse, se brise, & s'écroule; si au contraire le courant augmente, ne pouvant plus y être contenu, il souleve cette écorce, la fend, & en rejette les pieces sur ses bords; mais lorsque cette voûte est déjà assez épaisse pour ne pas être aussi aisément morcelée, le torrent, en se dilatant, fait un effort violent qui la divise avec fracas, l'ouvre, & la rejette des deux côtés comme la couverture d'un livre; de là viennent ces immenses plaques ou plateaux de laves poreuses & de scories, que l'on voit quelquefois à côté des courans, & qui s'y tiennent sur leurs tranches, ou différemment inclinées. Si une portion de cette voûte résiste au soulevement lorsque l'autre a cédé, la

---

permettre aux laves de cheminer pendant long-temps dans la mer.

Ces mêmes galeries anciennes peuvent servir de tuyaux de communication, ou aspiratoires, entre les eaux de la mer & le foyer des volcans.

lave fluide passe par-dessus, l'ensevelit; la ramollit, & se l'incorpore; on voit souvent la matiere fluide sortir par les flancs du courant, cheminer à côte de lui, ou prendre une autre direction.

Outre ces causes de l'inégalité de la surface des laves, produites ou par la condensation, ou par la dilatation du courant, qui mettent en jeu les surfaces consolidées ou refroidies, il en est d'autres qui dépendent de l'effervescence de la matiere. Quelquefois, comme nous l'avons déjà dit, la lave coule avec tant de calme, sa marche est si paisible, qu'on peut arriver, pendant le jour, très-près d'un courant qui chemine, sans se douter de sa fluidité: on est étonné de voir avancer un monceau de pierres noires, sans que rien annonce l'inflammation intérieure, & on ne sent sa chaleur qu'à une vingtaine de pas de distance; sa surface noire unie, ou simplement ridée, annonce une fluidité tranquille; lorsqu'on est très-voisin on apperçoit, à travers des especes de fissures, une couleur rouge obscure, & il en sort une flamme bleuâtre & vacillante; mais cet état de calme est rare: plus souvent la matiere bouillonne, sa surface se couvre de scories que l'on voit se former en peu de temps par la raréfaction de l'air; il en sort avec sifflement des jets de flammes rouges différemment colorées; tels ceux qui sortent d'un bois un peu humide mis sur un grand feu; enfin il y a des especes d'accès intermittens, où la totalité de la lave se boursouffle & s'éleve par un mouvement prompt, semblable à un bouillonnement violent; elle prend des formes irrégulieres & bizarres, & il s'ouvre, dans le centre de ces grandes soufflures, une espece de cheminée par où sortent des vapeurs blanches ou enflammées, qui, par leur raréfaction, ont occasionné tout ce désordre: ce sont ces mouvemens d'effervescence & ces soulevemens qui forment, dans le corps même de la lave, les pores qu'on y trouve; ils s'y produisent comme ceux du pain, qui se ſouleve & ſe percille par le concours de la levure & de la chaleur. Il faut donc qu'il y ait, dans la baſe des laves, de l'air combiné & enchaîné, qui reprend ſon élaſticité par la réunion de quelques circonſtances difficiles à connoître ; car c'eſt la même matiere qui tantôt ſe ſouleve & tantôt reſte compacte : il y a des courans qui ont plus de diſpoſition à cette effervescence, & qui n'ont point de laves compactes proprement dites, ou qui ne contiennent aucune lave ſans quelques eſpeces de ſoufflures ; les pores des ſurfaces ſont grands & irréguliers, ceux du centre ſont petits & parfaitement ſphériques ; il m'a ſemblé que les laves qui tiennent le plus de magnéſie dans leurs baſes, étoient les plus propres à devenir poreuſes : ſeroit-ce parce que la magnéſie aérée abandonne facilement, lorſqu'elle eſt un peu vivement chauffée, l'air fixe qui lui eſt combiné ?

Je crois cependant qu'outre le principe élaſtique, eſſentiel à la compoſition des roches, qui occaſionne des bulles dans leur vitrification artificielle (1); la lave doit principalement la faculté de se boursouffler, au soufre qui lui est uni, & à l'air inflammable que cette substance contient, & qui s'en dégage lorsqu'il est exposé à un certain degré de chaleur; c'est sur cette propriété (que plusieurs fusions successives lui ôtent) qu'est fondée la pratique par laquelle on purifie le soufre dans des vaisseaux clos (2). Ce développement

(1) Cette substance élastique ne se développe pas toujours au degré de chaleur que reçoivent les laves; elle peut rester encore combinée avec les laves compactes qui ont coulé en torrens enflammés, & ne se dégager que lorsque ces laves sont ramollies par un nouveau coup de feu; alors de solides elles deviennent poreuses. Ainsi des blocs d'anciennes laves, retombant de nouveau dans le foyer du volcan, s'y scorifient; ces mêmes laves, employées dans la construction des fours à chaux, s'y boursoufflent; il est vrai qu'alors éprouvant ce second ramollissement, leur grain change & elles deviennent vitreuses.

(2) Dans les mines de soufre des Etats du Pape (les unes, situées dans le duché d'Urbin, ont été produites par la voie humide; les autres, dans la province

d'air inflammable est seul capable de produire tous les phénomenes qui nous

---

dire le *Patrimoine de Saint-Pierre*, sont des sublimations volcaniques), on purifie le soufre de la maniere suivante :

On remplit de mine, en morceaux plus gros que le poing, des jarres de terre hautes de trois pieds, qui ont la base & le col retrécis, & le ventre renflé; on les place, à côté les unes des autres, sur des fourneaux, où elles sont chauffées par leurs flancs & leur base; leur ouverture supérieure se ferme exactement par un couvercle, & avec de la cendre qu'on met dessus; un tuyau de terre d'un pouce de diametre, qui entre dans le vase près de son col, conduit le soufre dans une autre grande jarre qui sert de récipient, & dont on le tire en *bouillon*, c'est-à-dire fondu, par un trou pratiqué à sa base; le soufre, lorsqu'il commence à chauffer, entre en effervescence, se dégage de sa matrice, remplit toute la capacité du premier vase, monte jusqu'au sommet, & coule par le canal dans le second récipient; il est accompagné d'un courant de fluide élastique, auquel on donne issue par un trou fait sur l'épaule du récipient, & qu'on laisse toujours ouvert; il en sort avec violence & sifflement, & il fracasseroit tout l'appareil, si le trou s'obstruoit: l'air qui en sort ressemble à une fumée blanche, il est inflammable, il brûle sans explosion, & donne une flamme bleue; si on ouvre le vaisseau qui contient la mine, le boursoufflement cesse, & l'air brûle tranquillement sur

étonnent le plus dans les irruptions, il agit d'autant plus qu'il est privé du contact de l'air extérieur; cette circonstance se trouve dans les volcans qui, dans ce cas, peuvent être considérés comme de vastes récipiens clos, dans lesquels le soufre est enfermé, & où il peut produire tous les effets que l'on observe dans les vaisseaux où se fait la purification du soufre: le concours de l'eau augmente cette fermentation dans le soufre brûlant, & peut y occasionner des explosions terribles. Voilà pourquoi l'agitation intérieure des volcans est augmentée par les pluies & par toutes les circonstances qui font arriver l'eau dans leurs foyers; cette effervescence est la seule force qui puisse soulever des entrailles de la terre, jusqu'au sommet

---

la bouche du vase. On connoît qu'il ne reste plus de soufre dans la mine, par la cessation du sifflement de l'air qui se dégage, & alors on ôte le résidu ou *caput mortuum*, & on met d'autre mine. J'ai introduit en Sicile cette maniere de purifier le soufre, beaucoup plus avantageuse que celle qui s'est pratiquée jusqu'alors.

glacé de l'Etna, les laves qu'il vomit quelquefois par son cratere, élevé peut-être de quatre milles toises au-dessus de son foyer; c'est elle qui remplit de matieres bouillantes toute la vaste capacité d'un volcan, qui lui fait faire des efforts violens pour sortir, qui la fait déborder par dessus son cratere, & qui ensuite la fait disparoître subitement, en la laissant retomber dans les cavités profondes dont elle est sortie, sans quoi les coupes resteroient pleines après la cessation des irruptions. C'est l'air qui en sort qui chasse les cendres & les scories, qui lance les pierres avec une force bien supérieure à celle de la poudre à canon, & qui produit ces mugissemens intérieurs, avant-coureurs des irruptions. Je pourrois étendre l'application de cette propriété à une infinité d'autres phénomenes volcaniques; mais ce seroit trop m'éloigner du sujet que je traite: revenons à nos laves poreuses.

Nous venons de voir que les laves poreuses sont essentiellement les mêmes que les laves compactes, & qu'il n'y a de différence entre elles que celle qui se trouve dans la fabrication du pain, entre une pâte levée, & une qui ne l'est pas. Toutes les especes de laves compactes ont donc des laves poreuses qui en dépendent: elles ont la même couleur, le même grain terreux, les mêmes propriétés, les mêmes principes constituans; & elles renferment les mêmes corps étrangers aussi intacts, ou aussi peu altérés; elles n'en different absolument que par des pores plus ou moins nombreux, & par-tout où ces pores ne sont pas, la pâte est parfaitement la même: on peut renvoyer, pour ce genre de laves poreuses, à l'énumeration que j'ai faite des différentes especes de laves compactes.

Il y a des laves cellulaires qui, par leurs positions dans les courans, y acquierent quelques propriétés particulieres, qui sont encore à peu près les mêmes que nous avons fait observer dans les cas semblables, pour les laves compactes; mais ils sont plus marqués dans les laves poreuses: placées ordinairement dans la partie ſupérieure des courans, elles ont, outre la chaleur qui leur eſt propre, celle qui leur eſt communiquée par les matieres inférieures; on peut dire qu'elles brûlent deux fois, puiſqu'elles continuent a être chauffées par la flamme qui, par les fiſſures, s'éleve du centre du courant. Voilà pourquoi quelques-unes de ces laves ont le grain plus ſec & plus vitreux que celui des laves compactes des mêmes variétés; le fer y eſt ou plus calciné ou plus phlogiſtiqué, ſelon les circonſtances particulieres qui produiſent l'un ou l'autre effet; elles ont alors une couleur plus foncée ou plus rouge; elles acquierent une plus forte action ſur l'aiguille aimantée, ou la perdent abſolument: le feldſpath y blanchit toujours davantage.

Les laves cellulaires ont différentes denſités, à raiſon de la multiplicité de leurs pores; mais j'exclus de cette claſſe toutes les matieres cellulaires qui ne conſervent pas quelques intervalles où la lave eſt compacte, & celles où on ne reconnoît plus le grain & les matieres constituantes qui conviennent à l'espece ; matieres cellulaires où les pores sont quelquefois si multipliés, que les pierres surnagent l'eau : je les regarderai comme des scories, parce qu'elles different essentiellement des laves.

Les laves cellulaires sont généralement plus utiles que celles qui sont compactes, plus légeres qu'elles, & plus faciles à travailler ; elles donnent d'excellentes pierres pour bâtir, & elles servent à faire de très-bonnes meules de moulin.

Les laves cellulaires prennent quelquefois des formes bizarres sur la surface des courans ; mais comme elles ne sont qu'accidentelles, & qu'elles peuvent facilement être imaginées, je n'en ferai pas une mention particuliere ; elles se trouvent aussi avoir enveloppé des blocs de laves compactes, qui forment des noyaux dans leur centre.

Je vais décrire quelques variétés des laves compactes de l'Etna, pour faire l'application de ce que je viens de dire, & pour rendre plus ſenſibles les obſervations que j'ai faites.

Variétés de quelques laves poreuſes de l'Etna.

N°. I. Lave poreuſe noire, ſemblable en tout au N°. II des laves homogenes luiſantes ; elle a des pores exactement ronds, d'une à deux lignes de diametre, qui ſont diſtans les uns des autres de plus de ſix lignes, & quelquefois d'un ou deux pouces: l'intérieur de ces cellules ſphériques eſt bleu ; elles contiennent ordinairement des zéolites & des ſpaths calcaires ; cette lave eſt criſtalliſée en colonnes priſmatiques, plus ou moins régulieres, dans les montagnes de la *Trezzo* & du château d'*Iacy*.

N°. II. Lave poreuſe griſe, abſolument de même nature que le N°. III des laves homogenes ; une moitié de l'échantillon eſt compacte, l'autre moitié eſt percée de petits pores exactement ronds, d'une ligne à peu près de diametre, éloignés de deux ou trois lignes les uns des autres, & placés avec assez de régularité; on voit dans ce morceau que les laves poreuses & compactes sont exactement les mêmes; la boursoufflure peut commencer dans une partie d'un bloc, sans que l'autre éprouve cette même effervescence.

Cette lave, & d'autres dont les pores sont encore plus petits, sont de l'intérieur d'un courant auprès de *Paterno*.

N°. III. Lave poreuse grise, qui est en tout semblable au N°. XXIII des laves porphyritiques; elle a des pores ronds de deux lignes de diametre, & éloignés entre eux de deux lignes à peu près; elle forme la partie supérieure d'un ancien courant, au-dessus du village de *Saint-Jean;* on la taille pour faire les angles & les portes des maisons de *Mascali* & des *Giarre*.

N°. IV. Lave poreuse, en tout semblable à la lave spathique du N°. III, & ayant les mêmes teintes; elle a des pores ovales d'une ou deux lignes de diametre: cette forme peut leur avoir été

été donnée, ou par la compreſſion de la lave lorſqu'elle étoit encore molle, ou par le mouvement du courant qui a étendu la maſſe lorſque les pores étoient déjà formés.

Ces pores exactement ronds ou ovales, ſont aſſez rares, & ne ſe trouvent que dans le centre des courans, très-près des laves compactes.

N°. V. Lave poreuſe dépendante des laves porphyritiques, N°. XII & XIII, dont la baſe, ſemblable au *ſaxum trapezium* de Vallerius, eſt un mélange de ſchorl & de roche de corne; les bourſoufflures ont commencé par la roche de corne, qui forme des pointillures d'une couleur plus claire ſur la baſe; les pores s'y augmentent progreſſivement, juſqu'à acquérir deux lignes de longueur ſur une de largeur; ils ſont tous prolongés dans le ſens de la direction du courant.

N°. VI. Lave cellulaire griſe, ſemblable en tout au N°. IV des laves avec ſchorl; elle a ſa couleur, ſon grain, & toutes ſes propriétés; elle eſt criblée de pores irréguliers, entrelacés les uns dans les autres; elle eſt dure & très-ſolide; elle ſe trouve dans le centre du courant de 1669, & elle a été renfermée dans ſon intérieur, lorſqu'il rouloit ſur lui-même dans ſon mouvement progreſſif.

N°. VII. Lave cellulaire noire dépendante des numéros III & IV des laves avec ſchorl; la couleur noire vient plus de ſa poſition à la ſurface des courans, que de la nature de ſa baſe; car le courant de 1669, dont le centre eſt gris, a à ſa ſurface des laves cellulaires noires; elle conſerve cependant le même grain que les laves compactes; les ſchorls y ſont auſſi intacts, mais elle agit plus fortement ſur l'aiguille aimantée; ſes pores très-nombreux ſont irréguliers, contournés & entrelacés entre eux. Cette lave, qui, malgré la multiplicité de ſes pores, eſt très-ſolide, ſe trouve ſur beaucoup de courans, avec les modification relatives à la variété des baſes; elle a une très-grande épaiſſeur, on la taille pour l'employer dans les édifices; les angles, portes, & fenêtres des maisons de Catagne en sont faits; elle sert aussi à faire de très-bonnes meules de moulins, qui n'ont pas besoin d'être repiquées; on les transporte à Malte & dans les villes de Sicile & de Calabre: les débris de ces meules, qui se trouvent dans beaucoup d'endroits, & que différentes causes transportent souvent bien loin des lieux habités, pourroient faire soupçonner le voisinage des volcans dans des lieux où il n'en existe point.

N°. VIII. Lave cellulaire, avec des pores nombreux & irréguliers; elle se trouve à la surface des courans de laves spathiques, N°. II & III; la base de la lave s'est noircie, les écailles & cristaux de feld-spath sont blanchis, de maniere que cette lave cellulaire paroîtroit appartenir à une lave porphyritique.

N°. IX. Lave cellulaire avec des pores, ou cavernes, grands & irréguliers; elle repose sur les courans de laves porphyritiques, N°s. II & III; son grain & sa cassure sont encore plus vitreux que celui du N° XIII, conservant cependant la propriété de donner, sous le souffle, une odeur argileuse; les grands cristaux de feld-spath y sont devenus très-blancs, & presque demi-transparens; mais ils n'ont point changé leur forme; ils sont fendillés & gercés; quelques-uns commencent à perdre leur tissu écailleux pour prendre la fibre de la pierre ponce.

N°. X. Lave cellulaire appartenante au courant voisin de *Biancavilla*, qui renferme les variétés XV & XVI des laves porphyritiques; elle a des pores nombreux & irréguliers; quelquefois sa base est restée grise, & elle a pour lors toutes les propriétés du N°. XV; plus souvent elle est devenue d'un rouge plus vif que le N°. XVI, parce que la calcination de fer y est plus complette, & les cristaux prismatiques de feld-spath sont très-blancs & demi-transparens.

N°. XI. Blocs de laves cellulaires, rejetés, isolés, pendant l'irruption de

1669, autour du *Monte Rosso;* on voit que ce sont d'anciennes laves remaniées par le feu: leur base, d'un grain très-sec, est devenue rouge par la calcination du fer, qui n'agit plus sur l'aiguille aimantée; souvent elles ont des crevasses au lieu de cavités, comme les autres laves; leur surface est plus altérée que leur centre; les schorls qui s'y trouvent sont presque vitrifiés, & les feld-spaths y sont devenus très-blancs. Les cellules contiennent quelquefois une terre rouge pulvérulente, semblable au colcotar.

N°. XII. Laves poreuses de différentes especes, en forme de mamelons; elles se trouvent sur les courans; leur surface paroît quelquefois enduite d'un vernis luisant, qui est une légere vitrification.

N°. XIII. Plaques de laves à surfaces ridées; elles s'enlevent de dessus les courans, & servent à couvrir quelques maisons.

N°. XIV. Laves poreuses à noyaux solides; ce sont des laves poreuses de différentes especes, dans le centre desquelles ſont renfermés des blocs de laves compactes, qu'elles ont reçus dans leur ſein lorſqu'elles étoient molles, ſoit en ſe roulant deſſus, ſoit parce qu'elles y tomberent d'en haut, lancées par les crateres. Ces noyaux de laves de différentes eſpeces ſont ordinairement arrondis, & ils ont un enduit vitreux ſur leur ſurface; ils ſont plus ou moins adhérens à leurs enveloppes : ces noyaux de laves ſolides ſont plus nombreux dans les ſcories.

Il n'y a point d'eſpeces dans leſquelles on puiſſe autant augmenter les variétés que dans celle des laves poreuſes, ſi l'on veut avoir égard à leur baſe, à leur grain, à leurs pores, & à leurs formes accidentelles; il y en a de très-bizarres, on peut les conſerver dans les cabinets comme des jeux de la Nature, mais elles ne valent pas la peine d'être décrites.

TROISIEME GENRE.

Scories, pozzolanes, cendres, sables, &c.

Les scories different des laves poreuses avec lesquelles elles ont quelques rapports, en ce qu'elles ont éprouvé une plus grande altération dans le volcan; elles sont plus boursoufflées, plus vitrifiées, & elles ont une surface plus raboteuse & des formes plus bizarres.

Il est nécessaire de distinguer les deux circonstances différentes dans lesquelles se forment les scories : la premiere est celle où elles accompagnent & recouvrent les courans de laves; je ferai de celles-ci une espece particuliere, parce qu'elles ont des caracteres qui les distinguent, & qui dépendent de leur position; les autres, préparées dans le foyer du volcan, sont lancées isolées, avec d'autres matieres que je comprends dans la même classe, mais que je divise en différentes especes; savoir, scories des crateres, pozzolanes, cendres, sables, schorls, feld-spath, chrysolites; & breches volcaniques.

Ce sont les mêmes circonstances qui dans les volcans produisent les pierres ponces, les verres, & les émaux; mais ces matieres manquent absolument dans l'Etna, je n'y ai jamais vu qu'un seul morceau de verre parfait, encore son origine est-elle incertaine, & je douterois qu'il appartînt à ce volcan. J'ai vu un commencement de vitrification semblable à un émail, dans un bloc de la lave spathique, N°. I; c'est le seul indice de fusion vitreuse que j'aye jamais trouvé dans ce volcan; toutes mes recherches n'ont pu m'y faire rencontrer aucune pierre ponce, si ce n'est, auprès d'*Yaci-Reale*, quelques petits fragmens de pierre ponce, dits *Rapillo-Bianco*, dans une couche de cendres volcaniques: il semble qu'en général ces trois matieres se réunissent dans le même volcan, & que la cause qui empêche la production de l'une, s'oppose aussi à la formation des autres. Nous avons vu qu'on ne trouvoit pas vestiges ni de gneis, ni de granits dans les productions de ce volcan; & ce sont les roches qui concourent à la formation des pierres ponces.

PREMIERE ESPECE.

Scories des courans.

LES scories des courans reposent ordinairement sur leurs surfaces, au-dessus des laves poreuses; parmi ces scories les unes ont été entraînées par le torrent enflammé, lorsqu'il est sorti de l'intérieur de la montagne; les autres se sont formées pendant sa marche: dans ces deux cas elles ont pu quelquefois être ensevelies dans l'intérieur des laves compactes, lorsqu'elles ont été enveloppées dans les flots bouillonnans de la matiere fluide, qui se les sont incorporées en se roulant sur eux-mêmes; ces scories y sont alors à l'abri de toutes les causes d'altération qui ne cessent d'attaquer les autres, & elles servent à reconnoître les produits du feu, lorsque toutes les autres circonstances n'existent plus.

Les scories des courans pourroient se diviser en pesantes & légeres : les premieres sont dures; elles ont une surface inégale, hérissée de pointes, demi-vitrifiée; leur couleur ordinaire est noire; elles ressemblent parfaitement aux scories des hauts fourneaux & à celles des forges, que l'on nomme *machefer*; il est même assez souvent difficile de les distinguer, quoiqu'en général celles des volcans soient plus légeres, moins vitreuses, & que l'on y voye toujours quelques parties où on peut reconnoître le grain de la lave; souvent dans leur extérieur elles ont un noyau de lave compacte ou poreuse, qui, sans s'être dénaturé, y a pris un grain plus sec & plus vitreux qu'elle ne l'avoit avant d'y être enveloppée : ces scories pesantes, quelque forte que soit l'altération que le feu y a produite, n'ont pas perdu tous les caracteres qui distinguent les différentes especes de laves.

on y reconnoît encore les ſchorls & les feld-ſpaths, plus ou moins incorporés dans la demi-vitrification; elles ſont fortement adhérentes au courant, dont elles font une partie eſſentielle; elles forment les grandes inégalités de ſa ſurface. Quelques Auteurs ont confondu ces ſcories avec les laves poreuſes; mais lorſqu'on a vu ces torrens enflammés pendant leur marche & après leur coagulation, on ſait que ces deux genres ſont auſſi diſtincts entre eux, que le ſont, dans les fontes, les ſcories & le laitier, du métal qu'ils recouvrent.

Les ſcories légeres, que l'on pourroit nommer ſpongieuſes, de leur reſſemblance avec les éponges, ſont moins vitreuſes que les premieres, mais beaucoup plus bourſoufflées: les unes paroiſſent avoir reçu un coup de feu plus fort qui a changé leur grain; les autres, en conſervant leur tiſſu terreux, ont cédé à l'effort des ſubſtances élaſtiques qui ſe ſont développées dans leur intérieur; & elles ſont reſtées criblées d'un infinité de trous; les pores, ordinairement ronds, y font si multipliés, si nombreux, que les cloisons qui les séparent n'ont pas quelquefois un quart de ligne d'épaisseur; elles ressemblent aux cloisons qui divisent les cellules des abeilles: ces scories sont en gros volumes; foiblement adhérentes au courant qu'elles couvrent, elles en sont presque indépendantes, & elles ont si peu de matieres solides, qu'elles ne conservent aucun des caracteres des laves avec lesquelles elles ont été produites; à quelques courans qu'elles appartiennent elles se ressemblent toujours; elles sont aisément entraînées par les eaux, qui leur donnent une forme ronde; souvent roulées jusqu'à la mer, elles y surnagent, & pendant les tempêtes elles sont rejetées sur des rivages fort éloignés, où le peuple les prend pour des éponges pétrifiées.

Ces scories spongieuses ont été souvent confondues avec les pierres ponces, dont elles different essentiellement, tant par la couleur que par le grain, la forme de leurs pores, & les matieres conſtituantes, & avec leſquelles elles n'ont d'autre rapport que la légereté.

Les crateres rejettent auſſi de gros blocs iſolés de ces ſcories ſpongieuſes; mais, comme elles appartiennent plus particulierement au courant, je les placerai toutes dans cette eſpece.

Ces ſcories ſont plus abondantes dans les courans qui ont débordé par-deſſus les levres des crateres, que dans ceux qui ont ouvert les flancs de la montagne; malgré leur légereté elles ont cependant aſſez de ſolidité pour être employées dans les édifices; elles ſont excellentes pour faire des voûtes, & elles ſont de très-bons murs; il en eſt de plates qui peuvent ſervir à couvrir les maiſons: à raiſon de toutes ces qualités elles ſont très-recherchées pour bâtir; & les parties d'un courant voiſin des villes ne tardent pas à être dépouillées de toutes les ſcories qui héri ſſent ſa ſurface; & ce courant prend ainſi une apparence d'antiquité qui contraſte avec les endroits où ces ſcories, livrées à une deſtruction lente, font plufieurs fiecles avant de difparoître.

Ce n'eft pas toujours la grandeur des pores qui indique la légereté de ces fcories; il en eft dont les cellules font très-petites, & qui font fi légeres & fi friables qu'elles reffemblent à une écume, ou au *caput mortuum* du fang de bœuf, lorfqu'il a été calciné dans des vaiffeaux clos; il y a un grand nombre de nuances intermédiaires qui lient enfemble les fcories fpongieufes & les fcories pefantes des courans. Ces fcories ont été pendant long-temps les feules matieres volcaniques qui trouvaffent place dans les Cabinets; comme elles fe reffemblent dans tous les volcans, on croyoit que toutes les productions du feu étoient les mêmes: je vais indiquer quelques variétés des unes & des autres.

Variétés.

N°. I. Scories noires, pefantes, affez dures, en gros volumes de forme irréguliere, caverneufes, bourfoufflées;

celles sont les scories de la fonte du fer; leur surface inégale, couverte de pointes, paroît enduite d'un vernis vitreux, bronzé & chatoyant; quoique ces scories portent l'empreinte d'un coup de feu très-violent, on y reconnoît encore la matiere qui leur a servi de base: c'est une roche porphyritique dont les cristaux de feld-spath sont encore distincts.

N°. II. Scories noires, pesantes, dures, semblables aux précédentes; mais elles n'en ont point le vernis vitreux; leur surface est noire, terne; on y reconnoît encore les schorls semblables à ceux de la lave à qui appartiennent ces scories, quoiqu'ils y soient demi-vitrifiés.

Ainsi sont toutes les scories pesantes du courant de 1669; sur leur surface s'attachent les lichens gris, qui, les premieres de toutes les plantes, végetent sur les lieux envahis par les irruptions volcaniques.

N°. III. Scories noires pesantes, dures; les unes ont la forme d'une pomme de pin avec ses écailles, les autres celle de l'artichaut ; le centre est une lave compacte ſpathique, d'un grain très-ſec, comme demi-vitrifié.

N°. IV. Autres ſcories de formes bizarres, qui toutes ont un noyau de lave compacte.

N°. V. Scories peſantes en forme de calotte, ou d'une écorce concave ; elles ſe ſont modelées ſur des mamelons de laves ſolides.

N°. VI. Scories peſantes en forme de cables ou de cylindres contournés ; l'intérieur a un grain noir, ſec & vitreux, avec des pores.

N°. VII. Scories noires aſſez légeres, plates, minces, ſemblables à un ruban contourné ; elles paroiſſent avoir paſſé par une filiere ; l'intérieur eſt compacte, d'un grain vitreux.

Du courant de 1780, auprès de ſon iſſue.

N°. VIII. Scories légeres, ſpongieuſes, en très-gros volume, de formes irrégulieres, caverneuſes à leur extérieur, cellulaires dans leur centre ; les pores ſont de différentes formes & grandeurs, la la plupart ronds; dans le même bloc ils seront souvent très-petits: d'un côté ils n'y auront pas une demi-ligne de diametre, pendant qu'ils seront grands dans l'autre partie, ils y auront jusqu'à trois lignes de diametre; les cloisons qui les séparent sont aussi minces que celles des cellules des abeilles.

Ces scories spongieuses sont noires & rougeâtres; lorsqu'elles sont d'un très-gros volume elles surnagent dans l'eau.

N°. IX. Scories infiniment plus légeres que les précédentes, & plus boursoufflées; elles paroissent plus vitreuses; leur surface a un vernis luisant, quelquefois avec des couleurs chatoyantes; d'autres paroissent dorées ou bronzées; elles ressemblent à une écume spongieuse; elles sont très-fragiles. Il y en a beaucoup sur le courant de 1780, non loin des ouvertures où il a pris issue.

DEUXIEME ESPECE.

Scories des crateres & des monticules volcaniques.

LES ſcories lancées par les crateres ſont portées à une très-grande hauteur par l'impulſion des courans de ſubſtances élaſtiques, qui, pendant les irruptions, ſe dégagent du ſoufre & des matieres qui ſe ſcorifient (1); elles retombent & s'amoncelent autour de la bouche enflammée; elles ſont ordinairement en très-petits volumes, & elles arrivent rarement à la groſſeur d'une noix; elles paroiſſent avoir beaucoup de rapport avec les ſcories ſpongieuſes des courans;

(1) Sans ce courant d'air qui entraîne ces fragmens de ſcories, & avec elles les cendres, ſables, & autres matieres d'un petit volume qui y ſont mêlées, elles ne pourroient jamais arriver à l'élévation où elles ſont portées; elles ſont trop légeres pour être lancées auſſi loin par la force d'une exploſion à laquelle elles ſe ſouſtraient par leur peu de denſité & leur petit volume.

on croiroit qu'elles ne different que par le volume, & que ce ſont les mêmes réduites en fragmens; mais, examinées avec attention, on voit que celles des crateres ſont plus vitreuſes, plus ſcorifiées; on reconnoît que ce n'eſt point le broyement des laves poreuſes & des autres ſcories qui les a réduites ainſi, mais un excès de bourſoufflement qui a rompu l'adhérence des parties entre elles; c'eſt une majeure expanſion du fluide élaſtique qui les a diviſées en petits fragmens; elles ſont eſſentiellement plus légeres que les ſcories ſpongieuſes d'un gros volume, mais elles ne ſe ſoutiennent pas ſur l'eau, parce que ce fluide remplit leurs cavités.

Ces ſcories forment, preſque à elles ſeules, toutes les montagnes coniques qui ſont ſur les flancs de l'Etna; ce ſont elles qui conſtituent le corps même de cette vaſte montagne, & on peut dire qu'elles font au moins les neufs dixiemes de ſa maſſe; c'eſt par une ſuite innombrable d'irruptions de ce genre, que ce volcan s'eſt élevé à une auſſi grande hauteur, & on en voit l'accumulation successive dans une immense déchirure qui a ouvert les flancs de la montagne dans la partie de l'est. On reconnoît qu'elle est formée de couches qui se distinguent par une différence de couleur, qui sont d'autant plus épaisses qu'elles sont plus près du centre des explosions; on peut donc dire que quelque immense que paroisse le volume de cette montagne, elle ne surcharge pas la terre d'un poids en proportion avec sa masse, & il n'équivaut pas à celui d'une montagne formée de matieres compactes, qui n'auroit que le quart de cette étendue.

Ces scories légeres & friables sont aisément attaquées par toutes les causes de destruction qui agissent même sur les corps les plus durs; il faut peu de temps pour qu'elles éprouvent à l'air une nouvelle division, qui les réduit à leurs parties constituantes, & qui les change en terre végétale. Il y a déjà dix ans que l'on a commencé à cultiver & à planter des vignes dans les scories qui, en 1669, ont formé le *Monte*

Nuovo, & dans les ſables qui ont couvert les campagnes voiſines; aucun ſol n'eſt alors plus propre à la végétation. La fertilité des cônes qui ont quelques ſiecles d'âge, eſt un ſujet d'admiration pour ceux qui viſitent l'Etna.

Les torrens d'eau font de grandes dégradations dans un ſol formé de matieres qui n'ont point de liaiſon entre elles, qui ne font point corps, & qui, par leur poids, ne leur préſentent aucune réſiſtance; ils y ouvrent de profonds ravins, & ils entraînent ces ſcories à une très-grande diſtance; ce ſont tous ces moyens de deſtruction qui ont diminué la quantité de ce genre de ſcories dans les volcans éteints; quelques-uns ſont preſque réduits à leurs laves ſolides, ceux ſur-tout qui ont été ſous les eaux de la mer, les ont preſque toutes perdues; les ballottemens des flots ont broyé toutes les matietes tendres & légeres, & les ont tranſportées à quelque diſtance pour en former ces dépôts argileux volcaniques, connus ſous le nom de tufs.

Il ſemble que l'abondance du fer &

sa phlogistication soient nécessaires pour la scorification des matieres volcaniques: le fer est plus abondant dans les scories que dans les laves, il donne plus de prise à l'action du soufre, que je regarde comme la principale cause de cet effet; lorsque le fer est en état de chaux, ou qu'il n'est pas en assez grande quantité, le boursoufflement est moins considérable, & ce genre de scorification est moins parfait.

Les scories ont une sorte de mollesse lorsqu'elles sortent du volcan; si elles ne la perdent pas, pendant leur chûte, par le contact de l'air, elles peuvent s'aglutiner ensemble, & former des masses d'un plus gros volume, très-légeres, qui se divisent aisément.

Ces scories, de quelques volcans qu'elles viennent, se ressemblent toujours, parce qu'elles ne conservent aucun caractere de leur base primitive; elles ne varient que par leur teinte, qui est grise, rouge ou noire; mais en recherchant avec soin, on trouve, épars parmi elles, les corps étrangers qui entroient dans la composition de la roche avant qu'elle fût scorifiée: tels que les schorls, feld-spaths, chrysolites & grenats; mais cette derniere substance, commune dans les volcans d'Italie, ne se rencontre dans aucun volcan de la Sicile: les trois premieres sont en abondance parmi les scories; on y trouve aussi quelques pierres qui ont résisté à la scorification, & qui se sont calcinées, en devenant rouges, sans pouvoir se boursouffler; elles sont restées pesantes & presque compactes. Les scories des crateres sont les matieres volcaniques qui annoncent le plus sûrement la présence des feux souterrains; elles ne peuvent occasionner aucun doute, aucune équivoque sur leur origine, parce qu'il n'y a aucun genre d'altération qui puisse mettre dans cet état aucune substance du regne minéral, si ce n'est le feu volcanique.

Les crateres lancent aussi quelques blocs de scories mêlées d'argile rouge & jaune, qui n'ont pas été de nature à se scorifier, & qui sont restés en plus gros volumes. Il en eſt encore qui, par les vapeurs ſulfureuſes, ont perdu leur couleur noire, pour devenir rouges, jaunes & blanches.

Variétés.

N°. I. Scories noires, légeres, d'un petit volume, n'excédant pas la groſſeur d'une noix, cellulaires, irrégulieres dans leurs formes & dans leurs cavités, un peu vitreuſes: elles conſtituent preſque toutes les montagnes de l'Etna; elles ne different entre elles que par les nuances plus ou moins foncées: on les nomme à Naples *rapillo nero*, pour les diſtinguer des fragmens de pierres ponces que l'on nomme *rapillo bianco*.

N°. II. Scories légeres qui ne different des précédentes que par une couleur brune rougeâtre; elles forment le *Monte Roſſo* qui s'eſt élevé pendant l'irruption de 1669; la teinte de ſes ſcories lui a fait donner ſon nom.

N°. III. Scories légeres d'un rouge plus vif; elles ſont moins vitreuſes, &

elles paroiſſent toujours plus terreuſes en prenant une couleur plus vive; elles ſe trouvent ſur les levres du cratere du *Monte Roſſo*.

N°. IV. Scories légeres rouges en groſſes maſſes, un peu poreuſes, tendres & terreuſes, paroiſſant plutôt une terre argileuſe cuite, qu'une matiere ſcorifiée; elles renferment beaucoup de criſtaux de ſchorl noir luiſant, parfaitement intact; elles ſe trouvent au pied du *Monte Roſſo*.

N°. V. Scories de même nature d'une couleur jaune, avec des criſtaux de ſchorl ſemblables, du même lieu.

N°. VI. Scories noires, brunes, jaunes, & rouges, terreuſes ou vitreuſes, légeres & en petits volumes, aglutinées foiblement enſemble, pour former de plus groſſes maſſes; faciles à rompre; contenant quelquefois des ſchorls: elles ſe trouvent aux pieds de différentes montagnes, ſur-tout au *Monte Roſſo*.

N°. VII. Scories légeres, vitreuſes ou terreuſes, cellulaires, d'un gros volume, contenant des criſtaux de feld-ſpath : elles ſe trouvent au pied de la montagne dite *Montpelliiro*; cette montagne volcanique, voiſine du *Monte Roſſo*, en differe, parce qu'au lieu des ſchorls, ces ſcories ſont mêlées de feld-ſpath.

N°. VIII. Pierres rouges & brunes de la groſſeur du poing, dures, peſantes, preſque compactes, un peu arrondies; elles paroiſſent des argiles cuites; elles ſe trouvent parmi les ſcories de différens crateres : celles-ci ſont du mont *Saint-Nicolas*, derriere le Couvent.

TROISIEME ESPECE.

Pouzollannes.

Les pouzzolanes ont de très-grands rapports avec les ſcories des crateres; elles ſont les produits des mêmes irruptions & s'amoncelent enſemble autour des bouches enflammées; elles ſe reſſemblent par le volume & par la couleur; mais les pouzzolanes different en ce qu'elles ſont plus peſantes, moins bourſoufflées, plus argileuſes; ce ſont les Arts qui ont établi la diſtinction des ſcories & des pouzzolanes, & les Ouvriers qui les employent ne ſe méprennent jamais ſur leurs propriétés particulieres (1), quoique les Naturaliſtes aient ſouvent confondu enſemble les deux eſpeces. Les ſcories appartiennent plus particulierement aux matieres qui ont formé les laves; les pouzzolanes dépendent de matieres plus argileuſes, ſur leſquelles le ſoufre a eu moins de priſe, & qui ont réſiſté à la ſcorification; elles ne ſont pas, comme on l'a dit, des laves altérées, mais des terres & des pierres argileuſes calcinées, cuites dans l'intérieur du volcan, & rejetées en fragmens irréguliers, ſans avoir pu y éprouver une vraie ſcorification; elles ne ſont que rarement bourſoufflées, & elles n'ont jamais des pores ni auſſi

(1) M. Faujas de Saint-Fond a fait une très-bonne Diſſertation ſur les uſages & les propriétés des pouzzolanes, & ſur la maniere de les employer dans les conſtructions ſous l'eau & hors de l'eau.

grands ni aussi nombreux que les scories; nous avons la preuve qu'elles ne dépendent pas d'un genre particulier d'altération qui a agi sur les laves compactes ou poreuses, par les pouzzolanes qui se trouvent sous les courans de laves; elles y ont été formées par la seule chaleur du torrent enflammé, qui a cuit & calciné les terres & les cendres argileuses qu'il a recouvertes; ces couches de terre & de cendres ont conservé leurs propriétés naturelles dans les parties où la chaleur n'a pas pu agir.

Les pouzzolanes sont en général moins abondantes que les scories; quelques volcans en fournissent plus que d'autres; elles ne sont pas en aussi immense quantité dans les volcans de Sicile que dans ceux d'Italie; il y a même des montagnes entieres qui n'en renferment point; quelques parties de l'Etna en manquent absolument; les habitans des villages bâtis sur les scories de ce volcan, sont quelquefois obligés d'aller la chercher assez loin, & de creuser profondément dans l'intérieur des cônes volcaniques ; ils ne se donneroient sûrement pas cette peine, si toutes les scories pulvérulentes pouvoient remplacer la pouzzolane ; elles ne peuvent que la suppléer lorsqu'on ne la trouve nulle part. Comme les grains des pouzzolanes sont plus pesans que les scories du même volume, quoique rejetés ensemble par les crateres, ils se divisent pendant leur chûte ; les pouzzolanes tombent les premieres & plus près de la bouche ; voilà pourquoi elles sont ordinairement dans le centre des monticules volcaniques, pendant que les scories en occupent les surfaces.

Les pouzzolanes different entre elles par la grosseur des grains, par la pesanteur, par le grain plus ou moins terreux, par le mélange avec des terres & cendres argileuses, par l'abondance du fer, & par la couleur ; il y en a de toutes les nuances, depuis le gris & le rouge, jusqu'au noir ; je placerai dans la même espece les argiles cuites qui se trouvent sous les courans & qui peuvent servir de pouzzolanes.

Variétés.

N°. I. Pouzzolanes brunes en morceaux irréguliers de la grosseur d'une noix, plus pesantes que les scories d'un même volume; quoique poreuses elles ne sont pas boursoufflées, leur grain est argileux, happant à la langue; elles sont mêlées de terre argileuse brune; elles se trouvent dans différentes parties de l'Etna.

N°. II. Pouzzolanes de même couleur, dont les grains sont plus petits, plus terreux, moins durs, mêlés de plus de terre; dans différens lieux.

N°. III. Pouzzolanes rougeâtres à grains durs, peu poreuses, contenant des morceaux rouges entierement argileux; elles se trouvent dans l'intérieur de la montagne de *Paterno*.

N°. IV. Géode ronde, grosse comme une noix, à laquelle elle ressemble; l'écorce ou la coquille est brune, dure, un peu poreuse, de la nature de la pouzzolane; l'intérieur ou le noyau est entierement argileux rouge; je l'ai trouvé dans la pouzzolane du N°. III.

N°. V. Pouzzolane noire & rougeâtre à grains durs, quoique d'un apparence terreuse, un peu poreuse, mêlée de schorl noir; du *Monte Rosso*.

N°. VI. Pouzzolane grise en petits grains irréguliers peu poreux, mêlée de terre qui happe à la langue; de la porte *del Fortino* à Catagne.

N°. VII. Pouzzolane rouge en petits grains durs un peu poreux, mêlée d'une terre rouge; elle se trouve auprès du Couvent des Bénédictins de Catagne.

N°. VIII. Pouzzolane terreuse rouge brunâtre; quoiqu'elle n'ait presque point de grains, & qu'elle ressemble à une simple terre volcanique, elle fait cependant d'excellent mortier par son mélange avec la chaux.

N°. IX. Pouzzolanes plus ou moins terreuses & grenues, de couleur rouge; elles se trouvent sous les courans, où elles se sont formées par la calcination des terres & cendres argileuses; elles y ont pris un grain plus ſec & plus rude que les cendres & terres de même eſpece qui nont pas été chauffées; elles ſe trouvent ſur tous les courans de lave; elles ont pris la couleur rouge qui annonce leur calcination.

QUATRIEME ESPECE.

Cendres volcaniques.

PENDANT les irruptions des volcans, le ciel eſt ordinairement obſcurci, le ſoleil eſt caché par des nuées noires, epaiſſes (1), formées autant par les matieres fuligineuſes qui s'élevent du foyer, que par des cendres que la colonne de fumée entraîne avec elle; c'eſt par leur légereté & par la force des courans qu'elles ſe ſoutiennent dans l'atmoſphere, & elles ſont portées par les vents à de très-grandes diſtances: celles

(1) *Involutus eſt dies pulvere, populoſque ſubita nox terruit.* Séneque, liv. II des Queſt. nat.

de

de l'Etna arrivent à Malte (1) & sur les côtes d'Afrique; on dit même qu'elles sont parvenues jusqu'en Libye & en Egypte; lorsqu'elles sont encore suspendues dans l'atmosphere, & qu'une pluie se forme par la condensation des vapeurs dissoutes dans l'air, ces cendres sont entraînées, elles tombent mêlées aveo les gouttes d'eau: ainsi sont formées ces pluies terreuses qui tombent quelquefois à une assez grande distance des volcans (2).

Les cendres volcaniques n'ont point de rapports avec celles produites par la

---

(1) *Cratere (Ætnæ) flamma erumpit fumo mixta tam copioso, ut dum boreas spirat, melitam usque per aera illum sublimem propellat, ad LV millia passuum spatium.* Cicero de Nat. Deor. lib. II.

(2) *Volat per mare magnum cinis decoctus, & terrenis nubibus excitati transmarinas quoque provincias pulvereis guttis implevit.* Cassiodorus, lib. IV.

M. le Chevalier don *Joseph Gisenni* a fait une bonne Dissertation sur une pluie terreuse qui tomba en Sicile le 24 avril 1781, & qui forma une couche de deux ou trois lignes d'épaisseur sur tout ce qu'elle toucha. *Transactions philosophiques*, tome LXXII.

combuſtion des matieres inflammables; elles ne ſont point le réſidu terreux & ſalin de la combuſtion; ce ſont des parties terreuſes très-diviſées, chaſſées au loin par les courans de ſubſtances élaſtiques; elles ſont d'une fineſſe ſi grande, qu'elles pénetrent par-tout, & entrent par les moindres fiſſures; elles ſont très-incommodes pour ceux qui habitent auprès des volcans; elles s'inſinuent dans les armoires, & ſe mêlent même à leurs alimens.

Ces cendres blanchâtres, griſes, rougeâtres, ou noires, ſont de nature argileuſe; elles rougiſſent toutes par la calcination; elles contiennent ordinairement de trente à quarante pour cent en argile, le reſte eſt quartz avec un peu de fer; quelquefois elles donnent un indice de ſel ammoniac; elles ſont ductiles & peuvent être employées à faire des poteries; mêlées naturellement avec les ſables, ſcories, & pouzzolanes, elles les aglutinent, leur font prendre corps enſemble, & forment avec elles des maſſes aſſez dures qui reſſemblent aux pierres nommées *tufs* volcaniques; elles contribuent à rendre à la végétation les pays envahis par les laves, ou submergés par une mer de sable volcanique; elles sont fertiles au moment même où elles sont sorties des crateres, & peuvent réparer dans l'instant la stérilité que les torrens enflammés apportent toujours avec eux; cependant elles ne sont jamais entrées pour rien dans les calculs de ceux qui ont voulu présumer l'antiquité d'une lave, de l'épaisseur de la terre végétale qui la recouvre.

Variétés.

N°. I. Cendre grise, très-fine, douce au toucher, se gonflant & s'empâtant dans l'eau, rougissant dans le feu, & ayant les autres caracteres de la glaise; elle est le résidu de la pluie terreuse du 24 avril 1781.

N°. II. Cendre grise, rougeâtre, douce au toucher, se délayant dans l'eau & y prenant de la ductilité; elle est mêlée de sable noir volcanique; elle se trouve au pied du *Monte Nuovo*, près le ſommet de l'Etna.

N°. III. Cendre terreuſe grisâtre, moins fine & moins douce que les précédentes ; elle eſt mêlée de ſable volcanique & de fragmens de pouzzolanes ; elle ſe délaye dans l'eau, & y prend de la ductilité ; on en fait de la poterie groſſiere ; elle ſe trouve en quantité dans les campagnes au-deſſous des montagnes de la *Cirita*.

N°. IV. Cendres griſes blanchâtres, très-fines, fort argileuſes, ſe trouvent entre deux couches de lave près le village de Saint-Jean.

N°. V. Mélanges de cendres griſes, de ſable volcanique, & de fragmens de ſcories aglutinées enſemble, & faiſant une eſpece de tuf tendre ; on en trouve pluſieurs couches épaiſſes entre deux bancs de lave, derriere les Bénédictins de *Licatia* ; dans les endroits où la lave a repoſé immédiatement deſſus, ce mélange s'eſt rougi, & il forme de bonne pouzzolane.

CINQUIEME ESPECE.

Sables volcaniques.

DANS les produits des volcans on a toujours confondu les sables avec les cendres; cependant ils ne se ressemblent ni par le grain, ni par le poids, ni par la couleur, ni par aucune de leurs propriétés: les sables sont rudes au toucher; ils sont formés de grains plus gros, qui sont durs, pesans, incapables de contracter de liaison entre eux & de se dissoudre dans l'eau; ils paroissent être les derniers degrés du boursoufflement des laves & de leur scorification; ils sont le produit de la plus grande division que puissent recevoir les matieres scorifiées par la dilatation des vapeurs qui se dégagent; examinés avec attention, on les reconnoît pour des fragmens des mêmes scories qui forment les montagnes coniques. La plaine de *Nicolosi*, & toute la base du *Monte Nuovo*, à deux milles de distance, furent ensevelies par une couche de ce ſable, qui, dans quelques endroits, a vingt pieds d'épaiſſeur; les vents y forment des ondes comme celles de la mer: ils furent rejetés par l'irruption de 1669, & portés à différentes diſtances du foyer, à raiſon de leur volume; ceux qui tomberent au pied de la montagne, ſont encore de vraies ſcories, qui ne different des autres que par le volume; les grains s'arrondiſſent & diminuent de groſſeur à raiſon de leur éloignement de la montagne; ils ſont mêlés avec des fragmens de ſchorl de même poids. Les ſcories des crateres ſe diviſent elles-mêmes en fragmens, & deviennent ſemblables à ces ſables, avant de paſſer à l'état terreux, par l'effet d'une décompoſition lente, qui y eſt hâtée par les travaux de l'Agriculture.

On ne trouve point ſur l'Etna de ces ſables ferrugineux gris, luiſans, à grains ronds attirables à l'aimant, dont il y a une grande abondance ſur les rivages de Pouzzol & dans tous les ravins des campagnes de Rome. Aucun corps ne ſort de l'Etna qu'il n'ait éprouvé l'action du feu; si cette mine de fer eût existé dans les matieres qui ont formé les scories, elle y eût été scorifiée avec elles par l'action du soufre.

Variétés.

N°. I. Sable noir grossier, anguleux, rude au toucher, pesant; dur; il paroît un mélange de fragmens de scories, de schorl & de lave; il couvre toute la plaine au pied du *Monte Rosso.*

N°. II. Sable noir fin, dont les grains sont arrondis & moins rudes au toucher; on n'y reconnoît plus aussi aisément les fragmens des scories; il y a quelques écailles de schorl. Ce sable, un peu attirable à l'aimant, d'une couleur noire, mais sans aucun brillant métallique, se trouve à l'extrémité de la plaine de *Nicolosi*, & dans une infinité de parties de l'Etna; il se rassemble dans le fond des fossés & des ravins, où les eaux le déposent après l'avoir lavé & purgé des terres avec lesquelles il est souvent mêlé; on s'en sert pour sécher l'écriture.

N°. III. Sable rouge grenu, plus ou moins fin, arrondi, quelquefois d'une apparence un peu terreuse; on le trouve sur les levres des crateres qui sont au pied du *Monte Rosso*; les grains sont quelquefois foiblement aglutinés ensemble.

N°. IV. Sables à grains ronds assez durs, mélangés de noir & de blanc; les grains aglutinés ensemble forment une espece de pierre tendre; on en trouve des bancs dans le *Monte Rosso*, ils y ont des veines, ou petites couches paralleles; les inférieurs sont plus noirs & ont des grains plus gros que dans les supérieurs.

N°. V. Sable noir dont les grains sont gros, anguleux, durs & pesans; il est formé de fragmens de chrysolites, de schorl, de lave, & de scories, & se trouve dans le lit du torrent d'eau qui sortit, en 1755, de la sommité du mont Etna; on a annoncé faussement dans les relations de ce phénomene, qu'il étoit mêlé de corps marins: les recherches les plus scrupuleuses ne m'en ont pas fait trouver les moindres vestiges.

SIXIEME ESPECE.

Schorl en cristaux isolés.

On trouve, parmi les scories des crateres & les sables de l'Etna, une très-grande quantité de cristaux isolés de schorl noir; on est également étonné de leur nombre, de leur conservation dans un feu assez actif pour former les scories, & de la régularité de leur cristallisation. Plusieurs questions se présentent naturellement; mais aucun de ceux qui ont parlé de ces schorls n'a osé se les proposer, à cause de la difficulté de les résoudre. D'où viennent ces schorls? pourquoi se trouvent-ils en aussi immense quantité qu'ils le sont, par exemple, sur le *Monte Rosso*? quelle étoit leur base? étoient-ils ainsi isolés avant d'être attaqués par les feux souterrains? comment en sont-ils sortis aussi intacts? Les observations que j'ai faites sur les effets de la scorification des laves, & sur les moyens qui la produisent, m'autorisent à répondre d'une maniere précise, que ces schorls sont les mêmes que ceux qui se trouvent dans les laves compactes ; qu'ils étoient enveloppés dans la même base, & tous aussi adhérens que ceux qui y sont encore ; mais que cette base ayant été scorifiée sans que le soufre qui a produit cet effet ait pu agir sur les schorls, parce qu'ils ne contiennent pas une assez grande quantité de fer pour lui donner prise sur eux ; la matiere qui les renferme ayant été, en quelque sorte, détruite, ils sont restés libres & isolés, & ont été rejetés ainsi par les mêmes forces qui ont soulevé les cendres, sables & scories ; ceux de ces cristaux qui ont un poids semblable, retombent à la même distance du foyer ; c'est ce qui les rassemble, & ce qui les fait paroître dans une proportion bien plus grande qu'on ne devroit l'attendre de leur nombre dans les laves, dont ils ont fait partie. En les comparant, on voit qu'ils sont exactement de la même espece que ceux des laves ; on les retrouve dans tous les états de boursoufflement de ces laves, & il eſt aiſé d'imaginer le moment où la raréfaction de la matiere lui a fait lâcher priſe ſur eux, & où ils ſe ſont trouvés dégagés; quelque adhérence qu'ils ayent eue primitivement avec leur baſe, ce n'eſt point ſur eux ſeulement que cet effet ſe produit, mais encore ſur tous les corps hétérogenes des laves, lorſque le ſoufre n'a point de priſe ſur eux: dans les irruptions dont les laves ont renfermé des feld-ſpaths, des grenats, & des chryſolites, ces ſubſtances ſe trouvent libres dans les ſcories, avec les formes criſtallines qui leur conviennent.

Il eſt des criſtaux de ſchorl de l'irruption de 1669, qui n'ont pas éprouvé la plus légere altération ni à leur ſurface, ni dans leur intérieur; les faces ſont polies & luiſantes, leurs angles aigus, leur tiſſu ſerré & lamelleux, & leur forme d'une régularité parfaite: les plus peſans ſont retombés ſur la montagne, très-près du cratere; les autres ont été un peu altérés & bourſoufflés; ils ont perdu le poli & le luiſant de leur face, la perfection des angles; & leur tissu lamelleux; ils sont un peu boursoufflés dans le centre; ils sont moins durs & moins pesans, & ils sont tombés plus loin du cratere, dans les sables qui sont au pied du *Monte Rosso*.

Variétés.

N°. I. Cristaux isolés de schorl noir, dont les faces sont très-polies & luisantes, & les angles bien terminés; ils sont durs, leur tissu est lamelleux; ils ont quelques variétés dans leurs formes; ils se trouvent avec les scories sur les levres du *Monte Rosso*.

N°. II. Cristaux isolés de schorl noir, dont les faces sont ternes, un peu rudes, les angles moins parfaits; leur cristallisation d'ailleurs est la même; ils sont moins durs & moins pesans que les précédens; ils sont un peu boursoufflés dans le centre: ils se trouvent au pied du *Monte Rosso*, dans les sables qui couvrent la plaine du *Nicolosi*.

N°. III. Cristaux de schorl avec un

enduit jaune très-mince, ſemblable à un vernis qui les fait paroître dorés; ils ſe trouvent ſur le *Monte Roſſo*, dans la matiere volcanique altérée par les vapeurs, N°. VIII.

N°. IV. Criſtaux précédens, croiſés & groupés enſemble, tels qu'on les trouve auſſi dans l'intérieur des laves.

N°. V. Criſtaux de ſchorl noir groupés & croiſés avec des criſtaux de feld-ſpath blanc; on voit que la formation de ces deux ſubſtances eſt contemporaine, puiſque les criſtaux de l'une indiſtinctement pénetrent dans l'intérieur de ceux de l'autre.

Ces criſtaux de ſchorl, qui n'ont jamais plus de ſix lignes de longueur, ont quelques variétés dans leur forme; je vais les indiquer, en renvoyant pour leur deſcription circonſtanciée à la CRISTALLOGRAPHIE *de M. Romé de Liſle*, & je citerai les planches & les variétés auxquelles ils ſe rapportent.

a. Schorl noir à priſme hexagone & à ſommet diedre, &c. *Voyez* CRISTAL-

LOGRAPHIE, planche V, variétés 12; rare dans l'Etna.

b. Le même avec un prisme très-alongé; rare.

c. Cristaux de schorl uni, &c. *Voyez* CRISTAL, planche V, variétés 13; ils ont les prismes longs, tels ceux des modeles en terre cuite; ils sont communs.

d. *Idem*, avec des prismes beaucoup plus courts, communs.

e. Les mêmes avec des tronquatures plus ou moins profondes à l'angle de chaque sommet.

f. Les mêmes avec une ligne d'intersection bien marquée & assez profonde, qui paroît les diviser en deux.

g. Renversement d'une des moitiés des cristaux précédens, en macles. *Voyez* CRISTAL, planche V, variétés 18.

h. Maçle, planche V, variétés 18.

SEPTIEME ESPECE.

Criſtaux iſolés de feld-ſpath.

CES criſtaux de feld-ſpath, que j'ai le premier trouvés dans les ſcories de l'Etna, ont été dégagé de leur baſe par des moyens ſemblables à ceux qui en ont ſéparé les ſchorls; ils complètent la théorie de la ſcorification. J'étois convaincu que je devois en trouver dans les montagnes produites par les mêmes irruptions qui avoient donné les laves porphyritiques: je reconnus cette eſpece de lave dans le courant ſorti de la baſe de la montagne conique, dite *Montpelliero*; j'y fus chercher des criſtaux iſolés de feld-ſpath, & je les y trouvai en abondance vers le pied de la montagne, qui eſt le lieu où les ſcories ont à peu près la même peſanteur que les criſtaux; je les comparai à ceux des laves des cette irruption, & je les reconnus pour être exactement les mêmes; je ne les ai cherchés que dans cette montagne, & ceux que j'ai recueillis ſont tous à peu près de même forme. On trouveroit des variétés différentes dans les autres irruptions, & elles ſeroient relatives à celles des laves.

Variétés.

N°. I. Criſtaux iſolés de feld-ſpath griſâtre de ſix lignes de long; la forme, qui eſt priſmatique quadrilatere, terminée par deux plans paralleles; ils ſont très-rares dans les ſcories de *Montpelliero.*

N°. II. Feld-ſpath gris en criſtaux iſolés: ce ſont des ſegmens de priſmes quadrilateres, qui n'ont pas une ligne d'épaiſſeur ſur quatre ou cinq de largeur; plus communs.

N°. III. Feld-ſpath en criſtaux iſolés, irréguliers, formés par des lames carrées de ſix lignes de largeur, appliquées les unes ſur les autres, ſans que les angles & les faces ſe correſpondent; ce qui fait des corps applatis à contour irrégulier arrondi, ſemblables aux numiſmales; ils ſont très-communs au pied du *Montpelliero.*

HUITIEME

HUITIEME ESPECE.

Grains isolés de chrysolites.

Le même genre d'indication qui me fit trouver des cristaux de feld-spath dans les scories de *Montpelliero*, me fit chercher des chrysolites dans les irruptions dont les laves en contiennent; mais comme elles sont petites & moins pesantes que les deux précédentes substances, elles ont été portées plus loin; elles paroissent plus rares, parce qu'elles sont répandues sur un plus grand espace, & elles sont plus difficiles à trouver; cependant j'en ai recueilli une assez grande quantité dans les sables qui leur correspondent pour le poids; elles n'ont pas la moindre altération, parce qu'elles sont de nature à résister encore mieux que les schorls & les feld-spaths, au degré de chaleur des volcans.

Variétés.

N°. I. Prismes hexaedres de chrysolite verdâtre demi-transparente, assez dure pour couper le verre, & pour résister mieux à la lime que le cristal de roche : un des prismes a six lignes de longueur sur trois de grosseur, les faces sont striées & le tissu en est lamelleux ; on n'y voit pas d'apparence de pyramide : ces cristaux prismatiques sont très-rares.

N°. II. Fragmens irréguliers anguleux & arrondis, de chrysolites jaunes & verdâtres, quelques-uns de trois lignes de diametre : ces grains irréguliers se trouvent dans beaucoup de sables de l'Etna.

NEUVIEME ESPECE.

Breche volcanique.

L'ETNA paroît n'avoir jamais eu de ces irruptions boueuses si communes dans l'Italie, & qui ont formé les pierres à base argileuse, nommées *peperino :* on n'y trouve aucun vestige de ces breches nommées *tuffa*, formées dans les eaux par le mélange de la vase & des déjections volcaniques, quoiqu'elles soient assez communes dans les volcans éteints de Sicile: mais il y a quelques breches formées par le feu; les scories y ont réuni des morceaux de laves compactes & poreuses, & en ont fait des masses fort dures.

Variétés.

N°. I. Impasto volcanique formé par des scories noires, vitreuses, qui se sont incorporé des morceaux de laves compactes & poreuses de différens volumes, pour en former des masses assez dures: il se trouve auprès de différens courans.

N°. II. Impasto volcanique dont la base jaune, assez dure, caverneuse, paroît une scorie dont le fer s'est rouillé; elle a enveloppé des morceaux de différentes laves, & cette breche forme un massif considérable dans la montagne du château d'*Iaci*, au milieu des groupes de basaltes : cette breche contient beaucoup de zéolites.

N°. III. Impasto volcanique dont la base est une argile veinée de rouge & de blanc, qui s'est endurcie par un fort degré de cuisson ; elle renferme, à la maniere des poudingues, de gros morceaux de lave compacte, de roche noire argileuse, & de mine de fer spathique qui y est devenue noire & attirable à l'aimant. Cette breche se trouve en grande quantité & en gros blocs au pied du *Monte Rosso della Cirita*. Je n'ai pas pu reconnoître si sa base avoit reçu sa cuisson dans l'intérieur du volcan, d'où elle a pu être rejetée en morceaux isolés, ou si elle a été fortement chauffée par un courant de lave qui auroit passé dessus.

SECONDE CLASSE.

Productions de l'Etna dans ses temps calmes.

DANS la premiere division, nous avons examiné les produits de l'Etna dans les momens d'une grande agitation ; nous l'avons vu dans les convulsions d'un enfantement pénible : mais cet état violent ne dure pas toujours ; les irruptions cessent avec les phénomenes qui les accompagnent, & il leur succede un état de tranquillité & de calme, pendant lequel le volcan a un autre genre de production ; c'est alors qu'il revêt l'intérieur de sa bouche, de soufre de différentes couleurs ; il sublime des sels de plusieurs especes, & les dépose dans les fentes de son cratere, ou dans les cavités des courans de lave ; & il travaille lui-même à altérer & à détruire ses propres produits ; il continue à dégager des ſubſtances élaſtiques, mais elles n'ont plus la force d'ébranler la montagne; elles ſortent paiſiblement par ſon cratere, & celles qui ſont acides attaquent ſourdement les matieres qui ſont ſur leur paſſage; dans ce nouvel ordre de choſes, les produits volcaniques ne ſont pas moins intéreſſans que dans le premier; cependant ils ſont encore bien moins connus; je les diviſerai en cinq genres, qui le ſeront de nouveau pour diſtinguer les eſpeces. Le premier genre comprendra les ſubſtances élaſtiques aériformes; le ſecond, le ſoufre; le troiſieme, les ſels ſublimés; le quatrieme, les métaux ſublimés ou revivifiés; le cinquieme enfin renfermera les matieres volcaniques altérées par les vapeurs & les produits de leur décompoſition.

PREMIER GENRE.

Substances élastiques aëriformes.

Nous avons indiqué les phénomenes terribles que produit le dégagement des fluides élastiques pendant les irruptions; nous avons cru devoir leur attribuer presque tous les grands effets de ces temps de trouble & de désordre; mais nous n'avons pas pu déterminer, d'une maniere précise, la nature de ces substances; nous les avons jugées principalement inflammables, parce que telles sont celles qui sortent du soufre renfermé & fortement chauffé dans les vaisseaux clos: cependant elles doivent être un composé de toutes les especes de gaz qui peuvent être produits & dégagés par les acides vitriolique & marin: mais il est trop dangereux de s'approcher des bouches enflammées pendant les irruptions, pour qu'on puisse recueillir & analyser les fluides élaſtiques qui alors s'en dégagent, & nous ne pouvons les connoître que par analogie; lorſque le volcan a repris ſa tranquillité, l'accès de ces bouches devient facile : on peut recueillir de différentes manieres les gaz aériformes qui ſe dégagent par les fiſſures de ſon cratere, ceux qui occupent l'intérieur des grottes, & ceux qui font bouillonner ſes eaux; on les reconnoît autant par leur qualité particuliere, que par les combinaiſons qu'ils forment: voici leurs principales eſpeces.

J'ai cru inutile de rapporter toutes les expériences que j'ai faites avec ces différens gaz; elles tendoient à conſtater leur nature; une fois reconnue, je puis renvoyer à ce qu'on ſait de leur propriété particuliere.

PREMIERE ESPECE.

GAZ acide ſulphureux, ou air acide vitriolique: il ſe dégage dans une abondance extrême par les principales bouches du volcan; ſon odeur vive, piquante & suffoquante le fait aisément reconnoître sur les levres des crateres; il semble en interdire l'approche: il est mêlé avec la fumée; il est dangereux de se trouver sous le vent, enveloppé dans les tourbillons de cette fumée, on y court risque d'être suffoqué: cet air altere la couleur des scories dans l'intérieur du cratere, & il forme différentes combinaisons avec leur base; on peut le recueillir par les fissures des crateres: il éteint les bougies, &c.; il est absorbé par l'eau, à qui il donne une saveur acide; son résidu est un gaz phlogistiqué.

DEUXIEME ESPECE.

GAZ acide muriatique: quoique je n'aye pu le recueillir par les fissures qui sont dans le cratere de l'Etna, & par les trous qui sont au pied de la monticule, il doit y exister; on le reconnoît à son odeur particuliere, & plus encore à différens sels déliquescens, qu'il forme en se combinant avec différentes parties de la base des scories, qu'il altere lorsqu'elles sont sur son passage.

TROISIEME ESPECE.

GAZ ou air hépathique : sa quantité varie dans différentes époques ; il est très-abondant quelquefois sur l'Etna, dans d'autres momens les fumées n'en donnent plus aucun indice ; on le reconnoît principalement à sa propriété de noircir l'argent, & à son odeur désagréable, différente de l'odeur vive de l'air acide sulfureux ; il sort, & on peut le recueillir par les fissures où le soufre se sublime ; on le trouve en grande quantité dans les grottes de l'intérieur des laves, il en rend l'accès périlleux ; il seroit dangereux d'entrer dans ces cavités, sans essayer avec une lumiere si la flamme peut s'y soutenir ; souvent elle s'éteint subitement dès l'entrée.

QUATRIEME ESPECE.

GAZ ou air phlogistiqué : il se trouve dans le résidu des airs recueillis par les fissures & les trous du cratere, lorsqu'ils se sont combinés avec l'eau.

CINQUIEME ESPECE.

GAZ ou air inflammable : je n'en ai point pu avoir sur le sommet de l'Etna, où cependant il doit exister en grande quantité dans les temps d'irruptions ; mais j'en ai recueilli sur différentes eaux de cette montagne, dont il se dégage en occasionnant un bouillonnement, entre autres dans la fontaine dite *Santa Venere*, à deux milles d'*Iaci-Reale* ; lorsqu'on l'enflamme, il brûle lentement & avec un peu d'explosion sur la surface de l'eau où il bouillonne ; mais il ne sort pas en assez grande quantité pour faire une flamme constante. On me prit pour un Sorcier la premiere fois que je mis le feu à la surface de cette eau, dans les petits creux qui sont derriere le mur d'enceinte de la fontaine principale : l'eau est sulfureuse & salée, elle est couverte d'une pellicule de soufre.

SIXIEME ESPECE.

GAZ acide crayeux, ou air fixe : je ne sais s'il se trouve dans les courans de vapeurs qui s'élevent au sommet de l'Etna ; mais il existe en grande abondance dans différens endroits de sa base, sur-tout auprès de *Paterno ;* il se dégage en quantité immense, à travers une source d'eau froide, dite l'*acqua Rossa*, à laquelle il donne une très-forte saveur acidule ; il la fait vivement bouillonner ; il est extrêmement pur ; il ôte subitement la vie aux animaux, qui, séduits par la fraîcheur & la limpidité de l'eau, & par sa position ombragée par des joncs & des broussailles, viennent s'y désaltérer. On trouve souvent des lievres ou des oiseaux morts sur les bords des bassins qui renferment les sources.

L'air fixe produit des effets bien plus singuliers dans trois différens emplacemens auprès de *Paterno ;* ils sont distans d'un mille les uns des autres ; on les nomme *Salines*, du sel marin qui s'y forme pendant l'été. Une de ces salines est presque au pied de la montagne de *Paterno*, à trente pas de l'*acqua Rossa ;* on y trouve un espace stérile blanchâtre, à peu près rond, de trente ou quarante pas de diametre : la ſurface eſt horiſontale, un peu convexe ; le fond du ſol eſt un courant de lave noire, recouvert d'une couche d'argile, dont l'épaiſſeur varie depuis un pouce juſqu'à deux pieds ; dans cette argile ſont creuſés de petits baſſins de forme circulaire, dont le diametre eſt depuis un pouce juſqu'à trois pieds, & dont la profondeur eſt égale à l'épaiſſeur de la couche d'argile ; ils ſont remplis d'une eau trouble qui ſource d'en bas & qui ſe répand au dehors, par la pente que préſente cette ſurface convexe : cette eau tient en diſſolution une très-grande quantité de ſel marin, qui ſe coagule & criſtalliſe ſur la ſurface de l'argile pendant l'été : l'eau de tous ces baſſins a un bouillonnement violent ; dans ceux du milieu, qui ſont ordinairement les plus grands, l'eau eſt ſoulevée à plus d'un pied de hauteur ; elle forme de gros jets preſque continuels qui paroiſſent devoir inonder dans l'inſtant toute la plaine, & qui cependant ne fourniſſent point d'eau ; le dégagement violent de cette eau ne ſe fait pas toujours dans les mêmes bassins, il passe de l'un à l'autre; mais dans tous ceux où il y a de l'eau, il y a un bouillonnement continuel; quelquefois les bassins restent à sec, alors l'air n'y passe plus; & lorsqu'il se forme de nouvelles issues, il amene toujours de l'eau avec lui: cette eau est pendant l'été à la température de l'atmosphere; elle est plus chaude pendant l'hiver; l'air qui s'en dégage dans une abondance extrême, est du gaz acide crayeux pur, qui peut se combiner en entier avec l'eau.

La seconde saline, qui est distante d'un mille de *Paterno*, sur le chemin de *Mister-Bianco*, ressemble parfaitement au volcan d'air, dit *Macaluba*, que j'ai décrit il y a quelques années; les principales circonstances sont à peu près les mêmes que dans la premiere saline; le fond du sol est encore un courant de lave solide; mais la couche d'argile qui le recouvre est plus épaisse & plus ductile, l'eau y est moins abondante, ce qui produit des particularités remarquables: l'air, au lieu de sortir des baſſins pleins d'eau, en la faiſant bouillonner, ſe dégage du milieu des petits cônes d'argile, qui ont dans leur centre une ouverture en entonnoir, ſemblable à un cratere; l'air, en s'élevant en groſſes bules du fond de ces petits entonnoirs, eſt enveloppé d'une boue argileuſe; la bule éclate en arrivant à la ſommité du petit cône, & elle rejette en dehors une petite quantité d'argile liquide qui coule, à la maniere des laves, ſur le revers du cône; ici l'air fixe ou acide crayeux repréſente, dans ſes effets & en miniature, les effets du feu; les petites monticules coniques, dont quelques-unes ont un pied de hauteur, reſſemblent aux volcans; beaucoup de cônes deſſéchés, & où l'air ne paſſe plus, repréſentent les volcans éteints, &c. J'indique ici ſommairement ces phénomenes produits par l'air fixe, afin que les Naturaliſtes & les Phyſiciens qui ne pourront pas aller obſerver le volcan d'air de *Macaluba*, puiſſent s'en former une idée en voyant les ſalines de *Paterno*, qui reſſemblent à l'état calme de *Macaluba*; car ici il n'y a point de grandes irruptions : les pluies de l'hiver abattent les cônes, qui ne se relevent que pendant l'été, lorsque l'argile s'est un peu desséchée.

J'ai observé un grand nombre d'autres phénomenes produits par le dégagement des vapeurs élastiques ; j'en réserve les détails pour un Mémoire particulier ; je ferai seulement observer que ces substances aériformes ne sont pas constamment les mêmes, & qu'elles peuvent changer de nature en produisant toujours les mêmes effets apparens. Le fluide élastique de *Macaluba* me parut air fixe ou gaz méphitique : lorsque je l'observai en 1781, je n'y pus produire aucune inflammation ; on m'en apporta deux bouteilles en 1785 ; il se trouva être entierement air inflammable, qui brûloit avec une légere explosion.

DEUXIEME

DEUXIEME GENRE.

Soufre.

LES volcans brûlans conservent toujours une légere effervescence intérieure, & dans les momens même où ils paroissent dans un repos parfait, ils donnent encore quelques indices de leur inflammation: une fumée blanche sort alors du cratere, & elle éleve avec elle du soufre; elle en revêt l'intérieur de la coupe; elle le dépose aussi dans les scories de la monticule. Ainsi se sont formées toutes les mines de soufre de la province d'Italie, dite le patrimoine de Saint-Pierre (1).

(1) Les mines de soufre qui abondent en Sicile, ne sont pas des produits de volcans; elles n'ont pas été sublimées; leur formation appartient à la voie humide: le voisinage de l'Etna avoit fait présumer qu'elles dépendoient de ce volcan: si elles avoient quelques relations avec lui, ce ne seroit qu'en servant d'aliment à ses feux.

Cette ſublimation du ſoufre eſt plus abondante dans les volcans moitié éteints ou aſſoupis, tels que la *Solfatara* près de Naples, que dans ceux qui ont de fréquentes irruptions; l'Etna n'en forme que dans ſon principal cratere, & en petite quantité: ce ſoufre eſt jaune, d'une teinte plus ou moins foncée; il n'a point ces belles couleurs rouges & vertes qui teignent celui des autres volcans, parce qu'il n'eſt point mêlé d'arſenic, ſubſtance dont l'Etna ne donne aucun indice. Le ſoufre s'attache aux parois du cratere, ſous une forme pulvérulente; mais la chaleur le fait fondre & le réduit en maſſes ſemblables aux ſtalactites; quelquefois il eſt criſtalliſé: je ne puis y indiquer qu'un bien petit nombre de variétés.

Variétés.

N°. I. Soufre d'un jaune clair, pulvérulent, ou fleurs de ſoufre, ſemblables à celles produites par l'art: on le trouve ſur la ſurface de quelques laves & ſcories de l'intérieur du cratere, qui ont été blanchies par les vapeurs acides sulfureuses.

N°. II. Soufre cristallisé en octaëdres rhomboïdaux, formés par la réunion de deux pyramides quadrangulaires fort aiguës: ces cristaux, ordinairement très-petits, n'ont jamais plus de trois lignes de longueur; ils se trouvent dans les fleurs de soufre de la variété précédente, ils y sont rares.

N°. III. Soufre en masse jaune solide, sous forme de stalactites; il se coagule ainsi après la fusion des variétés précédentes, & il forme une croûte quelquefois assez épaisse sur les parois intérieures du cratere; une des cornes de la sommité de l'Etna étoit revêtue, en 1781, d'une écorce de ce soufre, il y brûloit tranquillement, & il donnoit une flamme blanche & claire pendant la nuit, qui, pendant le jour, ne paroissoit plus qu'une fumée blanche.

TROISIEME GENRE.

Sels ſublimés.

LES volcans ſubliment des ſels, & les dépoſent quelquefois dans les fentes de leur cratere ; mais c'eſt plus communément dans les cavités des laves que ces ſubſtances ſe trouvent ; je ne ſaurois dire comment elles y exiſtent : je ne puis décider ſi ces ſels appartiennent à la baſe des laves, ou s'ils y ſont accidentels ; je ſais ſeulement qu'on les trouve aſſez abondamment dans les cavités & dans les gerſures des courans de laves ; ils y ſont attachés aux ſcories qui forment la voûte de ces cavités ; on les va recueillir auſſi-tôt que les laves ſont aſſez refroidies pour permettre l'accès des eſpaces vides qui ſont entre le corps du courant & ſes ſcories ; il eſt évident que ces ſels s'y ſont formés, pendant le refroidiſſement, par une ſublimation ; ils s'y ſont élevés du corps de la lave ; mais je ne ſaurois dire quel rôle ils jouoient dans la fuſion. Ces ſels ſont de différentes eſpeces : les uns, très-déliqueſcens, ſe reſolvent bientôt en liqueur, & on ne les retrouve plus lorſque la lave eſt entierement refroidie ; les autres ſe conſervent jusqu'à ce que l'infiltration des eaux de pluie les diſſolvent.

ESPECES.

N°. I. Sel ammoniac blanc très-pur, en maſſe de forme irréguliere, ſtriée intérieurement ; la ſurface caverneuſe eſt parſemée de petits criſtaux cubiques, ou ébauches de criſtaux, creux dans leur intérieur, qui reſſemblent à ceux du ſel marin ; leur forme m'avoit trompé & m'avoit fait méconnoître leur nature : cette erreur a été relevée avec raiſon par M. Faujas de Saint-Fond. Cette forme de criſtalliſation appartient auſſi au ſel ammoniac, & j'ai reconnu depuis que ces criſtaux en étoient véritablement.

On trouve encore du ſel ammoniac d'une couleur griſe ſale, taché par des matieres noires fuligineuſes; il a les mêmes ébauches de criſtaux cubiques.

Ce ſel eſt très-commun dans les laves de l'Etna, j'en ai recueilli moi-même beaucoup dans les cavités de plusieurs courans de nouvelle date; il y eſt adhérent au haut des voûtes; on l'employe aux mêmes uſages que le ſel ammoniac préparé par l'Art; il fournit une égale quantité d'alkali volatil: on ne peut s'empêcher de ſe demander d'où vient cet alkali volatil? La réponſe n'eſt pas facile: M. Bergmann dit qu'il indique des ſubſtances végétales dans les matieres volcaniques.

N°. II. Sel ammoniac martial, eſpece d'*ens-martis*, ou fleurs ammoniacales martiales: c'eſt du ſel ammoniac lamelleux, teint en jaune & en brun par la chaux de fer; on le trouve dans les mêmes circonſtances que les précédentes; la chaux de fer le rend plus déliqueſcent, & il ſe conſerve moins long-temps ſous la forme concrete; il eſt aſſez commun dans les nouvelles irruptions; mais il faut le recueillir avant qu'il soit entierement refroidi.

N°. III. Sel ammoniac cuivreux, ou fleurs ammoniacales cuivreuses; c'est du sel ammoniac teint en bleu par le cuivre: je l'ai trouvé, dans les cavités de l'irruption de 1781; c'est le seul indice de cuivre que m'eût jamais donné ce volcan.

N°. IV. Vitriol ammoniacal: j'en ai trouvé assez souvent parmi les sels ammoniacaux des especes précédentes; comme il a la même forme, ce n'est que par l'analyse qu'on peut le découvrir; cependant il rend les masses de sel ammoniac, avec lequel il est mêlé, plus susceptibles d'attirer l'humidité de l'air, & plus sujettes à tomber en *déliquium*.

N°. V. Sels déliquescens; on les trouve également parmi les scories & dans les cavités des courans; mais il faut les chercher lorsque les laves sont encore chaudes: ils tombent en *déliquium* aussi-tôt qu'elles sont refroidies; ils mouillent les scories d'une eau qui paroît grasse au toucher. Dans l'analyse que j'ai faite de ces sels déliquescens, j'ai trouvé que leur acide étoit ordinairement le muriatique, rarement le vitriolique; leur base est mélangée de chaux de fer, de terre calcaire, & de magnésie; on pourroit les appeler sels muriatiques martiaux, calcaires, magnésiens; lorsqu'ils sont en *deliquium*, ils sont épais & savonneux au toucher, comme les huiles.

N°. VI. Sel alkali minéral aéré, blanc, très-pur, en masse friable; je l'ai recueilli en assez grande quantité auprès de *Bronte*, dans les cavités d'un courant déjà ancien; ce sel, qui n'éprouve à l'air aucune décomposition, & qui n'attire point l'humidité de l'air, se conserve très-long-temps dans les laves; je l'ai trouvé aussi dans quelques cavités du courant de 1781; il se comporte, dans toutes ses combinaisons, comme le sel alkali minéral ordinaire.

J'avoue que ce sel a été la production de l'Etna qui me surprit le plus. Comment se trouve-t-il dans de telles circonstances? comment ne s'est-il pas combiné avec les vapeurs acides de différentes espèces, si communes dans les volcans? pourquoi n'est-il pas uni à l'acide muriatique, de préférence à l'alkali volatil? S'il vient du sel marin, comment s'est-il dégagé de son acide? Je me suis fait toutes ces questions, mais je n'ai pu y répondre que par des conjectures trop vagues pour être rendues publiques.

QUATRIÈME GENRE.

Métaux sublimés.

Les substances inflammables & salines ne sont pas les seules qui soient susceptibles de se sublimer par l'action du feu volcanique, plusieurs métaux peuvent éprouver le même effet. Nous avons déjà vu des chaux de fer & de cuivre unies au sel ammoniac; quelques métaux peuvent s'y trouver encore, ou minéralisés, ou sous forme & apparence métallique; peut-être tous seroient susceptibles de se sublimer ainsi, s'ils étoient assez abondamment dans les volcans; mais jusqu'à présent on n'a trouvé que le fer dans cet état; il est alors demi minéralisé, c'est-à-dire, il jouit de sa couleur, de son action sur l'aimant; mais il n'a point de ductilité, & il n'est pas susceptible de se rouiller; il est dans un état semblable à celui des cristaux de fer, qui, selon la belle observation de M. Fontana, se forment par le passage des vapeurs de l'eau dans un canon de fusil en incadescence; l'acide marin est ici le principal agent de cette sublimation du fer, que M. le Duc d'Ayen & M. Pelletier ont parfaitement imitée en distillant à grands feux des sels muriatiques martiaux. Si les fleurs ammoniacales martiales, dont j'ai parlé dans le genre précédent, avoient reçu un coup de feu assez vif, le sel ammoniac auroit pu se détruire, & il seroit resté des cristaux de fer spéculaires. M. de Larbre, Médecin de Riom, a donné, dans le Journal de Physique, tome XXIX, un excellent Mémoire sur la formation des fers spéculaires dans les laves de l'Auvergne; ils ne sont pas, à beaucoup près, aussi communs sur l'Etna que dans les volcans éteints de la France; je ne les y ai trouvés que dans deux seules circonstances.

Variétés.

N°. I. Cristaux de fer spéculaire sur des blocs de laves compactes porphyritiques, variétés 12, 13 & 14; ils appartiennent à un courant qui se termine dans les escarpemens d'*Iaci-Reale*; c'est là où, pour la premiere fois, j'ai observé, en 1781, ce genre de sublimation: plusieurs blocs de lave exposés au soleil avoient des lames ou écailles brillantes qui attirerent mon attention; je les reconnus pour être une espece de fer spéculaire, mais je ne pouvois m'imaginer par quel moyen il avoit été formé; j'avoue même que je penchois pour la voie humide, jusqu'au moment où je trouvai du fer dans le même état sur quelques scories du *Monte Rosso*; je ne pus plus douter alors que ce ne fût une ſublimation ; & les Obſervations de M. de Faujas ſur la même ſubſtance (antérieures aux miennes, mais que je ne connus que lorſqu'il publia ſa *Minéralogie des Volcans*) me confirmerent dans cette opinion, qui a été appuyée depuis par les expériences de M. Pelletier & de M. le Duc d'Ayen.

Le fer adhérent aux laves d'*Iaci-Reale* eſt quelquefois en petites écailles minces, luiſantes, ſemblables à celles du mica; elles ont l'apparence d'être incorporées dans la lave, & même elles y pénetrent par les petites cavités dont ſa ſurface eſt percillée; ſur d'autres blocs les cavités ſont plus conſidérables, les écailles de fer ſont plus grandes, ſans cependant excéder une ligne & demie de diametre; elles ſont exagones, très-régulieres, aſſez dures, & un peu attirables à l'aimant; tous les blocs de lave ſur leſquels on trouve ces écailles de fer ſpéculaires, ſont déplacés, & il eſt impoſſible de ſavoir quelle étoit leur poſition dans le courant, qui d'ailleurs eſt enſeveli ſous beaucoup d'autres laves; c'eſt par la ſeule chaleur de la lave que ce fer peut s'y être sublimé, & non par les vapeurs d'une bouche enflammée; car la partie du courant où il se trouve est distante de plusieurs milles de tous les crateres.

N°. II. Scories rouges & blanches, altérées & ramollies par les vapeurs acides, sur lesquelles il y a des lames brillantes de fer spéculaire en petites écailles minces & irrégulieres; je les ai trouvées dans l'intérieur du cratere du *Monte Rosso*; il est évident que ce fer a été sublimé dans le même temps que les vapeurs acides altéroient les laves.

CINQUIÈME GENRE.

Substances volcaniques altérées par les vapeurs, & produits de leur décomposition.

MONSIEUR le Chevalier Hamilton a découvert le premier les effets des vapeurs sulfureuses sur les laves, & le ramollissement qu'elles y produisent. M. Ferber

grand l'altération des laves; les bouches principales s'étant obstruées, les vapeurs se font passage à travers le corps des montagnes, & agissent sur la totalité des matieres qui les composent. Dans l'Etna, où les vapeurs prennent une libre issue par l'ouverture de son immense cratere, ce genre d'altération est moins commun, & il n'a ordinairement lieu que sur les scories & laves qui sont dans l'intérieur de ses bouches; mais alors ces vapeurs agissent également sur leur couleur, leur densité & leur dureté, par l'altération qu'elles y operent; elles décorent l'intérieur des crateres de cette variété de couleurs rouges, blanches, jaunes & violettes, qui contrastent avec la teinte noire & sombre des scories de l'extérieur; le plus ordinairement la décomposition des laves diminue leur pesanteur & leur compacité par la soustraction de quelques parties constituantes; quelquefois cependant elle l'augmente. Les laves un peu poreuses peuvent devenir compactes par le gonflement des molécules calcaires qui augmentent de volume en formant

du

du gypse, & remplissant les intervalles vides ou les pores de la lave, la pierre se gerse & se fend par l'effet de ce gonflement intérieur.

Comme les effets & les progrès de cette décomposition varient à l'infini, & qu'elle occasionne une grande diversité de teintes dans les matieres qu'elle attaque, on pourroit multiplier extrêmement les échantillons de ce genre de productions volcaniques; mais il suffit d'en indiquer les principaux accidens, & je ne parlerai que des plus importantes variétés de ce genre de décomposition, & de quelques produits de nouvelles combinaisons.

Variétés.

N°. I. Blocs de pierres pesantes, dures & compactes, mêlées de blanc & de jaune; la couleur de ces pierres feroit croire qu'elles sont pénétrées de soufre, quoiqu'elles n'en contiennent point; elles ont dans leur intérieur un grain fin, serré & terreux, mêlé de quelques petites écailles blanches gypseuses ; il y a quelques petites taches rouges que l'on reconnoît à leur forme pour avoir été des criſtaux de ſchorl qui ſe ſont décompoſés : cette lave altérée eſt aſſez dure pour être ſuſceptible du poli ; alors elle reſſemble à un marbre, & ſi on ne connoiſſoit pas ſes circonſtances locales, on ne pourroit jamais croire qu'elle appartînt au volcan ſous aucun rapport. On la trouve en très-gros blocs au pied du *Monte Rosso* ; ils ont été rejetés pendant l'irruption de 1669.

On trouve auſſi des blocs de pierres jaunes compactes & un peu poreuſes dans le cratere du ſommet de l'Etna ; elles ſont remarquables en ce qu'elles paroiſſent pénétrées de ſoufre, quoique leur couleur ne ſoit qu'un effet de leur décompoſition.

N°. II. Subſtances cellulaires légeres, aſſez tendres, d'une couleur jaune ſi vive, qu'on les prendroit pour du ſoufre pur ; on eſt étonné de voir qu'elles n'en contiennent point : ce ſont des ſcories ſpongieuſes de l'intérieur du cratere de l'Etna, altérées par les vapeurs ſulfureuſes.

N°. III. Matieres compactes très-légeres, d'un grain terreux & argileux, tendre, happant à la langue, s'amolliſſant dans l'eau, & y prenant de la ductilité; il y en a de blanches, de rouges, de jaunes, de marbrées de ces différentes couleurs; on en trouve de gros blocs dans l'intérieur du cratere du *Monte Roſſo*. Lorſque ces matieres, altérées par les vapeurs ſulfureuſes, ſont de nouveau chauffées par le volcan, elles prennent un grain rude & ſec qui reſſemble à celui de la pierre ponce.

N°. IV. Lave dont la décompoſition eſt moins avancée que dans les variétés précédentes; l'intérieur, plus dur, eſt d'une couleur mélangée de gris & de blanc; les criſtaux de ſchorl y ſont ramollis, quoiqu'encore noirâtres; de l'intérieur du cratere du *Monte Roſſo*.

N°. V. Matieres cellulaires blanches très-légeres, en petits volumes; on les reconnoît pour être de petites ſcories de cratere, qui ont été blanchies & ramollies ſans perdre leur forme; du même lieu.

N°. VI. Scories légeres rougeâtres, en petits morceaux, enveloppées d'une incruſtation de gypſe blanc, en petits filets ſtriés & ramifiés; du même lieu.

N°. VII. Les mêmes ſcories ſont poudrées, & leurs cavités remplies d'une ſubſtance farineuſe blanche, qui eſt un mélange d'argile & de gypſe en poudre; du même lieu.

La formation du gypſe dans ces deux dernieres circonſtances, paroît plutôt appartenir à une ſublimation qu'à une décompoſition.

N°. VIII. Subſtance d'un beau jaune compacte, quoique très-légere, unie & luiſante dans ſa caſſure conchoïde, comme celle de la pierre de poix, mais très-tendre, & ſe rompant ſous le moindre choc: on trouve dans quelques gerſures une matiere blanche, gélatineuſe, ſemblable à la graiſſe ou à la cire; elle en a la molleſſe & l'onctuoſité; elle eſt inſipide; expoſée à l'air, elle s'y desseche, diminue beaucoup de volume, & devient dure; elle ne fait point d'effervescence avec les acides. J'ai eu trop peu de cette matiere singuliere, pour en tenter l'analyse. La terre jaune qui lui sert de matrice, paroît devoir le luisant de sa cassure à la pénétration de cette substance d'apparence graisseuse; car où elle manque, le grain & la cassure sont terreux : cette substance & la terre de sa base sont sûrement les produits de la décomposition par les vapeurs acides; mais ils sont d'un genre nouveau, que je n'ai encore rencontré que dans cette seule circonstance; je les ai trouvés sur les levres du cratere du *Monte Rosso*. La terre jaune y est en assez grande quantité: on pourroit l'employer dans la peinture; elle soutient bien sa couleur lorsqu'elle est broyée avec l'huile.

N°. IX. Différentes matieres volcaniques ramollies & blanchies par des vapeurs acides, entre autres des laves compactes; elles ont pris la consistance & la ductilité de l'argile; elles ont des veines rouges & jaunes, provenant du fer qui les coloroit; elles sont en mmense quantité auprès de la montagne dite *Rocca di Musara*, dans l'ancien cratiere de l'Etna.

N°. X. Incrustation de mine de fer limoneuse de différentes épaisseurs, sur des blocs de lave altérés; c'est le fer colorant des laves, dissous par un acide, & ensuite précipité en chaux terreuse; du même lieu.

N°. XI. Terres blanches, d'une consistance argileuse, qui ont une saveur salée alumineuse; elles contiennent une portion d'alun, qui s'y est formée par l'union de l'acide vitriolique avec l'argile des laves décomposées; du même lieu.

N°. XII. Vitriol de mars: il se trouve dans quelques laves décomposées & réduites en état terreux par l'action des vapeurs acides.

N°. XIII. Incrustations & veines gypseuses dans les laves décomposées.

N°. XIV. Substances cellulaires quartzeuses, assez dures, blanches & rouges; elles sont les résidus de la décompoſition des laves, lorſque les acides en ont ſouſtrait l'argile, les terres calcaires & de magnéſie, & le fer; la ſubſtance quartzeuſe, réduite à ſes élémens, ſe rapproche, ſe réunit, & s'agglutine de nouveau. Ce dernier réſultat de la décompoſition, ou de l'analyſe naturelle des laves qui ſe trouvent aſſez communément aux étuves de Lipari, exiſte en quelques petits groupes, dans les laves décompoſées de l'Etna, auprès de la *Rocca di Muſara*.

TROISIEME CLASSE.

Matieres volcaniques qui éprouvent des altérations & des modifications indépendantes de l'inflammation.

Il n'eſt aucun corps dans la Nature qui puiſſe reſter conſtamment dans le même état; ceux mêmes que nous ſuppoſons les moins expoſés aux dégradations, les corps les plus durs, les plus solides, semblent porter avec eux les principes de leur destruction. Rien n'est dans un repos parfait : il n'y a pas une molécule de matiere qui n'éprouve l'action de deux forces contraires, l'une qui tend à rapprocher les parties similaires, l'autre qui cherche à les éloigner ; ces efforts, opposés & modifiés de mille manieres différentes, operent toutes les nouvelles combinaisons que nous voyons se former journellement, & ils alterent tous les composés. Les produits des volcans sont destinés, comme tous les autres corps, à recevoir de nouvelles modifications ; à peine sont-ils sortis des foyers embrasés, qu'ils sont livrés à de nouveaux agens qui travaillent à détruire ce que l'inflammation souterraine a formé. La Nature, par la voie humide, opere sourdement de grandes altérations dans l'ouvrage du feu ; son action est lente, mais elle n'est que plus sûre ; & comme elle a le temps à sa disposition, elle arrive toujours à ses fins. Nous allons observer les matieres volcaniques sous ce nouveau rapport, & nous les suivrons dans un genre d'altération qui est comme spontané, & qui est indépendant de leur inflammation; elles subissent alors la loi générale, indépendamment des vapeurs; & leur décomposition est semblable, dans ce cas, à celle qu'éprouvent toutes les pierres exposées à l'air, sur-tout les roches de corne (1). Nous examinerons aussi les modifications de forme que reçoivent les laves par les accidens de leur refroidissement.

J'établirai trois genres dans cette division: le premier comprendra les matieres qui s'alterent par le concours de l'air, de l'eau, & des vicissitudes de l'atmosphere, & leur nouvel état; dans le second je placerai les matieres qui se forment dans

(1) Le silex, quoique très-dur, quoique formé par une surabondance de matiere quartzeuse, est soumis à la même loi de la décomposition; les surfaces s'alterent, prennent un grain terreux, & paroissent changer de nature. J'ai trouvé, dans la montagne de Tarare en Lyonnois, un pétro-silex en masse, extrêmement dur & scintillant, couvert d'une écorce terreuse de plus d'un pouce d'épaisseur, qui venoit de sa décomposition au contact de l'air.

les laves par l'infiltration de l'eau & par la diſſolution de quelques-unes de leur parties conſtituantes ; le troiſieme ſera pour les formes régulieres que prennent les laves ſolides, ſoit pendant leur refroidiſſement, ſoit par l'effet de la décompoſition.

PREMIER GENRE.

Matieres volcaniques altérées ſpontanément au contact de l'air, ou par les influences de l'atmoſphere.

Les ſubſtances volcaniques ſont d'autant plus promptement attaquées par les différentes cauſes de dégradation qui agiſſent ſur elles, qu'elles ſont plus légeres, plus friables, moins vitrifiées, plus argileuſes & plus ferrugineuſes ; aucune de ces circonſtances ne doit être négligée lorſqu'on veut former un calcul ſur le temps néceſſaire pour la décompoſition des matieres volcaniques ;

chacune d'elles établit une différence considérable dans la promptitude de cette décompofition ; & lorfqu'on ne réunit pas toutes ces données, on ne peut faire que des calculs faux ou incertains. Il faudra des milliers d'années pour former une couche de terre propre à la végétation, d'un pouce d'épaiffeur, fur un courant de lave qui aura peu de fcories; deux fiecles fuffiront pour rendre à la végétation un autre courant couvert de matieres poreufes & friables. L'expofition du courant change auffi fa facilité à fe décompofer: celui qui fera placé au midi & qui fera rarement pénétré par l'humidité de l'air & par les pluies, réfiftera davantage que celui qui éprouvera fouvent le paffage du froid au chaud & du fec à l'humide; cette viciffitude alternative dans l'état de température, ce paffage, de la féchereffe à l'humidité, établit à la furface des courans un continuel mouvement de dilatation & de condenfation, qui rompt l'union des parties conftituantes & facilite leur féparation.

Lorſque la végétation commence à s'établir ſur les matieres volcaniques, elle hâte beaucoup les progrès de la décompoſition, ſoit en y entretenant une certaine humidité, ſoit en rompant l'union des parties par l'effort que font les racines en cherchant à pénétrer dans leur intérieur; il eſt donc réellement impoſſible de fixer l'âge d'une lave, par la ſeule inſpection de la couche de terre végétale que ſa décompoſition ſpontanée peut y avoir formée. J'ai déjà dit qu'une pluie de cendre pouvoit rendre à l'Agriculture la ſurface d'un courant de lave, qui, ſans elle, auroit été condamné à une ſtérilité abſolue pendant des milliers d'années. Je connois des courans de lave qui ont plus de deux mille ans d'ancienneté, dont la ſurface ſeche & aride n'a encore permis à aucune plante de s'y fixer; pendant qu'il en eſt d'autres qui n'ont pas quatre cents ans, & qui ont déjà admis la végétation la plus vive.

Les ſcories des crateres ont, dans les progrès de leur décompoſition, une marche plus uniforme; les monticules coniques, toutes composées des mêmes matieres légeres & friables, tardent moins à devenir propres à la végétation; deux ou trois siecles suffisent pour altérer suffisamment le mélange de cendres, sables & scories dont ils sont formés, & pour leur donner une fertilité extrême; on peut même hâter cet effet par la culture: après cent ans d'âge, le *Monte Rosso* a commencé à être planté de vignes.

La décomposition lente des laves & autres matieres volcaniques, par la seule influence des vicissitudes de l'atmosphere, est un effet presque semblable à celui qu'operent, en bien moins de temps, les vapeurs acides sulfureuses. Ces matieres se ramollissent & paroissent se changer en argile; cette transmutation n'est encore qu'apparente, ce n'est encore qu'une séparation des parties constituantes, qui rend à l'argile la propriété d'absorber l'eau & de s'enfler dans ce fluide, sans que cependant sa quantité soit augmentée; le fer, la matiere silicée, & la petite quantité de magnésie & de terre calcaire subsistent presque dans les mêmes proportions, après la décomposition & le changement en état terreux, que dans l'état de solidité des laves.

Après l'argile, c'est le fer qui est le principal *latus*, sur lequel les agens de la décomposition des laves ont pris; il est même ordinairement attaqué le premier dans les laves solides; il éprouve une espece de rouille qui grossit son volume & rompt sa liaison avec les autres matieres. Il y a des laves dans lesquelles le fer est très-susceptible de cet effet, & d'autres dans lesquelles la rouille n'a point de prise sur ce métal, quoiqu'il y soit tout aussi abondant, & qu'il agisse également sur l'aiguille aimantée; le fer y est peut-être dans un état de combinaison semblable à celui où se trouve la mine de fer grise, en masse & sablonneuse: quoique cette mine possede la quantité de phlogistique nécessaire pour agir sur l'aiguille aimantée, elle ne se laisse point attaquer par la rouille, pendant que la limaille du fer le plus pur se déphlogistique en très-peu de temps, avec le concours de l'humidité.

Les laves qui commencent à se décomposer prennent une couleur brune; leur grain paroît plus gros & plus terreux; elles n'agissent plus sur l'aiguille aimantée, & elles font difficilement feu avec le briquet; quelquefois elles se décolorent presque entiérement, & le fer est emporté par les eaux & déposé dans les fentes sous forme d'hématites: cependant on peut en général reconnoître les terres formées par le ramollissement des matieres volcaniques, opéré par la voie humide, & les distinguer de celles produites avec le concours des vapeurs acides, par la couleur rougeâtre ou brune foncée qu'elles ont presque toujours; on peut aussi, par cette même couleur, les distinguer des cendres argileuses lancées par les crateres, qui sont ordinairement blanchâtres ou grisâtres.

Il faut que les proportions des substances qui entrent dans la composition des laves, soient les plus propres possibles à la végétation; car rien n'est comparable à la fertilité des terres volcaniques : ce n'est pas, comme on le dit communément, parce qu'elles renferment essentiellement plus de sels que les autres; ce n'est point encore parce que ces terroirs sont échauffés par la chaleure intérieur, car il n'en subsiste plus dans les volcans éteints, qui sont également fertiles; mais ces terreins sont très-productifs, parce que le mélange des différentes terres qui résultent de la décomposition des matieres volcaniques, fait que le sol n'est ni trop meuble ni trop compacte; il entretient long-temps le degré d'humidité le plus propre à la végétation des plantes, & d'ailleurs il a la faculté de se combiner avec les sels de l'atmosphere : ce sont ces seules propriétés qui déterminent la fécondité d'une terre, & tous les travaux de l'Agriculture ne tendent qu'à la lui procurer (1).

(1) Il y a une singuliere analogie entre les procédés les plus propres à se procure une production abon-

La fertilité des terres volcaniques de l'Etna est un sujet d'admiration pour tous ceux qui observent cette montagne (1); aucun pays dans le monde n'est aussi riche; nulle part la végétation n'est ni aussi forte ni aussi abondante (2). Rien

---

dante de nitre, & ceux que l'on employe pour fertiliser les terres; dans ces deux cas, il est également nécessaire de présenter souvent des surfaces nouvelles aux influences de l'atmosphere; il faut également mêler avec les terres, des substances végétales ou animales en putréfaction; il faut entretenir une certaine humidité : la ressemblance de ces opérations indique que l'influence de l'atmosphere sur les terres préparées pour la culture, est la même que celle qu'il a dans la production du nitre. Dans le royaume de Murcie en Espagne, j'ai vu des terrains que l'on avoit préparés, incertain encore si on les semeroit en blé, ou si on les priveroit de la végétation, pour se procurer, après un certain temps, des terres propres à être lessivées pour la fabrication du nitre.

(1) *Fertilitatem & amænitatem ad eumdem montem conspexi tantam, quantam nullibi alias in totâ Insulâ.* Claverius, Sici. anti.

(2) *Nullibi camporum ubertate fecundior spectatur Sicania, quam Ætnæ appendicibus, ubi opulentia & feracitas certam sibi sedem fixere, ubi camporum fecunditas, ubi amœna arva, mira ubertate feracia affluenter, incolis sunt in solatium & escam, &c.* Botene, Pyrol.

n'égale la beauté des campagnes de Catagne, de Mascali, & de toute la base de l'Etna, au sud & à l'est; la vivacité de la verdure contraste par-tout avec la couleur obscure du sol: cette couleur noire contribue encore à la fertilité, en absorbant les rayons solaires qui servent à la formation des sels, & qui agissent, d'une maniere particuliere, sur l'accroissement des plantes. C'est cette extrême fécondité qui retient, sur un sol sans cesse agité, les habitans qui le cultivent; c'est elle qui fait oublier l'effroi qu'inspirent les grandes irruptions, & les craintes qu'elles donnent d'une entiere dévastation: lorsque le danger a été le plus imminent, lorsque les agitations de la montagne ont été les plus fortes, on se croit préservé pour long-temps d'un pareil fléau; & le spectacle d'une lave nouvelle, qui est venue imprimer l'image du Tartare sur les terrains les plus productifs, n'afflige que ceux dont la fortune a été la proie des feux; les autres se consolent dans leurs richesses & dans la satisfaction d'être échappés au désastre qui paroissoit devoir être général.

La décomposition naturelle ou spontanée des matieres volcaniques ayant une marche différente, selon leur densité, leur poids & leur volume; les scories & laves poreuses s'altérant plus promptement & plus completement que les laves qui sont pesantes & compactes, j'en ferai deux especes distinctes.

PREMIERE ESPECE.

Matieres volcaniques légeres & poreuses, décomposées par la seule influence de l'atmosphere.

Nous avons déjà dit que les scories, les cendres, sables, & autres matieres friables sont les premieres à éprouver les effets de la décomposition spontanée: réduites naturellement en petits fragmens, elles présentent plus de surface; moins dures, elles ressentent plus facilement ce jeu alternatif de dilatation & de condensation, opéré par le passage successif du chaud au froid, qui rompt la liaiſon des parties, & les ſépare; les laves ſpongieuſes du courant ſont dans le même cas; la multiplicité de leurs pores les rend toutes ſurfaces, & diminue leur dureté; les premiers progrès de la décompoſition dans ces ſubſtances forment une terre qui, mêlée avec les parties encore intactes, y entretient l'humidité, & hâte ainſi le ramolliſſement & l'altération des autres; de cette maniere ſe ſont formées preſque toutes les terres végétales de l'Etna; il ne peut pas y avoir parmi elles beaucoup de variétés eſſentielles, puiſqu'elles ont toutes à peu près la même baſe; la couleur de ces terres eſt ordinairement brune noirâtre, quelquefois rougeâtre; elles ſont fortes & compactes; elles peuvent ſe pétrir dans l'eau, & y prendre de la ductilité; la partie argileuſe s'y diſſout, les grains de ſable & les ſcories ſe précipitent; & les meilleurs terrains ſont ceux où l'argile & les autres matieres non décompoſées ſont à peu près en proportion égale.

Variétés.

N°. I. Terre végétale brune noirâtte, mêlée de fragmens de scories & de sables volcaniques: telles sont celles des environs de Catagne; elles sont singulierement fertiles.

N°. II. Terre végétale brune rougeâtre, mêlée de fragmens de scories & de sables volcaniques; on la trouve dans quelques campagnes auprès de *Mascali*.

N°. III. Terre végétale noirâtre, dans laquelle domine beaucoup la proportion des scories & sables volcaniques; ce qui la rend plus légere & moins compacte que les précédentes; elle est principalement propre à la culture des vignes & à l'accroissement des arbres: telles sont celles des cônes volcaniques qui ont trois ou quatre siecles d'ancienneté.

N°. IV. Terre végétale grisâtre; elle est mêlée de cendres volcaniques argileuſes, de terre de décompoſition, & de ſables volcaniques : telles ſont celles des campagnes au-deſſous des campagnes de la *Cirita ;* elles ſont un peu moins fertiles que les autres.

N°. V. Scories ſpongieuſes des courans, dont la ſurface s'eſt ramollie & a commencé à admettre la végétation ; un lichen gris, de deux pouces de hauteur, y végete ; ſes racines ligneuſes cherchent à pénétrer dans l'intérieur, & font effort pour ſéparer les parties. C'eſt après quatre-vingts ans d'âge que les ſcories du courant de 1669 ont commencé à être couvertes de ces lichens, qui deviennent d'autant plus abondans, que les ſcories ſont plus anciennes ; leur detritus remplit les cellules, & les prépare à recevoir d'autres plantes.

DEUXIEME ESPECE.

Laves & autres matieres volcaniques solides, décomposées par la seule influence de l'atmosphere.

Les laves compactes peuvent résister pendant une longue suite de siecles aux influences de l'atmosphere, sans y recevoir aucune altération; nous le voyons dans des ruines d'édifices qui ont plus de deux mille ans d'antiquité; elles y sont aussi fraîches & aussi intactes que si elles fussent nouvellement arrachées du centre d'un courant; mais enfin elles doivent céder à la main du temps, & obéir à la loi générale de destruction: ce ne sont pas même les plus dures & les plus compactes qui y résistent le plus long-temps; leur dégradation, comme nous l'avons déjà dit, dépend presque toujours de la facilité que le fer a pour se rouiller, & de la proportion de l'argile. Ce sont les mêmes causes qui facilitent la décomposition des roches naturelles : le changement de couleur eſt le premier indice d'altération ; il précede le ramolliſſement ; enſuite vient le groſſiſſement du grain, enfin le relâchement de ce qu'on appelle *gluten* dans les pierres, & qui eſt la force qui lie les molécules conſtituantes : dans le premier état d'altération, les laves n'agiſſent plus ou preſque plus ſur l'aiguille aimantée ; dans le ſecond, elles font difficilement feu avec le briquet ; dans le troiſieme elles deviennent preſque friables. Les laves compactes qui ont pour baſe des roches compoſées, ont dans leurs décompoſitions des accidens qui dépendent des parties hétérogènes ; les corps étrangers réſiſtent plus ou moins au genre de deſtruction qui agit ſur la baſe. Nous avons déjà indiqué preſque tous ces accidens d'altération, en parlant des laves ; nous allons en tracer un réſumé ſuccinct.

Variétés.

N°. I. Laves homogenes qui ont changé de couleur, & qui de noires ſont devenues brunes par la rouille du fer qui les coloroit; cette altération pénetre quelquefois juſqu'au centre des blocs: alors la lave eſt d'une couleur uniforme qui lui paroît naturelle; il faut rencontrer des blocs où ce commencement de décompoſition a fait moins de progrès, où le centre eſt encore intact, pour reconnoître la teinte primitive; il y a alors une tache foncée au milieu, avec une zône brune qui l'entoure: une partie agit dans ce cas ſur l'aiguille aimantée, pendant que l'autre n'a preſque plus d'action ſur elle; cependant la dureté & le grain paroiſſent encore à peu près les mêmes dans les deux états; auprès de la *Motte* & de *Paterno*, il y a beaucoup de blocs de laves & de colonnes priſmatiques ainſi décolorées.

N°. II. Laves homogenes altérées; elles ont une couleur brune, un grain groſſier & terreux, & un tiſſu lâche; on reconnoît que cet état eſt un effet de l'altération de la lave, parce que le centre des blocs conſerve le grain & la couleur primitive, & on ſuit les progrès de la décompoſition en approchant des ſurfaces; le fer s'eſt gonflé en ſe rouillant, & le grain de la pierre eſt devenu plus apparent qu'il n'étoit dans l'état primitif; elles ne font plus feu avec le briquet; elles n'ont plus d'action ſur l'aimant.

N°. III. Lave brune altérée, d'un grain terreux, en forme de calotte concave ou convexe; la décompoſition qu'elle a commencé à éprouver, l'a détachée de la ſurface d'un bloc à laquelle elle étoit primitivement adhérente; le changement, dans ſon grain & dans ſon tiſſu, a rompu ſon union avec le centre du bloc, qui n'a pas éprouvé la même altération.

N°. IV. Incruſtation brune qui paroît terreuſe, ocracée, aſſez tendre, adhérente à des blocs de laves homogenes, dont elle eſt une décompoſition; lorſquelle aura perdu une foible liaiſon que ſes parties ont encore entre elles, elle paſſera à l'état de terre végétale.

N°. V. Laves altérées griſâtres, qui ont des veines de couleur noire ; ces veines ſont formées par le fer qui coloroit uniformément les laves, mais qui, par un commencement d'altération, s'eſt raſſemblé dans quelques parties, pendant qu'il a été ſouſtrait à d'autres.

N°. VI. Laves en blocs arrondis, roulés; elles reſſemblent, dans leur intérieur, aux cailloux d'Egypte ; elles ont, ſur un fond gris, les mêmes veines noires contournées & concentriques, avec des dentrites ; elles ſont encore l'effet d'un commencement d'altération qui a agi ſur le fer colorant.

N°. VII. Lave qui, dans ſes fentes & dans ſes cavités, contient des mamelons de mine de fer terreuſe, ou hematites ; ils ſe ſont formés par le fer colorant des laves que les eaux ont diſſous, & enſuite abandonné & raſſemblé dans les cavités.

Tous les accidens d'altération que je viens d'indiquer ſe rencontrent également dans les laves composées ; les suivans dépendent particulierement des matieres hétérogenes.

N°. VIII. Laves spathiques, altérées par les seules vicissitudes de l'atmosphere ; le fond de ces laves change de couleur, devient brun & terreux ; les écailles & cristaux de feld-spath blanchissent & forment des taches distinctes de la base : ces laves paroissent alors appartenir à de vrais porphyres.

N°. IX. Laves porphyritiques, altérées par la seule influence de l'air ; la décomposition agissant sur la base, change sa couleur & son tissu, mais elle paroît respecter le feld-spath ; leurs cristaux deviennent moins adhérens à leur base, & plus faciles à extraire de la lave.

N°. X. Laves avec schorl, altérées par l'influence de l'air ; leurs bases subissent le changement indiqué dans les variétés précédentes, & les cristaux de schorl qui n'y participent pas, restent, à peu près intacts dans la terre, qui est le dernier état de cette décomposition.

N°. XI. Laves avec chryſolites altérées, &c., de même que dans le numéro précedent.

N°. XII. Lave compacte très-dure, ſans altération apparente, dont la ſurface eſt couverte d'un enduit luiſant qui reſſemble parfaitement à la couleur & au luiſant de la plombagine, il a un quart de ligne d'épaiſſeur, il eſt dur, & ne raye point le papier; il a une action ſur l'aiguille aimantée, égale à celle du centre des maſſes. J'ai trouvé pluſieurs blocs couverts d'une écorce ſemblable dans la riviere, dite *Fiume Grande*, au-deſſous de *Carcaci*; je regarde cet accident comme un effet de décompoſition.

N°. XIII. Lave poreuſe de couleur brune, ramollie juſques dans ſon centre par la décompoſition ſpontanée; elle a un enduit gris, luiſant, ſemblable au précédent; elle ſe trouve dans les argiles des montagnes, au-deſſus du château d'*Iaci*.

DEUXIEME GENRE.

Subſtances qui ſe forment dans l'intérieur des laves après leur refroidiſſement.

Excepté les pierres qui ont le grain & la caſſure vitreuſe ou ſilicée, toutes les autres ſont ſuſceptibles d'abſorber l'eau ; ce fluide s'infiltre à travers les maſſifs les plus durs, pénetre dans les tiſſus les plus ſerrés, & arrive juſqu'aux cavités qui ſe rencontrent dans l'intérieur des blocs & des maſſifs : cette eau exerce ſa propriété diſſolvante ſur quelques-unes des parties conſtituantes de ces pierres, & les entraîne avec elle dans les cavités qu'elle remplit : là, ces ſubſtances, ſuſpendues dans un fluide qui jouit d'un repos parfait, ſe rapprochent par la force d'attraction ou d'affinité que les parties ſimilaires ont entre elles ; elles ſe réuniſſent ſelon certaines lois particulieres à chaque espece, & elles forment des corps réguliers de différentes figures: telle est l'origine de tous les cristaux (1). Il est à remarquer que l'eau, lorsqu'elle agit ainsi sourdement & tranquillement dans l'intérieur des massifs, y a une qualité dissolvante bien supérieure à celle que nous lui connoissons, lorsque nous l'employons comme menstrue; elle doit alors être aidée de quelque véhicule qui nous

---

(1) C'est par une espece de transudation ou de sécrétion que se forment, dans les fentes des rochers, les cristallisations qui s'y trouvent; il y a une espece de roche d'une apparence fissible, quoiqu'en masses solides, composée de feld-spath, de quartz, & de quelques parties argileuses, que l'on pourroit appeler *cristallifer*, parce qu'elle a principalement la propriété de produire des cristaux; elle absorbe & transude alternativement l'eau: ce fluide, après avoir dissous quelques molécules de l'intérieur de cette roche, les dépose dans les fentes; elles y prennent des formes régulieres. Cette roche, également commune dans les Alpes & dans les Pyrénées, sert de matrice aux schorls blancs & violets, à l'asbeste, à l'amiante, au cristal de roche, &c. Par-tout où elle se rencontre, on peut espérer de trouver quelques-unes de ces matieres cristallisées.

est inconnu, mais qui augmente singulierement son action; elle corrode & dissout le quartz avec facilité, quoique nous ne puissions pas lui faire attaquer cette substance, sans l'avoir préalablement altérée par sa fusion avec les alkalis fixes: le fer paroît contribuer en quelque chose à cette qualité dissolvante; peut-être y agit-il par la voie des doubles affinités, lorsqu'abandonnant son dissolvant, qui se porte sur le quartz, il reçoit une substance qui a besoin de se dégager pour permettre la dissolution de la terre silicée; au moins est-il certain que le quartz se corrode dans les terres ferrugineuses, & que le fer, qui se rouille sur du cristal de roche, altere le poli de ses faces. J'ai observé que, dans les cavités des laves du Vicentin & du Padouan, où l'on trouve des géodes de quartz, ces géodes sont toujours enveloppées d'une terre ocracée, noire ou brune, qui paroît avoir concouru à leur formation; j'ai eu beaucoup d'autres occasions de remarquer ce

concours

concours du fer & des pyrites ferrugineuſes dans la production ou la corroſion du criſtal de roche.

L'eau, en pénétrant dans l'intérieur des laves, y exerce auſſi ſes propriétés diſſolvantes (1): elle remplit leurs cavités de ſubſtances qui n'y étoient point lors de leur fuſion; elle les a ou extraites de ces mêmes laves, ou portées avec elles dans leur intérieur. C'eſt principalement dans les laves de la colline de *Capo di Bove*, auprès de Rome, que j'ai étudié cet effet de l'eau. Ces

(1) L'eau qui pénetre dans l'intérieur des laves en augmente la ſolidité; elles réſiſtent davantage au choc du marteau, & elles éclatent moins facilement; on a beaucoup plus de peine à rompre un bloc de lave un peu humide, que celui qui s'eſt parfaitement deſſéché par une longue expoſition au ſoleil. Cette obſervation que j'ai faite pluſieurs fois, m'a été confirmée par les Ouvriers qui pavent les rues avec des laves: par exemple, à Malte, où nous employons des laves en blocs arrondis, on jette de l'eau deſſus ces eſpeces de cailloux, pour les empêcher de ſe rompre, ſoit lorſqu'on les bat pour les mettre en place, où lorſqu'on les verſe les unes ſur les autres en les chariant; ſans cette précaution ils ſe fracturent preſque comme des boules de verre.

troisiemes enfin, où ces deux terres & l'argile sont mêlées pour former des zéolites : lorsque les pores sont petits, les globules qui les remplissent sont solides ; lorsqu'ils sont plus grands, les globules sont creux dans leur centre, & garnis de petites cristallisations ; c'est dans ces circonstances que se trouvent, dans le mont *Berico*, près Vicence, les *enhydrites*, ou petits cailloux calcédonnieux pleins d'eau ; cette eau se dissipe aisément par les mêmes pores qui lui avoient permis de s'y infiltrer ; en y continuant ses dépô s, elle finit par remplir entierement la cavité intérieure, & les enhydrites deviennent de petits cailloux solides quartzeux.

Les laves recouvertes pendant longtemps par les eaux de la mer renferment une plus grande quantité de ces corps formés par l'infiltration ; il semble que l'eau salée possede à un degré plus éminent la propriété dissolvante. Dans plusieurs montagnes du Vicentin & du Padouan, on trouve des blocs isolés de laves poreuses, qui ont été ensevelis dans une vaſe argileuſe mêlée de coquilles marines; toutes leurs cavités ſont remplies de quartz, de zéolite, de ſpath calcaire (1), de ſtéatite verte, &c. J'y ai même trouvé, à mon grand étonnement du ſpath phoſphorique bleuâtre; cette vaſe, maintenant durcie, & faiſant un tuf compact, formoit évidemment le fond d'une mer; la qualité & la variété d'eſpece des coquillages foſſiles qu'on y trouve, éloignent toute eſpece de doute.

---

(1) J'ai trouvé, dans les laves du Vicentin, du ſpath calcaire jaune en petits criſtaux cubiques; leur forme me les fit prendre pour du ſpath-fluor, & ſous cette fauſſe dénomination j'en envoyai des échantillons à M. le Baron de la Peyrouſe: il me fit connoître mon erreur, en me diſant qu'ils étoient diſſolubles en entier, & avec effervescence dans l'acide nitreux; je l'ai eſſayé moi-même, & je les ai reconnus pour calcaires. Etonné de leur forme, qui, ſelon l'opinion des Criſtallographes, me paroiſſoit étrangere à cette ſubſtance, j'ai prié M. l'Abbé *Hauy* de calculer ſi les molécules du ſpath calcaire pouvoient donner le cube: le réſultat des calculs de ce Savant lui a prouvé la poſſibilité de cette configuration dans le ſpath calcaire.

Je viens de dire que l'action dissolvante de l'eau étoit modifiée par des causes qui me sont inconnues; je ne saurois donc expliquer pourquoi les laves des volcans éteints des Etats de Venise, renferment autant de quartz, lorsque les cavités des laves de l'Etna n'en contiennnent jamais; les seules substances que l'infiltration y ait placées, sont les spaths calcaires & les zéolites: ces produits, très-certainement postérieurs au refroidissement des laves, formeront deux especes suffisamment distinctes; j'y joindrai un troisieme produit de l'infiltration, beaucoup plus rare, mais qui ne mérite pas moins d'être remarqué: ce sont les pyrites ferrugineuses dans les cavités des laves.

PREMIERE ESPECE.

Spath calcaite formé par l'infiltration de l'eau à travers les laves.

La terre calcaire eſt de toutes les ſubſtances terreuſes celle ſur laquelle l'eau a le plus de priſe ; il ſuffit qu'elle ſoit légerement gazeuſe pour la diſſoudre ; auſſi trouve-t-on fréquemment des ſpaths calcaires dans les cavités des pierres, dont cette ſubſtance eſt une des parties conſtituantes ; mais dans les laves, le ſpath calcaire qui y eſt déposé par les eaux, n'appartient pas toujours à la lave elle-même ; il n'eſt pas toujours extrait de ſon intérieur ; plus ſouvent l'eau en étoit déjà chargée, lorſqu'elle s'eſt infiltrée à travers la lave, & elle l'a dépoſé dans des cavités où elle eſt abſolument étrangere. Voilà pourquoi on trouve plus communément ces ſpaths dans les laves qui ont été recouvertes par des bancs de pierres

restent avec des pores ronds qui ressemblent parfaitement à ceux des laves cellulaires. Outre les circonstances locales, je crois cependant avoir trouvé une maniere de les reconnoître : dans ces roches glanduleuses naturelles, les globules de spath calcaire sont lamelleux ; la direction de la lame traverse cette petite sphere, qui dans ce sens a une cassure spéculaire ; on y reconnoît donc des fragmens de spath calcaire rhomboïdal, arrondis par le roulement & par l'usure des angles ; & on voit qu'ils ont été enveloppés, sous cette forme, dans une matiere molle qui s'est modelée sur eux ; mais dans les laves, les globules sont ordinairement striés du centre à la circonférence ; on voit qu'ils se sont formés dans la cavité qu'ils occupent.

Quoique les spaths calcaires des laves de l'Etna soient blancs, ils contiennent toujours un peu de fer ; lorsque leur dissolution par l'acide nitreux est précipitée par l'alkali phlogistiqué, il s'y forme dans l'instant une pellicule bleue gélatineuſe, qui ſe change en noir le moment ſuivant, & qui ſe précipite ſous cette derniere couleur.

Les ſpaths calcaires des laves de l'Etna préſentent peu de variétés dans leur forme.

Variétés.

N°. I. Globules de ſpath calcaire blanc opaque, d'une à deux lignes de diametre; ils rempliſſent exactement les cavités d'une lave poreuſe; ils ſont ſtriés ou rayonnés dans leur intérieur, du centre à la circonférence; ils ſont difficiles à diſtinguer de la zéolite rayonnée, qui remplit quelques cavités de la même lave. Les laves qui renferment ces glandes de ſpath calcaire, reſſemblent au *mandelſtein* des allemands.

N°. II. Globules de ſpath calcaire blanc opaque, rayonnés, mêlés de zéolite ſtriée. Ce n'eſt qu'en faiſant diſſoudre ces globules dans l'acide nitreux, qu'on reconnoît le mélange de la zéolite, qui réſiſte plus long-temps à l'action du diffolvant. On les trouve dans quelques cavités de laves un peu poreufes, figurées en prifmes, dans les montagnes de la *Trezza*.

N°. III. Mamelons hemifphériques de fpath calcaire blanc, opaque, qui fe trouvent dans les cavités des laves; ils ne les rempliffent pas entierement. La furface de ces mamelons, vue à la loupe, préfente une infinité de petites pyramides triedres.

N°. IV. Spath calcaire blanc, demi-tranfparent, criftallifé en longues aiguilles prifmatiques, ou plutôt pyramidales, exagones, réunies par leur fommet dans un centre commun, & formant des rayons diftincts & divergens; ces aiguilles ont quelquefois plus d'un pouce de longueur; on en a trouvé de très-beaux groupes en forme de houppes, ou de hériffons, dans les cavités des laves noires homogenes d'*Iaci-Reale*.

N°. V. Spath calcaire blanc ou jaunâtre tranfparent, en pyramides exaedres alongées, dites *dents de cochon*, ou feules ou réunies bafes à bafes; on les trouve dans les cavités des laves qui forment des groupes de colonnes prismatiques au pied de la montagne du château d'*Iaci*.

N°. VI. Prismes hexaedres de spath calcaire blanc demi-transparent, qui traversent les cavités sphériques des laves; du même lieu.

DEUXIEME ESPECE.

Zéolites des laves.

Il est évident que la zéolite est un produit de l'infiltration de l'eau dans les laves; elle s'y est formée postérieurement au refroidissement des courans, par le dépôt des eaux qui tenoient en dissolution les molécules propres à la constituer; cette substance a une propriété commune avec les sels, celle de retenir une grande quantité d'eau, que l'on peut appeler *eau de cristallisation:* ce fluide y est en beaucoup plus grande proportion que dans aucune autre pierre, & il arrive quelquefois au quart de son poids. Les zéolites ont deux autres propriétés par lesquelles elles sont principalement connues : la premiere est de former une gelée dans les acides, sans y faire effervescence ; elle leur est commune avec plusieurs autres matieres ; ce phénomene appartient à la dissolution d'une des parties constituantes, qui rompt la liaison qu'avoient entre elles les autres substances, lesquelles restent suspendues dans le dissolvant : dans la zéolite, la portion calcaire se dissout, l'argile se gonfle, & le quartz, divisé en molécules extrêmement fines, prend l'apparence gélatineuse. La seconde propriété caractéristique de la zéolite est son boursoufflement dans le feu, & la facilité de sa fusion ; le boursoufflement, ainsi que celui de l'alun est dû à l'eau constituante ; la prompte vitrification qui le suit vient du mélange des trois différentes terres.

Selon l'analyse de Mrs. Bergmann & Pelletier, la zéolite contient à peu près moitié de son poids de silex, un quart d'argile, de six à huit centiemes de terre calcaire, de vingt à vingt-deux centiemes d'eau : mais ces proportions varient ; celle du silex peut augmenter jusqu'aux deux tiers, aux dépens de l'argile & de l'eau ; quelquefois l'argile & l'eau sont au dessus des proportions que ces Savans indiquent. Les zéolites qui renferment le plus de terre silicée, sont plus dures ; elles arrivent quelquefois à faire feu avec le briquet ; elles ressemblent au quartz par leur transparence, & on pourroit les confondre, sans les formes particulieres de leur cristallisation ; alors ces zéolites demandent plus de temps pour former gelée dans les acides ; elles s'y refusent même quelquefois, parce que la petite quantité de matiere calcaire est soustraite à l'action de l'acide par la surabondance du silex ; elles se boursoufflent moins dans le premier coup de feu, & elles sont un peu moins fusibles. Les zéolites qui contiennent une plus grande quantité d'eau, sont susceptibles de la perdre, comme sont cetains sels ; alors de demi-transparentes qu'elles étoient, elles deviennent blanches, opaques ; elles perdent leur dureté, & elles prennent un grain terreux presque farineux.

Il faut que l'eau ait besoin de quelques circonstances, de quelques modifications particulieres, pour rassembler & déposer dans les cavités des laves les molécules de matieres différentes qui concourent à la formation des zéolites volcaniques; car je n'ai rencontré des zéolites que dans les laves dont les irruptions sont antérieures au déplacement de la masse des eaux, & toutes mes recherches ne m'en ont jamais fait trouver dans aucune lave nouvelle, quelque favorables qu'aient été les circonstances pour l'infiltration de l'eau. Il ne s'en forme point dans les laves dites *Selce Romano*, auprès de Rome, quoique beaucoup d'autres corps se rassemblent & se cristallisent dans leurs cavités; elles sont communes dans les volcans éteints, dont les produits ont été évidemment ensevelis sous les eaux de la mer; elles ne se trouvent jamais dans ceux d'un âge postérieur: c'est pourquoi les volcans des campagnes

campagnes de Rome n'en fourniſſent point, & elles ſont abondantes dans ceux du Padouan & du Vicentin, d'une époque beaucoup plus ancienne; les laves du premier âge de l'Etna en renferment beaucoup, ainſi que celles des volcans éteints de Sicile; les laves d'irruptions plus modernes n'en contiennent point. Mes obſervations dans ce genre ont été ſi conſtantes, que je ne trouve jamais de zéolites, ſans être ſûr de rencontrer d'autres indications qui me prouveroient que le volcan a été ſubmergé. Je ne vois point de preuves d'alluvion, ou du ſéjour des eaux de la mer ſur les matieres volcaniques, ſans être certain de trouver des zéolites dans quelques pores des laves, à moins que ces cavités n'aient été entierement remplies de ſpath calcaire. Il faut donc que l'eau de la mer, infiltrée dans les laves, outre ſa qualité diſſolvante, ait encore principalement la propriété de reſter combinée avec le mélange des trois différentes terres qui forment les zéolites; cependant on n'y retrouve aucun indice de ſel marin;

pourquoi donc a-t-elle cette faculté de préférence à l'eau pure? Je ne ſaurois répondre à cette queſtion, & je m'en tiens à l'obſervation.

C'eſt principalement dans les laves des îles Cyclopes, & dans celles des montagnes de *la Trezza*, que ſe trouvent les zéolites de l'Etna; & elles ont été certainement ſubmergées, puiſque plus de deux cents toiſes au-deſſus de ces laves zéolitiques, on voit une couche d'argile qui renferme une immenſe quantité de coquilles marines.

Les zéolites ſe ſont formées dans les cavités de toutes eſpeces de laves; il en eſt cependant qui paroiſſent plus propres à cette formation, telle la lave homogene de la premiere des iſles Cyclopes.

Variétés.

N°. I. Globules de zéolite blanche, opaque, ſoyeuſe, rayonnée du centre à la circonférence; ils rempliſſent exactement les cavités des laves: cette zéolite fait très-promptement gelée avec les acides, c'eſt-à dire, en moins de douze heures; elle devient farineuſe lorſqu'elle eſt quelque temps expoſée à l'air; elle eſt ſuſceptible de recevoir le poli lorſque la lave qui la renferme eſt ſciée & luſtrée. Cette zéolite ſoyeuſe ſe trouve dans les laves des montagnes d'*Iaci* & dans quelques colonnes priſmatiques des iſles Cyclopes.

N°. II. Mamelons hémiſphériques de zéolite blanche, opaque, ſoyeuſe & rayonnée; ils ſont adhérens aux parois des cavités qu'ils ne rempliſſent pas: on les trouve particulierement dans les laves priſmatiques des montagnes de la *Trezza*.

N°. III. Globules & mamelons de zéolite blanche, demi-tranſparente: leur ſurface brillantée eſt garnie de petits criſtaux pyramidaux triedres, & leur intérieur eſt rayonné du centre à la circonférence, de maniere que ces globules paroiſſent formés par un aſſemblage de pyramides fort prolongées, réunies par la pointe, qui ont pour baſe des pyramides obtuſes. Cette zéolite forme aiſément gelée dans les acides; elle perd quelquefois ſon eau de criſtalliſation, & elle devient opaque & farineuſe; on la trouve communément dans les cavités des laves priſmatiques de la *Trezza*, & dans le poudingue volcanique qui forme la montagne ſur laquelle eſt ſitué le château d'*Iaci*.

N°. IV. Groupes d'aiguilles pyramidales de zéolites tranſparentes, réunies par leurs pointes dans un centre commun; elles ſe ſéparent & s'éloignent en divergeant; il y a de ces groupes dont les aiguilles ont plus d'un demi-pouce de longueur. Cette belle zéolite eſt rare; elle ſe trouve dans les mêmes lieux que la précédente.

N°. V. Zéolite demi-tranſparente, lenticulaire, applatie, d'une forme exagone, les deux ſurfaces convexes; elle eſt très-rare: je l'ai trouvée dans les mêmes lieux.

N°. VI. Zéolite en très-petits criſtaux cubiques, tranſparens, qui tapiſſent les parois des cavités de quelques laves; elle paroît très-brillante, lorſqu'on ouvre ces cavités ; elle ſe ternit à l'air, & y perd ſa tranſparence : des mêmes montagnes.

N°. VII. Lave qui renferme une telle quantité de zéolite dure & tranſparente, que cette matiere paroît former la moitié de la maſſe ; ce ne ſont plus des cavités particulieres qui la contiennent, mais il ſemble qu'elle ſoit une partie eſſentielle de la lave, & qu'elle ait été pétrie avec elle ; ou plutôt on croiroit que la moitié de cette lave s'eſt convertie en zéolite ; ſa caſſure eſt devenue vitreuſe ou quartzeuſe, & elle reçoit un beau poli. Un fragment de cette lave mis dans l'acide nitreux s'y bourſouffle ; après vingt-quatre ou trente-ſix heures, la zéolite ſe gonfle & forme gelée.

Il eſt évident qu'ici la zéolite s'eſt formée & a reçu ſes parties conſtituantes de la matiere même de la lave ; car la maſſe ne pourroit plus ſe ſoutenir, ſi l'on ſuppoſoit la ſouſtraction de la zéolite ; il ſemble donc qu'après la diſſolution & la ſouſtraction du fer colorant, l'eau s'eſt combinée d'une maniere particuliere avec les terres restantes, & a formé avec elle de la zéolite. Plusieurs colonnes prismatiques des îles Cyclopes sont formées de cette lave mélangée de zéolite ; d'autres colonnes n'en sont pénétrées qu'à l'extérieur.

N°. VIII. Zéolite transparente, dure, pouvant quelquefois faire feu avec le briquet: elle est semblable, par sa cassure & sa transparence, au cristal de roche ; en l'analysant, j'ai trouvé qu'elle contenoit plus de terre silicée & moins d'eau que les précédentes; elle demande beaucoup plus de temps pour être attaquée par les acides & former la gelée ; quelques cristaux même y résistent toujours, à moins qu'ils ne soient réduits en poudre. Cette belle zéolite, que j'ai le premier reconnue dans les laves de l'Etna, est cristallisée régulierement ; la forme radicale de ses cristaux est le cube parfait, mais il est extrêmement rare de les trouver sans tronquatures.

N°. IX. Zéolite transparente de même nature que la précédente, dont les cubes ont un ou plusieurs angles tronqués, de maniere à former de petites faces triangulaires. *Voyez* planche II, fig. 5 de la *Cristallographie* de M. Romé de Lile; cette forme est encore assez rare.

N°. X. Zéolite transparente, dont les angles sont tronqués de maniere à former, sur chaque angle ou pointe du cube, une pyramide triedre à faces triangulaires; les faces du cube deviennent octogones. *Voyez* planche II, fig. 12 de la *Cristallographie*; elle est moins rare.

N°. XI. Zéolite transparente, dont les tronquatures des angles, plus profondes, forment des pyramides triedres plus grandes, qui arrivent jusqu'au milieu de chaque arête; de maniere que les faces du cube primitif deviennent de nouveaux carrés; elle est assez commune.

N°. XII. Zéolite de la nature des précédentes; ses tronquatures sont si profondes, qu'elles se croisent de maniere à changer en pentagones les faces triangulaires des pyramides, qui ſont ſur les angles du cube radical; alors ces criſtaux ſont des ſolides réguliers qui ont ſix faces carrées & vingt-quatre faces pentagones; telle eſt la forme la plus ordinaires des zéolites tranſparentes de l'Etna. Comme ces criſtaux ne ſont jamais iſolés, & qu'ils adherent toujours à une baſe, leurs trente faces ne ſont pas diſtinctes, le plus ſouvent même on n'en voit que la moitié; elles ont beaucoup de brillant & d'éclat.

Ces criſtaux de zéolite tranſparente ont différentes groſſeurs; les plus volumineux, dont le diametre eſt quelquefois d'un pouce, ſe trouvent ſeuls dans les cavités d'une lave noire homogene des îles Cyclopes; d'autres, plus petits ſe trouvent en grand nombre dans les cavités d'une lave du même lieu, qui, par ſa décompoſition, eſt devenue jaune & a pris un grain terreux; quelques-uns enfin ſe trouvent dans les fentes d'une argile griſe, qui recouvre les baſaltes des Iſles Cyclopes.

TROISIEME ESPECE.

Pyrites déposées par l'infiltration dans les cavités des laves.

J'AI rencontré souvent des pyrites sulfureuses martiales parmi les matieres volcaniques décomposées; elles s'y sont formées par l'union du fer qui colore les laves, avec le soufre: cette opération a été faite par la voie humide; le soufre devoit être dissous dans l'eau, il y étoit sous forme d'hépar terreux, ou comme gaz hépatique; lorsqu'il a rencontré le fer dissous également dans un acide, à mesure que cet acide s'emparoit de la base ou terre alkaline de l'hépar, le soufre s'unissoit au fer. Ainsi ont dû se former les pyrites que l'on a trouvées, il y a un an, en grande abondance dans l'intérieur de la montagne de la *Tolfa*, parmi les matieres volcaniques décomposées, en faisant une galerie d'écoulement. Telles sont encore les pyrites dont on fait le vitriol de Mars, connu, dans le Commerce ſous le nom de *couperoſe verte*, ou *vitriol de Rome;* elles ſont extrêmement abondantes auprès de Viterbe, où eſt la fabrication de ce vitriol. Ces pyrites ſont accumulées dans des eſpeces de filons ou fentes, de deux ou trois pieds de large, au milieu des laves décompoſées; leur forme mamelonnée & ſtriée annonce que leurs parties conſtituantes ont été diſſoutes & dépoſées à la maniere des ſtalactites. Cette théorie eſt d'autant plus probable, que dans la plaine & dans les petits vallons où ces pyrites ſe ſont formées, il y a un grand nombre de ſources d'eau hépatique & d'eau acidule, & l'union du fer & du ſoufre y eſt facile; mais dans la lave de l'Etna, dont les cavités renfermoient des pyrites, leur formation préſente plus de difficulté. C'eſt un fait dont je n'ai qu'un ſeul exemple: un bloc de lave compacte noire, à grains fins & ſerrés, ſans aucune apparence d'altération, avoit, dans ſon centre, trois cavités qui contenoient de petits groupes de pyrites, les uns criſtalliſés en cubes, les autres ſtriés;

elles ne rempliſſoient pas entierement la cavité, & elles étoient adhérentes aux parois de la ſoufflure, comme les ſpaths calcaires & les zéolites mamelonnées; elles étoient très-brillantes lorſque le haſard m'a fait rompre le bloc de lave qui les renfermoit, mais elles ſe ſont ternies au contact de l'air.

Il eſt évident que cette pyrite eſt poſtérieure au refroidiſſement de la lave; l'union du fer & du ſoufre a dû ſe faire dans la cavité même, par la voie humide, puiſqu'elle eſt criſtalliſée. Il faut donc qu'une eau hépathique ſe ſoit infiltrée dans le bloc de lave pour y mettre le ſoufre en contact avec le fer.

TROISIEME GENRE.

Laves qui affectent des formes régulieres.

Les laves ont trop ſouvent des formes régulieres, pour qu'on puiſſe regarder leur configuration comme des accidens particuliers dus au haſard. Un effet auſſi ſouvent répété doit avoir ſes cauſes; mais puiſqu'il ne ſe rencontre pas dans toutes les laves, il dépend de circonſtances particulieres, beaucoup plus fréquentes dans les premiers âges de notre globe que dans les temps préſens; car on trouve beaucoup plus ſouvent des laves régulieres dans les anciennes irruptions que dans les modernes; mais toutes ces formes régulieres ne me paroiſſant pas appartenir à la même cauſe, je les diviſerai en trois eſpeces principales.

PREMIERE ESPECE.

Laves en colonnes prismatiques.

LES laves, par l'effet ordinaire de la chaleur, éprouvent une grande dilatation pendant leur fluidité; elles se condensent pendant le refroidissement; mais le resserrement sur elles-mêmes ne pouvant pas se faire uniformément, & agir sur la masse entiere du courant, elles doivent se diviser par des fentes en blocs de différens volumes. Cette condensation ne donne, dans l'état ordinaire, que des blocs de forme irréguliere & anguleuse; mais il est des circonstances où ce retrait produit des corps prismatiques réguliers, qui ont, par leur forme, un si grand rapport avec celles que donne la cristallisation, que l'on a appliqué l'épithete de *cristallisée* à ces laves prismatiques; quelque impropre que soit cette dénomination, on peut cependant l'employer, sans craindre de confondre deux effets aussi diſſemblables que ceux de la vraie criſtalliſation, & ceux du retrait régulier des laves.

En obſervant les laves de l'Etna, je ne fus pas long-temps ſans reconnoître que tous les courans produits par des irruptions modernes, c'eſt-à-dire depuis trois mille ans, & dont les époques nous ſont à peu près conſervées par l'Hiſtoire, ont éprouvé conſtamment deux effets différens, dépendans des circonſtances de leur refroidiſſement. Ceux qui ſe ſont coagulés à l'air libre par la diſſipation lente de leur chaleur, & par la combuſtion des matieres inflammables qu'ils renfermoient, ont éprouvé un retrait irrégulier qui les a diviſés en maſſes informes. Tous ceux de ces courans qui ſe ſont précipités dans la mer, & qui s'y ſont coagulés ſubitement, ont éprouvé un retrait régulier, qui les a diviſés en colonnes priſmatiques, & ils n'ont reçu cette forme que dans les ſeules parties qui ont été en contact avec l'eau de la mer. Il eſt difficile d'expliquer comment cette circonſtance peut produire cet effet;

mais l'obſervation eſt ſûre, & je vais indiquer les lieux où elle peut être conſtatée.

Pluſieurs courans de lave du moyen âge de l'Etna, qui ont coulé ſur la croupe de la montagne, ont été ouverts juſques dans leur intérieur par différentes cauſes; les uns ont été déchirés par des torrens, les autres par les hommes, pour en arracher des pierres pour bâtir; quelquefois de nouvelles irruptions ſe ſont fait jour à travers d'anciens courans. Ces accidens donnent la facilité de les obſerver juſques dans leur centre; & jamais ces laves n'ont pris la forme priſmatique. On ne trouve, ni dans les grandes cavités qui ſont ſous le *Monte Roſſo*, ni dans les galeries ſouterraines des courans, aucune apparence de priſme, aucun indice de forme réguliere de ce genre.

Au contraire, en parcourant en barque le rivage de la mer, depuis Catagne juſqu'au château d'Iaci, on voit que toutes les laves qui ſont arrivées juſqu'à la mer, ſont figurées en colonnes priſmatiques régulieres, qui s'élevent du fond des eaux juſqu'à un ou deux pieds au deſſus de leur ſurface; la partie ſupérieure du courant qui ne s'eſt pas plongée dans la mer, eſt diviſée en blocs informes, qui repoſent ſur la tête des colonnes. On pourroit calculer l'eſpace que ces courans ont envahi ſur la mer, en reconnoiſſant l'étendue de la partie criſtalliſée. Par exemple, un courant immenſe eſt venu ſe précipiter dans la mer, après avoir couvert une partie de l'emplacement occupé maintenant par la ville de Catagne; ſa largeur, de plus de deux milles, s'étend juſqu'au port d'Uliſe: dans toute cette largeur cette lave préſente un rang de colonnes priſmatiques régulieres, qui cache un amas d'autres colonnes qui ſont derriere elles, & dont on trouve les têtes ſous les ſcories & les laves poreuſes de ce courant. On voit donc qu'une étendue de mer de plus d'un demi-mille, a dû être comblée par ce courant, puiſque tout

cet

cet espace est occupé par des laves régulieres (1).

Quoique la lave de 1669 ne soit arrivée à la mer que sous une très-petite épaisseur, & déjà très-boursoufflée (deux circonstances contraires à la for-

(1) Ce courant est ancien, puisqu'une partie de la ville de *Catagne* est bâtie dessus, & que les anciens murs de la ville sont construits avec ses laves; cependant il n'a éprouvé d'autre altération que d'être dépouillé de ses scories légeres, encore ce n'est pas uniquement par le travail du temps, puisque depuis deux mille ans on n'a cessé d'employer ces scories à la construction des maisons. Si dans les environs de la ville il est couvert de terre végétale, c'est par les travaux de l'Agriculture plutôt que par l'influence de l'atmosphere, puisque dans les parties qui sont éloignées des Habitations, la surface de cette lave a encore cet aspect sauvage, stérile, inégal, & raboteux, qui appartient aux laves modernes; ce n'est que dans quelques creux qu'un peu de terre s'est rassemblé, & y entretient la végétation de quelques plantes. D'après les recherches que j'ai faites, je crois que cette lave appartient à une irruption qui arriva cinq cents ans avant l'ère chrétienne; elle est également fameuse par ses dévastations, par la destruction de Catagne, & par l'exemple d'amour filial donné par deux freres, connus depuis sous le nom des *deux freres pieux*.

mation de colonnes priſmatiques), cependant elle a éprouvé le retrait régulier dans quelques portions de la partie du courant qui eſt entrée dans l'eau; on peut y voir des colonnes & des ébauches de colonnes dans les excavations que le Prince de *Biſcari* a fait faire à l'extrémité de ce courant, pour y pratiquer un vivier.

Le Véſuve a formé également des laves priſmatiques, lorſque ſes courans ſont parvenus juſqu'à la mer; on en voit de belles colonnes dans les eſcarpemens du rivage, ſous le château de *Portici*.

Ce n'eſt pas une propriété particuliere à l'eau de la mer, qui produit cet effet; il ne dépend que d'un refroidiſſement ſubit que ce fluide fait éprouver aux laves, en arrêtant en même temps leur efferveſcence intérieure, & la combuſtion de toutes matieres inflammables, qui, pour brûler, ont beſoin du contact de l'air; & dans toutes les circonſtances où les mêmes effets ſont produits, les laves reçoivent des formes régulieres.

Dans le Mémoire ſur les Iles Ponces, j'ai parlé des laves qui ont coulé dans des fentes où ellés ſe ſont coagulées promptement ; elles s'y ſont également diviſées en petites colonnes priſmatiques.

Dans preſque tous les volcans éteints, où l'on voit des colonnes priſmatiques, on y trouve d'autres circonſtances qui indiquent que l'eau de la mer couvroit notre continent à l'époque de leurs irruptions. Les volcans éteints du Vicentin & du Padouan, ceux d'Allemagne, de France, d'Eſpagne & de Portugal, ont mêlé leurs produits avec ceux de l'eau; des corps marins repoſent, dans la plupart de ces anciens volcans, ſur des colonnes priſmatiques.

Les laves anciennes de l'Etna prenoient fréquemment cette forme: on trouve des colonnes de baſaltes dans tout ſon contour; elles lui font une eſpece de ceinture circulaire, à une hauteur de deux ou trois cents toiſes au deſſus de la ſurface de la mer; il eſt évident que tout le pied de cette montagne étoit submergé dans les premiers temps de son inflammation ; la mer s'élevoit à plus de quatre cents toises au-dessus de son niveau actuel, ainsi que le prouvent les coquillages marins qui se trouvent à cette hauteur. Il y a encore des laves prismatiques à une plus grande élévation, à plus de huit cents toises, & on ne peut pas douter que la mer ne soit montée encore plus haut, & qu'elle ne surpassât les plus hauts sommets calcaires; il n'y avoit peut-être alors en Sicile que le cratere de l'Etna qui fût au dessus de la surface des eaux.

Toutes les especes de laves sont également susceptibles de recevoir, par l'effet du retrait, la forme prismatique: cette configuration n'appartient exclúsivement à aucune espece particuliere ; on ne doit la regarder que comme une simple modification qui n'influe point sur leurs propriétés essentielles ; elle n'exige pas même la parfaite compacité des laves. J'ai vu sur l'Etna des laves poreuses ainsi configurées ; mais le plus souvent les colonnes prismatiques sont formées de laves compactes, parce que l'immersion dans l'eau arrête l'effet du boursoufflement & l'effervescence intérieure.

Dans les laves de l'Etna, la forme de ces colonnes & leur dimension varient autant que la maniere dont elles sont groupées; les plus communes sont les prismatiques hexaedres & pentaedres, ensuite les tétraedres, les triedres, les eptaedres & les octaedres; il y en a qui n'ont que quatre pouces de diametre, je n'en ai point trouvé de plus petites; d'autres ont plus de trois pieds de diametre; le plus souvent elles sont d'un seul jet, qui arrive quelquefois à soixante pieds de haut; d'autres sont divisées par des articulations distantes les unes des autres, depuis un jusqu'à six pieds.

J'ai observé plus d'une fois qu'une colonne d'un gros diametre se divise dans son prolongement en plusieurs plus petites, qui paroissent un faisceau réuni par le haut; dans la partie supérieure d'un courant, les colonnes sont souvent plus grosses que dans le bas, parce qu'elles se divisent ; & elles sont toujours plus petites dans la portion du courant qui plonge la premiere dans l'eau ; le refroidissement y étant plus prompt, ses effets sont plus marqués.

Quelquefois les colonnes sont placées perpendiculairement à côté les unes des autres, & forment des murs verticaux, qui, sur une hauteur de plus de cent pieds, ont quelquefois une lieue de longueur ; ailleurs elles sont entassées obliquement, horisontalement, & dans toutes les positions possibles ; quelques-unes, sans avoir éprouvé de division dans la longueur du jet, sont plus grosses à un bout qu'à l'autre, alors elles sont rangées les unes sur les autres, comme le bois mis en pile, dont le tas est incliné vers les bouts les plus minces ; ailleurs elles forment des faisceaux pyramidaux, en partant d'un centre commun ; enfin il en est dont la réunion forme de grosses boules. Ces rayons de lave, plutôt pyramidaux que prismatiques, ressemblent à ceux des pyrites globuleuses ſtriées du centre à la circonférence que l'on trouve dans les craies de Champagne. L'Etna fournit dans ce genre les groupes les plus ſinguliers.

Comme les groſſes colonnes de baſaltes ſont rarement des morceaux de cabinet, & qu'il eſt plus intéreſſant de les voir en place pour obſerver la maniere dont elles ſont groupées, je vais indiquer les parties de l'Etna où ſe trouvent les phénomenes les plus curieux de ce genre.

On voit, dans la ſeconde des îles Cyclopes, dont la forme eſt pyramidale fort alongée, d'immenſes colonnes priſmatiques perpendiculaires, articulées, la plupart hexagones, dont le diametre eſt de deux à trois pieds.

Dans les deux autres îles Cyclopes, il y a des colonnes plus petites, & diverſement entaſſées & inclinées.

Sur le rivage de *la Trezza*, auprès du mole, on voit un groupe très-curieux de petits priſmes articulés, qui ſortent d'un centre commun, & forment des faiſceaux ſingulierement contournés; les articulations ſont marquées ; mais les eſpeces de vertebres ne ſe ſéparent pas.

Sur le rivage de la mer, entre le château d'Iaci & *la Trezza*, il y a beaucoup de groupes de colonnes priſmatiques différemment empilées.

Au pied de la montagne du château d'Iaci, il y a différens groupes de colonnes pyramidales divergentes.

Dans le corps de la montagne du château d'Iaci, il y a de groſſes boules de deux à quatre pieds de diametre, ſemblables, pour la forme, aux groſſes pyrites des craies de Champagne ; ces boules de lave ſont formées de colonnes pyramidales réunies par leur pointe dans un centre commun.

Dans les montagnes de *la Trezza* on trouve un grand nombre de colonnes priſmatiques de différentes formes & dimenſions ; beaucoup ſont déplacées & couchées dans l'argile.

A *Iaci-Reale*, au pied des eſcarpemens, ſur le bord de la mer, on voit de groſſes colonnes priſmatiques qui ſe diviſent en pluſieurs petites ; ſur le rivage il y a beaucoup de grandes colonnes priſmatiques qui s'élevent du ſein des eaux, & ſur les têtes deſquelles on marche au pied des eſcarpemens.

Dans la montagne de *la Motte*, à deux lieues de Catagne, il y a de groſſes & immenſes colonnes priſmatiques verticales, formées de la lave la plus compacte, qui ſonne comme le bronze.

Dans la montagne de *Paterno* il y a de groſſes colonnes mal figurées.

Dans les montagnes de *Licodia*, auprès de la ſource dite *Capo del Acqua*, il y a un mur de groſſes colonnes priſmatiques.

Sous la petite ville de *Bianca-Villa*, il y a des eſcarpemens formés par des colonnes priſmatiques.

En allant de *Bianca-Villa* à *Aderno*, on chemine pluſieurs fois ſur des têtes de colonnes qui forment des pavés réguliers preſque ſemblables à ceux des anciennes voies romaines; dans l'enceinte de la ville d'*Aderno*, il y a auſſi pluſieurs pavés baſaltiques.

Entre *Aderno* & *Bronte*, en prenant

le chemin inférieur qui suit le cours de la riviere, on marche, pendant plus de deux lieues, sur un pavé formé par des têtes de colonnes, & on voit à sa droite les plus beaux murs de basaltes prismatiques que j'aye jamais observés; les colonnes sont la plupart verticales. On remarque, dans plusieurs endroits, des faisceaux de prismes qui ressortent du mur & qui ressemblent à des épaulemens. Les colonnes, réunies par leur sommet comme dans une seule tête, grossissent en s'alongeant.

On trouve des prismes épars & des murs de laves prismatiques dans une infinité d'autres lieux; ils sont, ainsi que je l'ai dit, une espece de ceinture autour des flancs de l'Etna. M. le Chevalier don Joseph Gisenni, que j'ai déjà eu occasion de citer souvent avec éloge, travaille à une Description détaillée des laves prismatiques de ce volcan; il y joindra des dessins qui seuls peuvent faire connoître la variété de leur forme & la maniere dont elles sont groupées.

DEUXIEME ESPECE.

Laves en boules.

PLUSIEURS causes peuvent donner aux laves la forme globulaire, & lorsqu'elles l'ont reçue, & qu'elles sont privées de leurs circonstances locales; il est difficile de reconnoître à laquelle de ces causes elles appartiennent.

1°. Les Volcans rejettent par leurs bouches des blocs de lave, qui, étant ramollis par les feux souterrains, peuvent prendre en l'air, pendant leur chûte, la forme sphérique; on trouve assez souvent des boules semblables dans les scories des montagnes de *Tusculum*, près Rome; mais elles sont rares sur l'Etna.

2°. Pendant le refroidissement naturel des courans, il arrive quelquefois que le retrait imprime cette forme aux laves; on la voit dans le centre d'un courant dans lequel on pénetre par les cavités qui sont au pied du *Monte-Rosso*.

3°. Un courant enflammé peut donner

cette forme à d'énormes blocs de lave, en se roulant & se pelotonnant sur lui-même dans son mouvement progressif.

4°. Des blocs de lave, entraînés & roulés par les torrens, deviennent globulaires par l'usure de leurs angles.

5°. L'agitation & le ballottement des flots de la mer sur des blocs irréguliers de lave compacte, leur donnent, en très-peu de temps, la forme sphérique; on voit beaucoup de boules de lave de cette espece sur le rivage de la mer, auprès de Catagne, à l'extrémité du courant de 1669. Tous les blocs arrondis qui sont dans la plaine *des Giarre*, auprès de *Mascali*, sous la terre végétale, doivent évidemment leur forme à cette cinquieme cause.

6°. Enfin la décomposition spontanée des laves imprime cette forme aux blocs qu'elle attaque: elle commence à détruire les angles, & peu à peu elle agit circulairement autour du centre; alors la partie altérée se détache quelquefois sous forme de calottes, ainsi que nous l'avons indiqué au N°. III des laves solides décomposées : le centre reste sphérique ; l'influence destructive de l'atmosphere donne cette forme aux roches les plus dures. J'ai vu, dans les ruines de l'ancienne Rome, des blocs & des tronçons de colonnes de granit & de porphyre, recevoir cette forme par l'effet d'une destruction lente ; je les ai vus se diviser par écorces, semblables à des fragmens de bombes. Quelques laves de l'Etna doivent leur configuration à cette sixieme cause.

Lorsqu'un courant, roulant sur lui-même, arrive ainsi à la mer, le contact des eaux refroidit subitement l'espece de boule ronde qui s'y est précipitée, & lui fait éprouver un retrait qui, par couches concentriques, gagne successivement le centre. Ainsi ont pu se former ces immenses boules de lave à couches concentriques des volcans du Vivarais, citées par M. de Faujas ; mais je n'en ai point observé de cette espece parmi les productions de l'Etna.

TROISIEME ESPECE.

Laves en tables.

Les laves affectent assez souvent une troisieme forme, celle de plateaux ou de tables horisontales paralleles, semblables aux différentes couches qui forment des bancs dans les dépôts des eaux. Deux causes peuvent concourir à cette forme. 1°. Le refroidissement sur la surface des courans de laves applaties; il y opere un retrait qui détache successivement de la masse inférieure la couche déjà refroidie. Les laves poreuses & les scories prennent également cette forme; on en voit beaucoup de semblables sur les courans de l'Etna, & on s'en sert pour couvrir des murs & des cabanes.

2°. Il y a d'autres laves auxquelles cette forme paroît être essentielle; elles la prennent dans l'intérieur des massifs: les unes se divisent en feuilles minces, comme les schistes; les autres ont des touches indiquées, ſans que les feuilles ſe détachent. Il ſemble que la lave ait retenu cette diſpoſition de la pierre qui lui a ſervi de baſe; j'en ai indiqué quelques-unes de ſemblables dans la deſcription des laves compactes.

QUATRIEME CLASSE.

Matieres qui, ſans être volcaniques, appartiennent à l'Hiſtoire de l'Etna.

On ne doit ſe permettre des conjectures en Hiſtoire Naturelle & en Phyſique, que lorſqu'on eſt dépourvu de preuves, & que tous les moyens de s'en procurer ont été vainement employés; il eſt bien rare que des recherches attentives & multipliées ne fourniſſent pas des faits qui donnent un frein à l'imagination, & qui l'empêchent de ſe livrer au plaiſir de créer des ſyſtêmes, ſyſtêmes qui finiſſent par ſéduire la raiſon elle-même. En obſervant les différentes parties de l'Etna, j'ai trouvé des matieres qui, sans fixer d'une maniere précise l'âge de ce volcan, indiquent cependant qu'il est d'une grande antiquité, & qu'il a présidé à plus d'une révolution du Globe; cependant il est bien loin encore des premieres époques de la Terre; beaucoup d'autres montagnes avoient déjà été formées avant que, par des explosions, celle-ci annonçât son inflammation. Je vais présenter quelques matieres qui peuvent servir à éclairer l'Histoire des premiers temps de ce volcan.

N°. I. Grès quartzeux qui forment les montagnes au nord-ouest de l'Etna, du côté de *Taormina*; ces montagnes, très-rapprochées du corps de ce volcan, ont formé une barriere qui s'est opposée à l'extension de ces courans. Ce grès est formé de sables quartzeux qui ne sont mêlés d'aucun sable ni autres vestiges de matieres volcaniques; il est en couches horisontales & inclinées, appuyées contre les monts Neptuniens; il est sûrement antérieur à l'inflammation de l'Etna; car si les montagnes qui en sont composées

composées lui étoient contemporaines ou postérieures, il n'auroit pas été possible, à cause de leur proximité, qu'il ne s'y fût mêlé des matieres volcaniques.

N°. II. Pierres calcaires en couches, formant des montagnes à l'ouest & au sud de l'Etna, dans lesquelles il n'y a aucun mélange de matieres volcaniques.

N°. III. Coquilles fossiles maritimes de toutes les especes; elles sont en immense quantité sur les flancs de l'Etna, dans la partie du nord-est, à plus de trois cents toises au dessus du niveau de la mer; elles ont perdu leurs couleurs, comme presque toutes les coquilles fossiles; d'ailleurs elles sont très-bien conservées; elles sont sur-tout très-nombreuses au-dessous du village de *Val-Verde*. M. le Chevalier don Joseph Gioenni en a fait une grande collection; & il y a trouvé toutes les especes qui sont actuellement dans les mers de Sicile. Je n'entrerai pas dans de plus grands détails sur ces fossiles, parce que je ne les considere que sous leurs rapports avec l'Histoire de l'Etna.

Ces fossiles ne laissent aucun doute sur l'antériorité de ce volcan, à l'époque où la mer s'est retirée de dessus nos continens; elle a baigné pendant long-temps les flancs de cette montagne, & elle s'est élevée à plus de quatre cents toises au-dessus de son niveau actuel; c'est alors que se sont formées, dans son sein, toutes les laves prismatiques qui font un cordon circulaire autour de ce volcan.

N°. IV. Argiles grises en couches: elles sont évidemment des dépôts de la mer, puisqu'elles contiennent des corps marins; elles couvrent quelques parties de la montagne, à plus de quatre cents toises de hauteur. Les montagnes au-dessus de *la Trezza* en sont principalement formées; elles enveloppent les laves prismatiques.

N°. V. Bois moitié pétrifié & moitié charbonneux, trouvé entre des couches de cendres & d'argile, au-dessous du couvent de *Licatia*, à cinquante toises à peu près au dessus du niveau de la mer. On en a trouvé beaucoup de morceaux; on croit qu'il étoit en couches; il paroît qu'il a été enſeveli ſous l'argile qui étoit un dépôt de la mer; il indiqueroit que tous les ſommets des montagnes n'étoient pas ſubmergés pour lors, puiſqu'il y avoit de ſemblables produits de la végétation.

N°. VI. Pierres arrondies roulées, qui forment des montagnes dites *les terres fortes*, au pied de l'Etna; elles ſont mélangées de grès quartzeux, de pierres calcaires & de laves; elles ſont enſevelies ſous des couches d'argile preſque ſemblables à celles qui repoſent ſur les flancs de l'Etna.

Ce volcan ſubſiſtoit déjà, lorſque le courant qui a creuſé la vallée où coule le *Fiume grande*, a en même temps accumulé cette immenſité de pierres roulées, puiſqu'il s'y trouve des laves.

N°. VII. Pierre calcaire avec coquillages marins, adhérente aux baſaltes des îles Cyclopes, à trois ou quatre pieds au deſſus du niveau actuel des eaux.

N°. VIII. Pierre calcaire, concrétion de l'eau, avec coquilles fluviatiles bien conservées; elle forme des incrustations sur les flancs de la montagne, entre *Paterno* & *Bianca-Villa*, à plus de cinquante toises au dessus du niveau de la mer, & de quarante au dessus du fleuve *Giaratana*. Cette concrétion & ces coquilles, qui appartiennent incontestablement à l'eau douce, annoncent, qu'après la retraite de la mer, il y a eu un courant d'eau douce très-considérable qui remplissoit toute la vallée.

N°. IX. Incrustations calcaires de formes bisarres, qui se sont infiltrées dans les fentes des matieres volcaniques; elles paroissent de la même époque.

N°. X. Pierres calcaires, incrustations des eaux salées de *Paterno*, dans les lieux dit les *Salines*; elles forment des couches assez épaisses, semblables à la pierre calcaire, nommées *Travertino*. Les eaux qui les déposent sortent d'un sol volcanique; mais il faut qu'au-dessous des produits du feu il y ait des couches calcaires, puisque ces eaux ont pu se charger aussi abondamment de cette substance.

Je me borne à indiquer ici quelques-unes des matieres qui appartiennent à l'Hiſtoire de l'Etna; de plus longs détails conviendront mieux à la deſcription de cette montagne, & on pourroit en faire enſuite un réſumé, pour fixer, en quelque maniere, l'âge & les révolutions de ce volcan.

EN terminant l'énumération des productions de l'Etna, je crois devoir relever une erreur relative au Chanoine *Recupero*, de Catagne, dont on fait preſque toujours mention lorſqu'on parle de cette montagne: le Traducteur françois du Voyage de M. Swinburne dans les deux Siciles, dit, dans deux notes (la premiere du ſecond volume, la quarante-troiſieme du quatrieme), que le Chanoine Recupero a été enfermé dans un cachot, pour avoir cru que le Monde avoit plus de vingt mille ans d'antiquité. En laiſſant accréditer cette fauſſeté, on finiroit par comparer le bon Chanoine à l'illuſtre Galilée; on croiroit qu'il a été réellement une victime de l'ignorance & un martyr de la Philosophie; & ce seroit une raison pour les siecles à venir d'injurier le siecle présent, qui a bien assez de ses propres fautes.

Le Chanoine Recupero ne méritoit ni les éloges qui lui ont été donnés sur sa science, ni les doutes qu'on a eus sur son orthodoxie; il n'avoit aucune notion des Sciences Physiques, il n'en connoissoit pas même la nomenclature: il savoit le nom des différentes montagnes qui reposent sur les flancs de l'Etna, & il avoit fait des recherches sur les époques des irruptions, & c'est à quoi se bornoient toutes ses connoissances. Il a lu plusieurs Mémoires à l'Académie des Ethnéens de Catagne. Le plus important de ces opuscules est son Discours sur l'irruption d'eau de 1755, dans lequel il n'a pas même cherché à constater d'une maniere certaine si cette eau étoit froide ou chaude, douce ou salée; il ne donne que des doutes sur ces deux circonstances qui ne lui paroissent pas importantes; & en parlant d'un sel qu'il suppose être un dépôt de ce courant d'eau, il ne cherche point à en connoître la nature. D'ailleurs, au lieu d'avoir été persécuté pour sa foi, la Cour de Naples, prenant de lui une haute opinion, d'après les éloges des Voyageurs, lui accorda une pension, accompagnée de témoignages honorables de satisfaction. Il est mort sans autre chagrin que celui que lui a donné l'Ouvrage de M. Brydonne; il ne concevoit pas à quel propos cet étranger, à qui il avoit rendu des services, sans jamais lui parler de ses doutes sur l'ancienneté du Globe, avoit cherché à donner quelques soupçons sur sa croyance orthodoxe; il auroit été bien plus étonné encore s'il avoit prévu qu'après sa mort on le supposeroit martyr de son opinion sur l'âge du Monde. Jamais il n'a été ni recherché ni emprisonné pour des doutes que sûrement il n'avoit pas. Cet homme simple, fort religieux, & attaché à la foi de ses peres, étoit bien loin d'admettre, comme preuve contraire à la Genèse, des faits faux, desquels même, fussent-ils vrais, on ne pourroit rien conclure. Les terres végétales, entre plusieurs couches de laves, n'existent pas, & les terres argileuses qui y sont quelquefois, peuvent y avoir été placées par des causes bien indépendantes de l'antiquité de l'Etna. Ce n'est pas dans de tels faits qu'il faut chercher l'âge de ce volcan; les dépôts de la mer qui couvrent ses laves, sont des preuves bien plus certaines de son antiquité.

La Cour de Naples, d'après la réputation qu'avoit acquise le Chanoine Recupero, par les éloges des Voyageurs, crut, selon l'opinion publique, que ses manuscrits étoient importans; elle les a fait demander à son frere, dans l'intention de les faire imprimer; mais on n'a trouvé, parmi peu de papiers, que quelques notes sur les irruptions arrivées de son temps.

Pourquoi donc le Traducteur de M. Swinburne a-t-il voulu accréditer une erreur de ce genre? pourquoi y a-t-il joint de nouvelles circonstances également fausses & invraisemblables? comment, en reprochant à M. Brydonne de faire des contes pour amuser ses lecteurs, fait-il lui-même des contes qui ne ſont ni plus gais ni plus amuſans ? pour quel motif accuſe-t-il une Nation d'un crime ſuppoſé, en faiſant l'hiſtoire fauſſe & calomnieuſe d'une perſécution & d'une injuſtice dont elle n'a pas même eu l'idée ? Les fautes des Gouvernemens & les préjugés des Nations ſont aſſez nombreux, pour qu'il ne ſoit pas néceſſaire d'en ſuppoſer d'autres que ceux qui exiſtent : ne faiſons pas les hommes & ceux qui les gouvernent plus méchans qu'ils ne ſont.

Fin du Catalogue des laves de l'Etna.

DESCRIPTION

DE L'ERUPTION DE L'ETNA

du mois de juillet 1787.

PENDANT que je terminois l'énumération & la description des produits de l'Etna, ce volcan, qui depuis six ans étoit dans son état d'inaction & de calme, éprouvoit de nouvelles convulsions: elles commencerent vers le 15 juin, & elles furent le prélude d'une irruption qui manifesta sa plus grande activité à la moitié de juillet; elle fut remarquable par l'immensité de cendres, sables, & scories légeres & pulvérulentes qui sortirent de son cratere (1); elles

(1) Ces nombreux produits de la scorification annoncent une très-grande effervescence, & sont toujours accompagnés d'un grand dégagement de fluides élastiques. Aussi vit-on la colonne de fumée & la flamme s'élever à une hauteur immense; l'odeur du soufre infectoit l'air.

couvrirent la montagne, se répandirent sur une partie de la Sicile, & furent portées jusqu'à Malte. M. le Chevalier Dangos y a recueilli, sur les terrasses de l'Observatoire, une assez grande quantité de sable noir, en petits grains durs, attirables à l'aimant; il étoit mêlé de petits cristaux irréguliers assez transparens, qui, vus au microscope, paroissoient une vitrification avec des pores; ce sable fut porté à Malte par un vent de nord-ouest, dans la nuit du 18 au 19 juillet.

Cette irruption produisit aussi plusieurs courans de lave, & par conséquent tous les genres de substances que j'ai attribués à ces temps de crise. J'ai reçu différentes relations de cet événement qui peut servir à développer la théorie des feux souterrains, & à étayer quelques observations que j'ai insérées dans ce catalogue. Je crois donc ne pouvoir mieux terminer cet Ouvrage que par l'extrait d'une lettre de M. Lallement, Consul de France à Messine, où l'on trouvera des détails curieux; & par la traduction que j'ai faite de la relation du Chevalier don Joseph *Gioenni*, publiée en italien à Catagne en septembre 1787.

EXTRAIT D'UNE LETTRE

De M. LALLEMENT, Consul de France à Messine, adressée au Commandeur de Dolomieu.

IL y avoit précisément six ans & deux mois que le mont Etna ne donnoit aucun signe extérieur de fermentation, lorsque, vers la fin du mois de juin, on vit grossir le nuage de fumée qui couronne ordinairement sa cîme; cette fumée prenoit de temps en temps la couleur du feu.

Dans les premiers jours de juillet, on reconnut qu'il s'étoit fait une ouverture sur le bord du cratere, à la partie du nord-ouest, & le feu, considéré de *Catania*, figuroit exactement le disque de la lune dans ſon plein, au moment où elle paroît ſur notre horizon : la lave s'achemina lentement pendant deux jours; elle occupa une pente d'environ deux milles, devint, par le refroidiſſement, griſe & luiſante, & tout ceſſa.

Pendant la nuit du 9 au 10, on aperçut une aurore boréale qui dura une demi-heure, & à deux repriſes; elle étoit fort étendue, & couvroit tout l'horizon depuis les monts Rouges juſqu'à *Noto :* ſa couleur étoit celle de la lumiere, un peu plus foncée; & ſa direction étant poſitivement la même que celle de l'irruption qu'elle a précédée, pluſieurs perſonnes jugerent qu'elle y avoit du rapport, & la pronoſtiquerent.

Le 13, on vit en effet reparoître ſur la cîme une fumée noire & épaiſſe, qui augmenta progreſſivement, & les élans du feu devinrent plus fréquens & plus conſidérables; mais le 16 au matin, quoique le ſoleil & l'épaiſſeur de la fumée dérobaſſent une partie du feu actif qui ſortoit de la bouche du volcan, l'extrême chaleur répandue dans tout l'atmósphere, le fracas de la montagne & les bruits souterrains qui ébranloient toute sa base, annoncerent une irruption complette; elle ne se manifesta cependant tout entiere que le lendemain, & à dix heures du soir elle offrit le spectacle le plus terrible, en même temps le plus intéressant : on vit s'élever de la bouche une colonne de feu d'un volume étonnant, & qu'on a estimé haute d'environ cinq cents toises; on découvrit en même temps une forte lave latérale, ayant sa direction au sud-ouest, & qui, partant de la base de la colonne, formoit avec elle à la vue un angle droit à deux lignes à peu près égales.

La colonne elle-même présentoit la plus grande variété dans ses couleurs: la partie enflammée, remplie d'une quantité prodigieuse d'eau & de sable, étoit de temps en temps mélangée de clair-obscur qui d'une minute à l'autre sembloit vouloir l'éteindre, mais qui, l'instant d'après, ne faisoit qu'augmenter la vivacité de la lumiere (c'est alors qu'on la voyoit distinctement de Messine), &

la partie supérieure noire & caligineuse étoit éclairée, dans toute son étendue, par des fleches de feu, par des aigrettes électriques, & par des jets de pierres enflammées; en sorte qu'avec le bruit de l'explosion du cratere & les roulis souterrains qui ne discontinuoient pas, on pouvoit avec raison assimiler tous ces phénomenes à une violente tempête dans le lointain.

On a joui de ce spectacle pendant deux jours, & le 19 tout a paru ralenti. Il n'en est pas de l'Etna comme du Vésuve, personne n'ose approcher cette montagne dès qu'elle est en fermentation, & les Observateurs ne se déterminent à s'y rendre que lorsque plusieurs jours de tranquillité les rassurent.

Tout ce qu'on peut dire aujourd'hui, c'est que la grande lave, échappée d'une des parois du cratere, a parcouru environ quatre lieues, menaçant alternativement les villes de *Randazzo* & de *Bronte*, sur-tout la derniere, que les habitans

habitans étoient déjà prêts à abandonner, mais on n'apprend pas qu'elle y ait fait de grands dommages ; les pierres enflammées ont blessé, à deux lieues de la cîme, quelques paysans qui travailloient aux glacieres ; la pluie de sable qui est tombée en grande quantité dans la plaine de *Mascari* & dans le territoire d'*Iaci*, a détruit presque toutes les récoltes.

Voici à peu près ce qu'ont observé ceux qui, après la fin de l'éruption, furent visiter l'Etna : 1°. la sommité de l'Etna est inaccessible par la grande quantité de laves & de pierres ponces noires & friables dont elle est toute couverte, & qui conservent encore une chaleur insupportable ; 2°. il paroît que le grand cratere s'est fermé, qu'il s'en est formé un autre aussi grand, entre ce dernier & celui qui s'étoit aussi fermé depuis plusieurs années du côté du levant ; 3°. les matieres vomies par l'éruption sont de deux seules natures, salines & terreuses ; 4°. par l'analyse, les salines sont du sel ammoniac en cristaux blancs & jaunâtres assez pur, & plusieurs composées de ce sel ammoniac mêlé avec un sable volcanique très-fin, qui a empêché que ce sel ne prît la forme & la couleur ordinaire; & les pierres terreuses sont composées plus ou moins de terre, d'argile, de fer & de chaux.

TRADUCTION

DE LA RELATION

De M. le Chevalier Don JOSEPH GIOENNI, *de plusieurs Académies, habitant la premiere région de l'Etna.*

> Interdumque atram prorumpit ad æthera nubem,
> Turbine fumantem piceo & candente favillâ.
>
> *VIRG. L. III, Æneid.*

DEPUIS 1781, époque de la derniere éruption, l'Etna avoit paru dans la plus parfaite inaction; rarement on voyoit de la fumée sortir de son cratere, & pendant les tremblemens de terre qui détruisirent Messine & une partie de la Calabre, les soupiraux de ce volcan parurent fermés.

Vers la moitié du dernier mois de juin 1787, j'habitois une maison de campagne dans la moyenne région de la montagne, & je remarquois journellement une fumée qui, sortant du cratere, tomboit sur le cône & couvroit la sommité du volcan; j'observois quelquefois pendant la nuit que cette fumée prenoit dans son centre une couleur de feu; elle augmenta graduellement jusqu'au 24 de juin, que, s'élevant en colonne verticale, elle annonça une prochaine éruption.

Les flammes parurent le soir du même jour, & continuerent jusqu'à la nuit du 27 juin.

Le lendemain 28, à huit heures du matin, on vit sortir du cratere une immense colonne de fumée, mêlée de blanc, de noir & de rouge, qui, arrivée à une très-grande élévation, ne put soutenir son poids; & comme si elle étoit comprimée, elle prit la forme d'un pin; après quoi elle fit une traînée horizontale, formant un angle de 80 degrés avec la colonne verticale, & elle se dirigea vers le sud-est.

Cette espece de nuage épais & opaque, formé par la fumée, après avoir traversé une partie de la Sicile, s'étendit quarante milles sur la mer; il répandit, sur toute l'étendue qu'il couvrit, une pluie de scories légeres & de cendres; pendant ce temps, de nouvelles bouffées de fumée obscure s'élevoient du cratere, prenoient, à une certaine hauteur, la même direction horizontale, & fournissoient à ce nuage les matieres volcaniques qu'il ne cessoit de faire pleuvoir; il se soutint ainsi jusqu'à la nuit du 30, qu'il se dissipa entierement (1).

Catagne & les campagnes voisines

(1) Lorsque je visitai les lieux qu'avoit couverts cette pluie de cendre, je remarquai que la fumée s'étoit repliée vers le sud, puisque, sortant du cratere, elle passa à *Trifoglietto* & à *Zafarana*, & de là, se dirigeant par les bois d'*Iaci*, elle arriva à la mer au-dessus de *Sancta-Tecla*.

furent couvertes, dans la matinée du 30, d'une petite couche de cette cendre très-fine.

Les flammes continuerent pendant la nuit, mêlées de fumée, qui, s'étendant du sommet vers l'ouest, indiquoit la direction d'une éruption de lave; le volcan se soutint dans cet état sans aucun changement remarquable, faisant seulement ressentir des frémissemens souterrains.

Le 8 juillet, à deux heures après midi, la fumée augmenta; elle s'éleva sous forme de globes blancs & opaques qui se succédoient avec rapidité; la montagne en fut couverte, l'air en fut chargé à une hauteur immense; elle s'étendit à l'ouest selon la direction du vent: on entendoit en même temps des mugissemens souterrains qui ébranloient la terre; des tonnerres fréquens retentissoient dans l'air, pendant que des éclairs continuels de différentes couleurs sillonnoient la fumée dans la partie de l'ouest & du nord-est; cette fumée ressembloit tellement à une nuée chargée de grêle, que tout le peuple crut qu'elle étoit le présage d'un orage violent; elle dura ainsi pendant quatre heures, & fut entierement dissipée par la violence du vent; la flamme continua pendant trois jours & trois nuits consécutifs.

Le 12 & le 13, on ne vit plus sur le cratere ni flamme ni fumée, & le 13 au soir, à neuf heures & trois quarts, parut une foible aurore boréale qui commença vers l'ouest; elle s'étendit vers l'est en passant au nord derriere l'Etna; elle se dissipa vers les onze heures, pour reparoître ensuite à une heure du matin dans le même lieu: elle avoit alors des rayons divergens qui paroissoient partir d'un centre fixé derriere la montagne; elle avoit des accès plus ou moins lumineux; elle dura ainsi pendant une heure.

Les jours suivans les flammes augmenterent, & les mugissemens souterrains devinrent si considérables, qu'ils ébranloient les maisons; ne me croyant alors plus en ſûreté dans une région auſſi voiſine du ſommet, je revins à Catagne.

Pendant la nuit du 17 & la journée du 18, le bruit ſouterrain fut preſque continuel; à cinq heures du ſoir il s'éleva des bouffées de fumée blanche rayée de noir, qui, ſe ſuccédant avec rapidité, ſe chaſſoient mutuellement; elles couvrirent la montagne & s'étendirent juſqu'au deſſus de la ville de Catagne, obſcurciſſant la lumiere du ſoleil pendant huit heures qu'elle dura; elle laiſſa tomber, preſque ſans intervalle, une pluie de ſable noir luiſant, très-fin; l'air étoit chargé, au commencement, de vapeurs jaunes rougeâtres qui durerent une heure, & qui répandirent de tous côtés une odeur de ſoufre qui ſe ſoutint pendant pluſieurs heures.

Pendant le temps que ces vapeurs infectoient l'air, le thermometre de M. de Réaumur monta du vingt-quatre un quart au vingt-huit deux tiers; ce qui prouvoit que l'air participoit de la chaleur que portoit avec lui le ſable.

Pendant les trois premieres heures cette pluie de cendre forma une couche de deux tiers de ligne d'épaisseur; pendant les cinq autres heures il n'en tomba qu'un tiers de ligne.

Le cratere offrit au coucher du soleil un spectacle surprenant, plus aisé à peindre qu'à décrire: les flammes s'éleverent à une si grande hauteur, qu'on ne se ressouvenoit point d'en avoir vu de telles; on les voyoit distinctement divisées en trois grosses colonnes qui s'élevoient ou ensemble ou séparément, & qui lançoient un très grand nombre de grosses pierres enflammées, dont une partie, retombant dans le cratere, paroissoit augmenter la violence de la flamme, l'autre rouloit assez loin sur les flancs du cône.

La fumée s'étant accumulée à une très-grande hauteur, étoit mêlée de flammes qui éclairoient tous les objets, comme ils le sont par un foible clair de lune; elle occupoit horizontalement une très-grande étendue, au dessus de laquelle s'élevoient les trois colonnes de feu. On remarquoit encore une autre colonne de fumée très-dense qui sortoit, par intervalle, d'un soupirail placé devant les autres; elle obscurcissoit pendant quelques instans le centre de l'explosion, & se prolongeant vers le sud, elle alloit se réunir à l'autre fumée, qui, formant un arc de plusieurs milles de longueur, servoit de conducteur aux feux électriques; l'on voyoit de fréquens éclairs sillonner son extrémité.

La hauteur de cette colonne de feu, qui dura depuis onze heures jusqu'à minuit, estimée de Catagne, paroissoit égale à la moitié de la hauteur de la montagne.

Après cinq heures d'éruption la montagne resta dans une profonde obscurité, à l'exception du cratere qui continuoit à lancer des flammes à la même hauteur que le jour précédent; il parut en sortir, outre le premier courant de lave, trois autres courans, se dirigeant, en forme de rayons divergens, l'un vers l'est, & deux vers le sud; mais les regardant ensuite avec une bonne lunette d'approche, je vis que ce n'étoient que des ſcories entaſſées, ſorties pendant l'éruption, qui continuoient à brûler ſur les flancs du cône, & qui s'éteignirent à quatre heures du matin.

Une ſeconde éruption ſembloit s'annoncer pour le jour ſuivant, lorſqu'à midi une immenſe quantité de tourbillons de fumée blanche s'éleva du cratere, s'étendit de l'eſt à l'oueſt, & arriva à trois heures à une hauteur immenſe; elle paroiſſoit devoir couvrir la ville de Catagne, cependant il n'y eut que des éclairs ſemblables à ceux des jours précédens, un peu plus pâles, & qui ſortoient des globes les plus élevés. J'ai appris enſuite, que dans la ſeconde & troiſieme région des nuages aqueux s'étant réunis à la fumée, il tomba une pluie d'eau très-violente, mêlée de matieres volcaniques un peu différentes des premieres; une heure après tout ſe diſſipa, & la montagne reſta découverte.

Les flammes ordinaires continuerent pendant la nuit du 20 juillet, elles augmenterent un peu à deux heures après minuit, & prirent même une forme de colonne; mais la fermentation ayant diminué, elles reprirent une demi-heure après leur premier état, qui continua pendant deux ou trois jours; ensuite le volcan reprit sa premiere tranquillité.

On voit clairement que, dans cette éruption, le cratere a diminué son étendue du côté du sud, pour l'accroître vers l'ouest.

Par des relations de gens dignes de foi, j'ai appris que le 18 juillet, des blocs de scories pesant une livre & demie, lancés par le cratere, arriverent jusqu'à la vallée *del Buc*, c'est-à-dire à cinq milles un tiers de distance; il en tomba également à différentes distances, tout autour du cratere, diminuant de grosseur à raison de l'éloignement.

A la *Cava secca*, lieu distant de dix milles du cratere, il en arriva de la grosseur d'un œuf de pigeon; à douze milles les fragmens de scories mêlées avec le sable, formerent une couche de plus de trois pouces de hauteur. Pendant la pluie dont nous avons parlé, toute la moyenne région de l'Etna fut ensevelie dans les ténebres, principalement dans la partie de l'est où elle étoit plus abondante.

Les habitans de *Zafarana* ne se distinguoient pas à deux pieds de distance, & lorsque les flammes commencerent à briller, ils furent enveloppés par des vapeurs d'une chaleur insupportable; il leur sembloit que la montagne s'étoit écroulée dans ses abîmes : une partie des habitans abandonna le village, la consternation y étoit générale; les matieres volcaniques conservoient une chaleur qu'elles communiquoient à l'air, qui étoit mêlé de vapeurs rougeâtres; cette pluie abîma tous les vignobles & les arbres de la moyenne région; dans plusieurs parties ils ne conserverent que leur tronc.

On apprit de *Bronte*, que dans la nuit du 18 juillet, un courant de lave sortit du cratere; il environna un bois voisin de cette ville, & s'avançant de plusieurs milles en peu de temps, il y avoit causé la plus vive terreur.

Désirant ensuite examiner sur les lieux les effets de cette éruption extraordinaire, en ce qu'elle étoit sortie du sommet sans ouvrir les flancs de la montagne, j'allai à *Bronte* au commencement d'août : cette ville, situé au nord-ouest de l'Etna, au pied de la montagne, est distante de dix milles en droite ligne de son cratere ; dans cet espace sont plusieurs montagnes volcaniques & des courans de lave qui ont traversé & dévasté un bois épais de sapins qui avoient leurs profondes racines à travers des laves antiques qui se sont converties en terre (1). Après avoir traversé ces lieux arides, je montai sur une colline d'où

(1) Je fus obligé de traverser le courant de lave de l'éruption de 1766, qui est la plus récente de celles qui ont pris cette direction ; j'y vis beacoup de laves qui s'entre-croisoient, & qui me présenterent des preuves évidentes contre ceux qui veulent établir l'antiquité des co[illegible]s sur la seule apparence de l'altération de leurs laves. Des laves d'une époque antérieure opposent aux injures du temps une surface vitrifiée & sans altération, pendant que des laves postérieures commencent déjà à admettre la végétation.

je vis clairement deux nouveaux courans de lave descendus du cratere : le premier s'est dirigé à l'ouest-nord-ouest sur les flancs du cône qui divise le territoire de *Bronte* de celui d'*Aderno*; on m'assura que ce courant avoit un mille de large & trois de long ; il s'étoit formé le 16 & le 17 juillet, & le 18 il n'avoit plus avancé que de quelques toises ; il me fut impossible de m'en approcher à cause des rochers escarpés qui l'environnoient : le second courant, dirigé vers le nord un quart nord-ouest, avoit un demi-mille de large à son issue des bords du cratere ; il s'élargit ensuite jusqu'à un mille, & descendant en ligne un peu oblique sur la pente rapide de cette partie du cône, il se divisa en plusieurs courans qui laisserent entre eux à découvert différentes hauteurs qu'ils rencontrerent ; ils se réunirent de nouveau pour ne former que deux seules branches, après avoir parcouru quatre milles en très-peu de temps, pendant la même nuit du 18.

Presque toute la surface de cette lave

étoit couverte d'une fumée qui ſortoit de ſes fentes, & qui devenoit toujours plus abondante en s'approchant de ſa ſource; il en ſortoit auſſi beaucoup du cratere. A deux heures du matin le thermometre de Réaumur étoit à dix-neuf degrés un quart (1).

Arrivé à l'extrémité d'un des rameaux de cette nouvelle lave, je la trouvai encore chaude, & la chaleur augmentoit lorſque je m'avançois deſſus; l'épaiſſeur de ce courant ne paſſoit pas ſeize pieds. Plaçant le thermometre deſſus les ſcories de ſa ſurface, le mercure montoit à vingt-huit degrés; la chaleur auroit été plus forte, ſi le guide avoit voulu que nous avancions plus loin (2).

---

(1) J'eſſayai le nouvel électrometre atmoſphérique de M. de Sauſſure, avant d'arriver ſur la lave, & il ne ſe manifeſtoit aucun ſigne d'électricité, quoique j'élevaſſe pluſieurs fois le bras auſſi haut qu'il pouvoit arriver.

(2) La divergeance des boules de l'électrometre avec leſquelles je fis ici quelques expériences, n'excédoit pas une fraction de ligne; elle diſparoiſſoit à trois pieds de diſtance au deſſus de la lave. Pour m'aſſurer qu'il

J'en rapportai des ſcories légeres & des laves peſantes, dont tout ce courant me parut compoſé.

M'étant aſſuré qu'il n'y avoit aucun nouveau courant de lave dans la partie du nord de l'Etna, je rebrouſſai chemin vers *Nicoloſi*. Je remontai ſur la montagne le 11 d'août, & je m'acheminai directement vers le cratere, pour y reconnoître les changemens qu'une auſſi violente exploſion devoit y avoir occaſionnés : la fumée en ſortoit avec abondance & s'élevoit fort haut ; mais chaſſée vers l'eſt, elle ne nuiſoit point à mon projet.

Depuis *Nicoloſi* je vis que le terrein étoit couvert de ſcories légeres en petits fragmens, qui augmentoient de volume à meſure que j'approchois du ſommet;

y avoit réellement une variation dans l'état de l'électricité, je deſcendis & remontai pluſieurs fois ſur le courant, & m'en éloignant de quarante pas, j'obſervai qu'à cette diſtance il n'y avoit pas la moindre divergeance; cette petite électricité étoit poſitive, comme je m'en aſſurai avec un bâton de cire d'Eſpagne.

je

je trouvai qu'elles avoient couvert tout l'espace nommé la plaine *del Lago*, de maniere à ne plus reconnoître l'ancien sol; il étoit neuf heures & demie du matin, & le thermometre étoit à onze degrés un tiers.

Arrivé à la tour du Philosophe, mon guide mesura la hauteur de la couche de scories, & trouva qu'elle avoit trois pieds d'épaisseur; mais au pied du cône, distant de deux milles en ligne droite du cratere, je calculai que l'épaisseur de cette couche étoit de douze pieds.

Je trouvai beaucoup de blocs isolés, arrondis, rejetés par le volcan vers l'ouest-sud-ouest, & dans la même direction je vis un courant de lave encore enflammée & fumante, qui descendoit du cratere avec une largeur d'un demi-mille à son commencement; elle se dilatoit jusqu'à trois, & elle avoit parcouru deux milles un tiers de longueur; sa hauteur sur ses flancs étoit de douze à seize pieds; dans son milieu elle s'élevoit du double & même du quadruple; le courant recevoit encore de nouvelles matieres du cratere, ainsi que l'indiquoit un mouvement lent dans les scories qui la couvroient, & le feu vif qui sortoit de ses fentes, & qu'on apercevoit même à la lumiere du jour; on voyoit cependant que ce courant n'avoit plus de mouvement progressif en longueur.

La partie du cône par laquelle on pouvoit arriver au sommet étant couverte par cette lave, il fut nécessaire de monter dessus, & de suivre le guide qui assuroit ses pas en marchant sur les scories les moins fragiles; mais c'est en vain que nous prîmes cette peine, puisqu'arrivés aux pieds du terme désiré, il sortit du cratere une telle quantité de fumée, qu'il en fut rempli, & qu'il ne fut plus possible d'en approcher.

Le guide, qui les jours précédens avoit visité les mêmes lieux, me dit qu'il trouvoit l'effervescence considérablement augmentée; ce qui étoit confirmé encore par une fumée qui sortoit de plusieurs fentes du *Monte Rosso*, quoiqu'il soit éloigné de trois milles du cratere.

Avant d'abandonner cette lave, je

plaçai mon thermometre sur une scorie pesante vers la moitié du courant, le mercure s'y éleva en deux minutes à vingt-deux degrés & demi (1).

Dirigeant alors ma route vers la partie du cône qui regarde le sud, j'y trouvai un autre petit courant qui n'étoit point sorti du cratere comme les autres, mais qui, le 18 juillet, s'étoit ouvert une bouche particuliere à demi-mille au dessous; l'éruption avoit formée une petite monticule cônique avec une ouverture latérale, par où déboucha le courant, qui acquit un mille de longueur & demi-mille de largeur; mon guide me dit que c'étoit par l'ouverture infé-

(1) La situation difficile où je me trouvois, ne me permit pas de faire des expériences avec l'électrometre; mais l'ayant éprouvé à un mille au dessous du cratere, la divergeance des boules arriva à trois lignes & une fraction; je m'aperçus alors qu'elle étoit causée par une nuée qui passoit perpendiculairement sur ma tête; l'électricité disparut, lorsque la base de l'électrometre toucha la terre; & répétant ensuite l'expérience, la divergeance ne passa pas une ligne.

rieure de ce petit cône que sortoit la fumée mêlée de sable & de scories légeres, qui de temps à autres masquoit le feu du grand cratere.

Cette éruption partielle ne fut point visible de Catagne, parce qu'elle étoit cachée par le *Monte Rosso*, qui se trouve directement entre le sommet de l'Etna & la ville.

L'aspect de ces deux petits courans n'est pas aussi horrible que celui de *Bronte*, parce qu'ils sont de différentes couleurs, produites par le fer des laves, qui est privé de son phlogistique, par l'acide sulfureux, dont l'action a été rendue plus prompte par la chaleur.

J'examinai différentes pierres lancées, isolées, à la distance d'un ou deux milles, & je remarquai que leur figure étoit assez régulierement ovale; leur plus grand diametre étoit de cinq pieds, & leur plus petit de trois; je trouvai un bloc semblable à la distance de trois milles; il a huit pieds de diametre dans un sens & quatre sur l'autre; son poids énorme l'avoit presque entierement enseveli dans les scories, & il ne montroit que sa surface.

Les morceaux d'un aussi gros volume ne sont pas en grand nombre; mais il est impossible de calculer la quantité immense de scories pesantes & légeres qui couvrent, à différentes hauteurs, & le cône & plusieurs milles tout autour; elles sont tombées, sous formes de pluie, pendant la grande activité de l'éruption; les courans de lave solide, réunis ensemble, formeroient une masse solide de 6,218,661,276 pieds cubes, dont on doit soustraire les interstices.

PRODUITS DE L'ÉRUPTION

du mois de Juillet 1787.

J'AI examiné avec attention les productions de cette éruption, elles peuvent se réduire aux variétés suivantes :

N°. I. La premiere pluie de matieres volcaniques paroissoit, au premier coup-d'œil, être une espece de pouzzolane jaunâtre, telle qu'il s'en trouve auprès des crateres des volcans éteints depuis long-temps ; elle est composée de morceaux d'un demi-pouce cubique, qui diminuent jusqu'à la finesse de la cendre ; ils sont de lave poreuse, légere, tendre, un peu semblable à une matiere argileuse qui happe à la langue ; quelques grains sont de lave dure, pesante, ferrugineuse, en fragmens arrondis : une cendre très-fine forme à peu près la moitié de cette premiere déjection ; cette cendre, considérée avec un microscope, paroît composée, 1°. de cristaux de schorl noir qui conservent en partie leur figure prismatique; ils sont attaqués par la rouille: 2°. grains du même schorl, mais vitreux: 3°. grains de lave altérée, rougie & blanchie par les vapeurs; 4°. cristaux de feld-spath: ils sont isolés, &, quoiqu'un peu décomposés, ils conservent leurs formes rhomboïdales; 5°. autres cristaux de feld-spath adherens à la lave, altérés à leur surface, & farineux, mais intacts dans leur centre; 6°. fragmens de lave, avec de petits cristaux semblables au rubis d'arsenic; 7°. autres avec incrustation de fleur de soufre; 8°. vitrifications informes, poreuses, espece de verre noir, ou pierre obsidienne, transparente vers les bords, & d'une couleur verte obscure.

Recueillie sur les neiges du cratere à *Trifoglietto.*

N°. II. Scories pesantes, de figure presque ovale, du poids de six, huit & neuf livres; elles ont été rejetées à quatre milles du cratere; leur superficie est vitrifiée; les pores luisans ont cinq ou six lignes de diametre. Le centre de ces ſcories a des pores arrondis & preſque réguliers ; il contient des criſtaux de feld-ſpath blanc, répandus confuſément, & quelques chryſolites de volcan. Les feld-ſpaths conſervent leur tranſparence ; ils ſont ſeulement un peu glacés, pendant que les chryſolites ont ſouffert une eſpece de fuſion qui a réuni leurs grains ; leur ſurface eſt devenue convexe.

Ces ſcories ſe trouvent tout autour du cratere, ſur-tout depuis le ſud juſqu'à l'eſt, ainſi que dans la vallée *del Bue*.

N°. III. Scories légeres blanchâtres, ſemblables aux pierres ponces caverneuſes de Lipari ; elles ont le même tiſſu fibreux & des pores prolongés ; quelques petites ſcories noires légeres ſont adhérentes à cette pierre ponce, qui ſeule a la propriété de nager ſur l'eau, mais qui eſt entraînée au fond par les ſcories noires qui y ſont attachées : c'eſt la premiere fois que l'Etna donne une ſemblable production.

Trouvées ſur le torrent de lave de l'oueſt-ſud-oueſt, près le cratere.

N°. IV. Scories légeres en morceaux iſolés; les plus groſſes ont dix pouces de longueur, un de large, & deux de hauteur; elles diminuent juſqu'à la groſſeur d'un œuf de pigeon; leurs pores ſont arrondis, luiſans, vitrifiés, & d'un noir ſemblable à l'aſphalte; quelques-unes paroiſſent être humides, ſemblables à la ſuie de cheminée; examinées avec une loupe, elles paroiſſent être une vrai vitrification poreuſe verdâtre: ces ſcories ſe trouvent à plus de diſtance du cratere que les premieres, elles en ſont à plus de ſix milles.

N°. V. Sable très-fin & luiſant, qui, examiné avec un microſcope, ſe trouve composé de quelques grains de chryſolites de volcan, tranſparent, d'une couleur dorée, verdâtre & verd. On y trouve auſſi des fragmens de quartz tranſparent & de feld-ſpath lamelleux.

Ce ſable eſt tombé à Catagne le 18 juillet.

N°. VI. Sable léger, formé de petits

grains & de filamens d'une vitrification luisante, analogue à la scorie du n°. IV. Ce sable est tombé dans toute la seconde région, & jusques sur les confins de la premiere, depuis l'est jusqu'au sud & sud-est, pendant la nuit du 18 juillet; il est mêlé avec des fragmens desdites scories.

N°. VII. Pouzzolane à moitié composée de cristaux de schorl noir, à qui le feu a donné une espece de vernis vitreux; des fragmens de scories telles que celles du n°. III; de quelques crhysolites jaunes & transparentes, & d'autres opaques qui paroissent d'un verd obscur sur leurs bords; de petits cristaux de feld-spath blanc en lames rhomboïdales, les uns isolés, les autres réunis & groupés avec des cristaux de schorl; quelques-uns sont vitrifiés superficiellement. Les cristaux de schorl conservent presque leurs formes naturelles: ils sont la majeure partie isolés en prismes octogones, comprimés, avec deux faces grandes & une petite, terminés par une sommité dyedre, à faces exagones; ils offrent quelques petites variétés. Cette matiere, tombée le 19 juillet, ne passa point la moyenne région ; elle s'étendit depuis le sud un quart sud-est, jusqu'au sud-ouest, par-tout où arriva le nuage aqueux qui se mêla avec la fumée qui la contenoit, & dont elle fut précipitée par la pluie.

N°. VIII. Morceaux de lave presque compacte, de figure ovale ou cunéiforme, de la grosseur de six pouces à un, & de la longueur de douze pouces à deux ou trois ; leur superficie est vitrifiée, & montre de très-petits pores ; leur intérieur ressemble au n°. II ; leur figure singuliere les fait remarquer au milieu des scories où ils se trouvent : ils ressemblent à des pierres roulées par l'eau.

Recueillis sur le cône de l'Etna, au milieu des scories légeres.

N°. IX. Autres morceaux de même forme, mais plus compacte : leur surface est plus unie, elle est parsemée de petits points blancs qui paroissent un produit de la vitrification du feld-spath ; l'intérieur de ces morceaux approche de la pierre obsidienne trouvée dans le même lieu.

N°. X. Morceaux ovales de deux pouces à peu près de long, composés de deux parties de feld-spath blanc transparent & glacé, de quelques chrysolites jaunes, & de cristaux prismatiques de schorl noir; la surface de ce morceau a été altérée par le feu, qui a agi principalement sur le schorl, en lui faisant perdre ses angles.

Trouvés auprès du cratere.

N°. XI. Pierre composée, fissile, avec une incrustation vitreuse: une partie est entierement semblable à une lave qui fait feu avec l'acier; les couches se distinguent par leurs différentes couleurs, provenant d'une calcination qui a agi diversement sur les différentes matieres composantes; on y découvre du mica & du feld-spath sans altération. Dans une des couches il y a des cristaux de schorl prismatiques; & dans toutes les cavités il y a une matiere blanche, fibreuse, rayonnée, que je crois de l'asbeste altéré par le feu.

Trouvée sur le courant de lave au pied du cône.

N°. XII. Lave grise à grains terreux,

qui cependant fait feu avec l'acier: sa base est composée d'une grande quantité de points & de lames de feld-spath, avec quelques cristaux de schorls noirs prismatiques vitreux, & quelques grains de chrysolites verdâtres; cette lave, ainsi que les deux suivantes, exhale une odeur argileuse lorsqu'elle est humectée.

De la petite éruption dirigée vers le sud.

N°. XIII. Lave compacte à fracture vitreuse, dont la base est composée de très-petits points luisans, semblables au talc, mêlés de petites lames de feld-spath blanc, avec quelques chrysolites vertes obscures: il semble que ce morceau ait été fissile.

De la même éruption.

N°. XIV. Lave d'un gris foncé de même espece que la précédente; son grain est plus rude; le talc, en conservant son luisant, s'est aglutiné & resserré par une espece de calcination.

De la même éruption.

N°. XV. Lave noire dont la base est composée de feld-spath & de chrysolites, à qui le feu a donné différentes couleurs; elle renferme des criſtaux de feld-ſpath rhomboïdaux, des criſtaux de ſchorl vitreux, & du mica.

De l'éruption de l'oueſt-ſud-oueſt.

N°. XVI. Lave en couches de différentes matieres: l'une eſt compacte, très-dure, d'un grain fin, avec des lames de feld-ſpath; l'autre a des pores réguliers avec des lames de feld-ſpath qui s'entrecroiſent, & des grains de vitrification verdâtres demi-tranſparens; cette lave humectée donne une forte odeur d'argile.

De la même éruption.

N°. XVII. Lave compacte très-dure à fracture vitreuſe, ſon fond noir contient de petites lames de feld-ſpath avec quelques criſtaux de ſchorl vitreux peu apparens.

Du même courant.

N°. XVIII. Lave compacte très-dure, noire, parſemée de points de différente grandeur, formée par un verre noir luiſant, qui conſerve encore la figure de criſtaux de ſchorl contenus dans la base qui étoit prête à passer à l'état de verre homogene.

De la même éruption.

N°. XIX. Lave grise obscure, de fracture raboteuse, dont la base contient les mêmes écailles de talc des numéros XIII & XIV, avec quelques lames de feld-spath peu apparentes.

En gros morceaux ovales rejetés par le volcan.

N°. XX. Lave poreuse de même nature que la précédente, avec une couche de vitrification, mêlée avec des lames de mica dispofées en étoiles.

Du même morceau.

N°. XXI. Espece de stalactite, ou concrétion qui se trouve au dessous des morceaux précédens; elle offre trois variétés :

1°. A base fragile, avec des lames apparentes de mica ;

2°. Couvertes de talc argentin ;

3°. Couvertes d'une couche de deux lignes d'épaisseur d'une poudre blanche, qui est du sel de sedlitz privé de son eau de cristallisation.

N°. XXII. Incruſtation de ſélénite blanche, mêlée de rouge, en couches minces, formant une écorce de deux lignes d'épaiſſeur, ſur laquelle ſont de petits grains de la même matiere (1).

Des fentes de la lave de l'oueſt-ſud-oueſt.

N°. XXIII. Sel marin déliqueſcent à baſe martiale, qui découle des ſcories légeres, colorées en jaune rougeâtre.

Des mêmes fentes.

N°. XXIV. Vitriol martial adhérent à beaucoup des ſcories précédentes, colorées d'un rouge vif, de jaune verdâtre, & de diverſes autres couleurs: ces ſcories ſont encore couvertes en partie par la ſélénite du n°. XXII.

Du même lieu: il a été très-abondant dans cette éruption.

N°. XXV. Sel ammoniac martial,

(1) Ces incruſtations de ſélénite ſe trouvent en très-grande abondance dans les deux courans des nouvelles laves; elles prouvent la prompte action de l'acide ſulfureux ſur les molécules calcaires des laves, ſur-tout quand il eſt aidé par la chaleur.

ſublimé

ſublimé en très-minces aiguilles, longues de deux à trois lignes, attachées à une lave cellulaire légere, de couleur jaune rougeâtre; examinant ces aiguilles avec un microſcope, on diſtingue clairement de petites articulations compoſées d'octaëdres implantés les uns ſur les autres.

Des même fentes.

N°. XXVI. Lave dure, dont la baſe contient beaucoup de petites lames de feld-ſpath, & des grains de crhyſolites de volcan colorés par le feu, & quelques nœuds un peu plus gros de la même chryſolite.

Du courant de lave de *Bronte*.

N°. XXVII. Lave dure, griſe, obſcure, avec une grande quantité de lames de feld-ſpath, plus grandes que les précédentes; elles ſont enveloppées dans la baſe, ainſi que quelques criſtaux de ſchorls priſmatiques, & quelques chryſolites jaunes & verdâtres.

Du même lieu.

Les laves que je viens de décrire nous montrent quelle eſt la nature des pierres primitives qui constituent la base de l'Etna; elles nous indiquent que les roches qui entrent dans la composition de ces laves, sont peu altérées par le feu; & cette derniere éruption paroît avoir principalement attaqué le schiste granitoïde (1).

D'après ce que nous indiquent le petit nombre de Mémoires historiques qui parlent des éruptions de l'Etna, nous voyons que les éruptions, sorties directement du cratere, sont en bien petit nombre, en comparaison de celles qui ont ouvert les flancs de la montagne.

La premiere époque d'un torrent de lave vomie par le cratere, est indiquée par *Julius Obsequens*, & confirmée par *Orosius*; elle est fixée à l'année 227 de la fondation de Rome.

---

(1) Sur les indications du commandeur de Dolomieu, qui a retrouvé, dans les monts Neptuniens, toutes les roches primitives analogues aux laves de l'Etna, j'en ai moi-même fait une collection très variée; je les ai comparées aux différentes especes de laves, & je crois pouvoir indiquer, les morceaux à la main, toutes les especes auxquelles elles appartiennent.

La ſeconde eſt décrite par *Fazelli*, témoin occulaire, par *Philotens* & par *Selvaggio*; elle eſt de l'année 1536.

La troiſieme arriva l'an 1607, elle eſt décrite par *Carrera* & *Guarneri*.

Maſſa parle de la quatrieme dans l'année 1688.

Le pere *Amico* fait mention de la cinquieme, ſixieme, ſeptieme & huitieme, dans les annés 1727, 1732, 1735, 1747.

Et enfin le chanoine *Recupero* parle de la neuvieme, arrivée l'année 1755.

FIN.

TABLE
DES MATIERES.

A

B

C

E

F

G

L.

M

P

T

V

Z

Fin de la Table.

APPROBATION.

J'AI lu, par ordre de Monſeigneur le Garde des Sceaux, un Manuſcrit intitulé : *Mémoires ſur les Iles Ponces, & Catalogue raiſonné des produits de l'Etna, par M. le Commandeur Déodat de Dolomieu ;* j'eſtime que cet Ouvrage, qui a pour Auteur un Savant diſtingué, avantageuſement connu des Phyſiciens & des Naturaliſtes, eſt très-digne de l'impreſſion. A Paris, ce 21 Novembre 1787. PARMENTIER.

PRIVILEGE DU ROI.

LOUIS, par la grace de Dieu, Roi de France & de Navarre : A nos amés & féaux Conſeillers, les Gens tenans nos Cours de Parlement, Maîtres des Requêtes ordinaires de notre Hôtel, Grand-Conſeil, Prevôt de Paris, Baillifs, Sénéchaux, leurs Lieutenans Civils, & autres nos Juſticiers qu'il appartiendra : SALUT. Notre amé le ſieur CUCHET, Libraire, Nous a fait expoſer qu'il déſireroit faire imprimer & donner au Public un Ouvrages intitulé : *Mémoire ſur les Iles Ponces, & Catalogue raiſonné des produits de l'Etna ; par M. le Commandeur Déodat de Dolomieu ;* s'il nous plaiſoit lui accorder nos Lettres de Permiſſion pour ce néceſſaires. A CES CAUSES, voulant favorablement traiter l'Expoſant, Nous lui avons permis & permettons par ces Préſentes de faire imprimer ledit Ouvrage autant de fois que bon lui ſemblera, & de le faire vendre par tout notre Royaume pendant le temps de cinq années conſécutives, à compter du jour de la date des Préſentes. Faiſons défenſes à tous Imprimeurs, Libraires, & autres perſonnes, de quelque qualité & condition qu'elles ſoient, d'en introduire d'impreſſion étrangère dans aucun lieu de notre obéiſſance. A la charge que ces Préſentes ſeront enregiſtrées tout au long ſur le Regiſtre de la Communauté des Imprimeurs & Libraires de Paris, dans trois mois de la date d'icelles ; que l'impreſſion dudit Ouvrage ſera faite dans notre Royaume, & non ailleurs, en bon papier & beau caractère ; que l'Impétrant ſe conformera en tout aux Réglemens de la Librairie, & notamment à celui du 10 Avril 1725, & à l'Arrêt de notre Conſeil du 30 Août 1777, à peine de déchéance de la préſente Permiſſion ; qu'avant de l'expoſer en vente, le Manuſcrit qui aura ſervi de copie à l'impreſſion dudit Ouvrage, ſera remis dans le même état où l'Approbation y aura été donnée, ès mains de notre très-cher & féal Chevalier, Garde des Sceaux de France, le sieur DE LAMOIGNON, Commandeur de nos Ordres; qu'il en sera ensuite remis deux exemplaires dans notre Bibliotheque publique, un dans celle de notre Château du Louvre, un dans celle de notre très-cher & féal Chevalier, Chancelier de France, le sieur DE MAUPEOU, & un dans celle dudit sieur DE LAMOIGNON. Le tout à peine de nullité des Présentes; du contenu desquelles vous mandons & enjoignons de faire jouir ledit Exposant & ses ayans cause pleinement & paisiblement, sans souffrir qu'il leur soit fait aucun trouble ou empêchement. Voulons qu'à la copie des présentes, qui sera imprimée tout au long au commencement ou à la fin dudit Ouvrage, foi soit ajoutée comme à l'Original. Commandons au premier notre Huissier ou Sergent sur ce requis, de faire, pour l'exécution d'icelles, tous actes requis & nécessaires, sans demander autre permission, & nonobstant clameur de Haro, Charte Normande, & Lettres à ce contraires: CAR tel est notre plaisir. DONNÉ à Versailles le trentieme jour du mois de Janvier, l'an de grace mil sept cent quatre-vingt-huit, & de notre règne le quatorzième. Par le Roi, en son Conseil.

Signé, LE BEGUE.

Registré sur le Registre XXIII de la Chambre Royale & Syndicale des Libr. & Impr. de Paris, N°. 1428, fol. 470, conformément aux dispositions énoncées dans la présente Permission; & à la charge de remettre à ladite Chambre les neuf Exemplaires prescrits par l'Arrêt du Conseil du 16 Avril 1785. A Paris, le 8 Février 1788.

Signé, DELALAIN, Adjoint.

TABLEAU MÉTHODIQUE
DES PRODUCTIONS DE L'ETNA.

Divisions.	*Genres.*	*Especes.*	
I. Produits de l'Etna dans ſes temps d'éruption.	1er Laves Compactes.	1re Laves homogenes,	*Pag.* 181
		2e Laves ſpathiques,	199
		3e Laves porphyritiques,	212
		4e Laves avec ſchorl,	245
		5e Laves avec chryſolites,	260
		6e Laves avec grains de fer terreux,	271
	2e Laves cellulaires poreuſes ou caverneuſes.	1re Laves poreuſes ou caverneuſes,	27[illegible]
	3e Produits de la ſcorification.	1re Scories des courans,	319
		2e Scories des craters,	322
		3e Pouzzolanes,	330
		4e Cendres volcaniques,	336
		5e Sables volcaniques,	341
		6e Schorls iſolés,	345
		7e Feld-ſpaths iſolés,	351
		8e Chryſolites iſolées,	353
		9e Breches volcaniques,	354
II. Produits de l'Etna dans ſes tems calmes.	1er Subſtances élaſtiques aëriformes.	1er Gaz acide ſulphureux,	360
		2e Gaz acide murialique,	361
		3e Gaz hépathique,	362
		4e Gaz phlogiſtiqué,	*ibid.*
		5e Gaz inflammable,	363
		6e Gaz acide crayeux,	*ibid.*
	2e Soufre ſublimé.	1re Soufre ſublimé,	369
	3e Sels ſublimés.	1re Sel ammoniac,	373
		2e Sel ammoniacal martial,	374
		3e Sel ammoniacal cuivreux,	375
		4e Vitriol ammoniacal,	*ibid.*
		5e Sels déliqueſcens,	*ibid.*
		6e Sel alkali minéral aëré,	376
	4e Métaux ſublimés.	1re Fer ſublimé,	377
	5e Matieres volcaniques altérées par les vapeurs acides, & produits de leur compoſition.	1er Matieres volcaniques altérées par les vapeurs acides,	381
III. Matieres volcaniques qui éprouvent des altérations & des modifications indépendantes de l'inflammation.	1er Matieres volcaniques altérées par les viciſſitudes de l'athmoſphère, & produits de leur décompoſition.	1re Matieres volcaniques légeres, altérées par l'influence de l'air,	403
		2e Matieres volcaniques peſantes, altérées par l'influence de l'air,	407
	2e Matieres infiltrées dans les cavités des laves.	1er Spaths calcaires,	423
		2e Zéolites,	429
		3e Pyrites,	441
	3e Modifications de formes que reçoivent les laves pendant leur refroidiſſement.	1re Laves en colonnes priſmatiques,	445
		2e Laves en boules,	459
		3e Laves en tables,	462
IV. Matieres qui, ſans être volcaniques, appartiennent à l'hiſtoire de l'Etna.	. . . .		463

BIBLIOTHEQUE ROYALE

TRACÉ DU CONTOUR DE L'ÎLE PONCE.

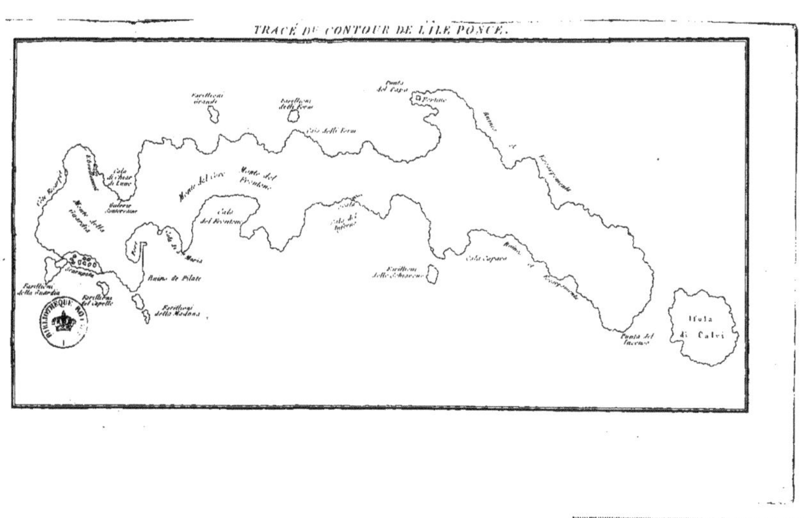

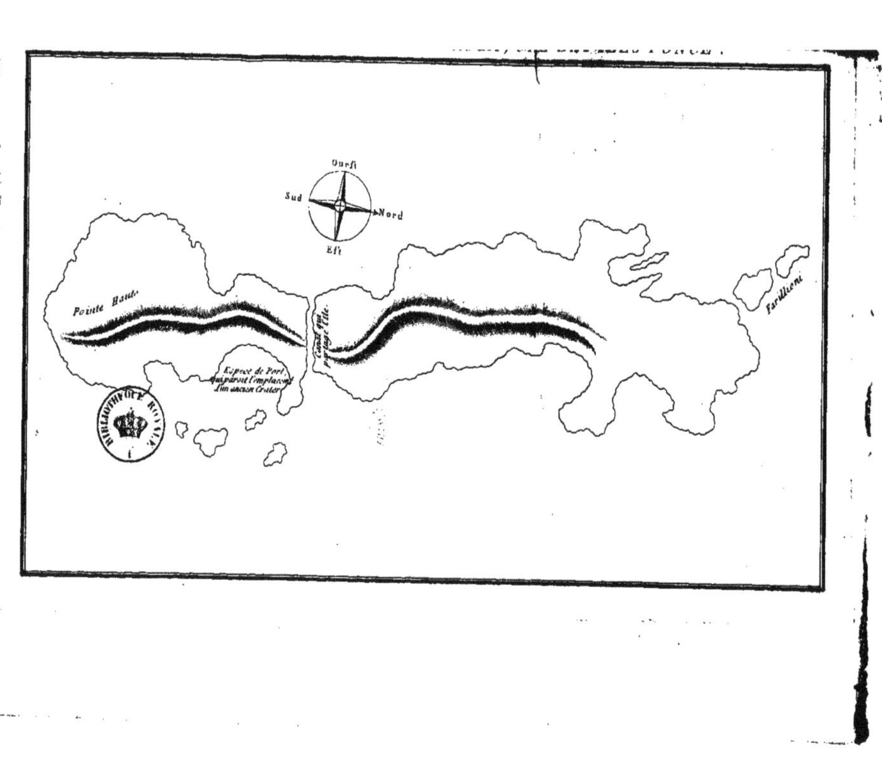

BIBLIOTHEQUE ROYALE

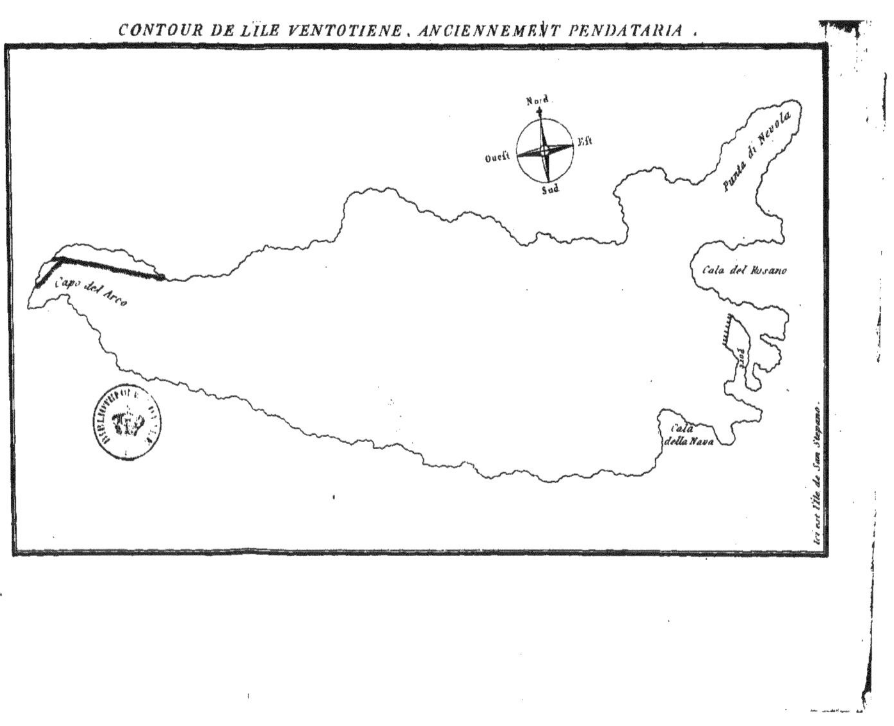
CONTOUR DE L'ILE VENTOTIENE, ANCIENNEMENT PENDATARIA.
Nord
Ouest
Est
Sud
Punta di Nevola
Cala del Rosano
Porto
Cala della Nava
Capo del Arco
Ici est l'île de San Stepano.

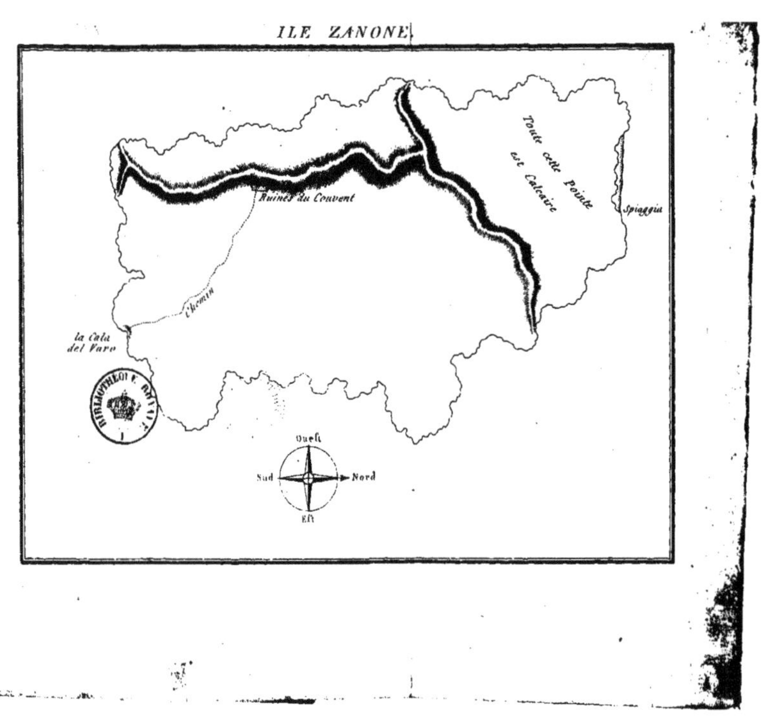
ILE ZANONE
Toute cette Pointe est Calcaire
Spiaggia
Ruines du Couvent
Chemin
la Cala del Varo
Ouest
Sud
Nord
Est

www.ingramcontent.com/pod-product-compliance
Ingram Content Group UK Ltd.
Pitfield, Milton Keynes, MK11 3LW, UK
UKHW020253230726
13925UKWH00001B/28

9 782013 667029